Neue Annalen der Sternwarte zu München. Band VI, Heft 1

KATALOG

VON

1867 STERNEN

HAUPTSÄCHLICH ZENITNAHEN STERNEN

———

AM REPSOLDSCHEN MERIDIANKREIS DER STERNWARTE

IN DEN JAHREN 1901—1907 BEOBACHTET UND BEARBEITET

VON

DR. KARL OERTEL

EM. ORD. PROFESSOR AN DER TECHNISCHEN HOCHSCHULE ZU HANNOVER,
EHEMALIGEM OBSERVATOR DER STERNWARTE.

———

MÜNCHEN 1927

VERLAG DER BAYER. AKADEMIE DER WISSENSCHAFTEN

IN KOMMISSION DES VERLAGS R. OLDENBOURG MÜNCHEN

INHALTSVERZEICHNIS

_____

Berichtigungen zum vorstehenden Katalog.

Seite 43 Nr. 21, δ: statt 38.'91 lies 33.'91
„ 43 „ 24, AR: statt 53.^{s}260 lies 33.^{s}260
„ 44 „ 59, μ_δ: statt — 0.''006 lies + 0.''006
„ 45 „ 109, Ep. in AR: statt 6.63 lies 4.63
„ 45 „ 121, δ: statt 42°29′ lies 42°59′
„ 53 „ 495, Präz. in AR: statt 3.^{s}0811 lies 5.^{s}0811
„ 59 „ 724, δ: statt 59°23′ lies 59°33′
„ 59 „ 733, Gr: statt 7.^{m}4 lies 7.^{m}0
„ 59 „ 757, μ_δ: statt + 0.''025 lies — 0.''025
„ 64 „ 956, δ: statt 21.''95 lies 12.''95
„ 65 „ 1013, V. S. in δ: statt + 0.''158 lies + 0.''153
„ 65 „ 1016, Präz. in AR: statt + 2.^{s}1591 lies + 2.^{s}1561
„ 66 „ 1056, Sternname: statt Ll 28662 lies Fed 2676
„ 66 „ 1057, Sternname: statt Fed 2676 lies Ll 28662
„ 71 „ 1300, Sternname: statt Fed 3112 lies Fed 3113
„ 72 „ 1314, Präz. in δ: statt 6.''452 lies 6.''552
„ 74 „ 1403, Gr: statt 9.^{m}7 lies 9.^{m}6
„ 77 „ 1546, letzte Spalte: statt 43°3789 lies 43°3780
„ 82 „ 1794, μ_a: statt — 0.^{s}0038 lies + 0.^{s}0038
„ 84 „ 1862, Sternname: statt Ll 17165 lies Ll 47165

Weitere Berichtigungen zu Neue Annalen, Bd. IV.

Seite 203 Nr. 123, Präz. in AR: statt + 3.^{s}8023 lies + 3.^{s}8028
„ 223 „ 1137, δ: statt 11.''33 lies 11.''53
„ 225 „ 1213, V. S. in AR: statt — 068 lies — 073

Vorbemerkungen.

Nachdem im Sommer 1901 die Beobachtungen für meinen in den Neuen Annalen der Münchener Sternwarte, Band IV, veröffentlichten Katalog von 1436 Sternen zum Abschluß gebracht waren und auch deren Reduktion erheblich vorgeschritten war, nahm ich im Herbst des gleichen Jahres eine zweite größere Beobachtungsreihe am Repsoldschen Meridiankreis der Münchener Sternwarte in Angriff mit dem Endziel einer möglichst zuverlässigen Neubestimmung aller innerhalb der Deklinationszonen + 40° bis + 45° und + 55° bis + 60° vorkommenden Sterne bis zur siebten Größe einschließlich. Die Programmsterne der ersten Beobachtungsreihe umfaßten im wesentlichen die Sterne zwischen + 45° bis + 55° Deklination, durch das Hinzutreten der neuen Beobachtungsreihe wird also der Gürtel einheitlich am Münchener Instrument bestimmter Zenit- und zenitnaher Sterne auf 20° verbreitert.

In das Beobachtungsprogramm wurden ferner aufgenommen eine Anzahl von Sternen mit stärkerer Eigenbewegung, deren Helligkeit unterhalb der eben angegebenen Grenze liegt und eine weit über das Bedürfnis hinausgehende Anzahl von Sternen des Neuen Fundamentalkataloges des Berliner Astronomischen Jahrbuches. Endlich kamen noch zahlreiche, zum Teil sehr lichtschwache Begleiter hellerer Sterne und zufällig beobachtete Objekte hinzu.

Es war beabsichtigt, jeden Programmstern in jeder der beiden Kreislagen mindestens sechsmal zu beobachten, was von verhältnismäßig wenig Ausnahmen abgesehen auch erreicht wurde. Dagegen wurde die Erfüllung des weiteren Vorsatzes, die ganze Beobachtungsreihe im Zeitraum von vier Jahren zum Abschluß zu bringen, durch verschiedene störende Ursachen, vor allem durch die fast regelmäßig sich einstellende Ungunst der Witterung in den Vorfrühlingsmonaten vereitelt; die Beobachtungen konnten erst im Sommer 1907 zum Abschluß gebracht werden. Erhebliche Ungleichheiten in der Anzahl der Beobachtungen der einzelnen Sterne waren die Folge hiervon.

Die Gesamtzahl der Beobachtungsabende beträgt für die neue Beobachtungsreihe 487, die Anzahl der beobachteten Rektaszensionen 36283, jene der beobachteten Deklinationen 31510. Da der neue Katalog 1867 Sterne enthält, ist also im Durchschnitt jeder Stern 19 mal in Rektaszension und 17 mal in Deklination beobachtet.

Als ich im Herbst 1907, einem Ruf an die Technische Hochschule Hannover folgend, München verließ, war die Reduktion der so überaus zahlreichen Beobachtungen nur sehr wenig vorangeschritten. Die Ablesung der Registrierstreifen hatte ich stets nach Möglichkeit sofort erledigt, die Eintragung in die Rechenbögen besorgte hierbei der Offiziant der Sternwarte, Herr List, von 1906 ab der Mechaniker derselben, Herr Esser. Ferner hatte ich fortlaufend die Mittelwerte der zu jeder Deklinationseinstellung gehörigen vier Mikroskopablesungen in den Tagebüchern gerechnet und samt den aus den Nadirbeobachtungen eines jeden Abends ermittelten Nadirpunkten des Kreises gleichfalls in die Rechenbögen eingetragen. Herr List hatte die Ableitung der scheinbaren Zenitdistanzen, sowie die Berechnung der Refraktionen in Angriff genommen. Durch verschiedene Hilfsrechner der Sternwarte wurde nach meinem Fortgang zunächst die Reduktion der beobachteten Durchgänge auf den der Kollimationslinie des Fernrohrs am nächsten gelegenen Nullpunkt der Schraube des Registriermikrometers für einen erheblichen Teil der Beobachtungen durchgeführt. Bei dem Mangel der Sternwarte an fest angestelltem, geschultem Rechenpersonal ging indessen die Reduktionsarbeit nur sehr langsam vorwärts, so daß eine erhebliche Überalterung des wertvollen Beobachtungsmaterials zu befürchten war.

Einer im Herbst 1909 erfolgten Anregung des Herrn von Seeliger, die weitere Bearbeitung der neuen Beobachtungsreihe selbst in die Hand zu nehmen, habe ich deshalb ohne Zögern Folge geleistet. Da mir eine Rechenhilfe in Hannover erst recht nicht zur Verfügung stand, überdies alle Rechnungen doppelt durchgeführt sind, konnte es nicht ausbleiben, daß sich die Fertigstellung der ganzen Arbeit, auf die ich alle meine Mußestunden verwendete, dennoch über alles Erwarten in die Länge zog. Erst im Frühjahr 1925 konnte die Reduktion des gesamten Beobachtungsmaterials zum Abschluß gebracht werden, eben noch rechtzeitig, um die auf den Fundamentalkatalog des Berliner Astronomischen Jahrbuches sich beziehenden Ergebnisse durch Veröffentlichung in AN 5371/72 ihrer Verwendung bei der Neuaufstellung dieses Kataloges zugänglich zu machen. Die Unterschiede der in beiden Kreislagen beobachteten Deklinationen, die — wie schon früher, so auch diesesmal wieder — durch die Teilungsfehler des Kreises sich nicht befriedigend erklären ließen, machten dann noch eine eingehende Untersuchung des ganzen Beobachtungsmaterials in dieser Hinsicht nötig, deren Ergebnisse in AN 5400 veröffentlicht sind. Nunmehr erst konnte zur endgültigen Aufstellung des Kataloges geschritten und das druckfertige Manuskript im Herbst 1926 an die Münchener Sternwarte übersandt werden. —

Der Notgemeinschaft der deutschen Wissenschaft, die auf Antrag von Professor Wilkens in liberalster Weise durch einen erheblichen Zuschuß zu den Kosten den Druck der vorliegenden Arbeit ermöglichte, sei an dieser Stelle hierfür der geziemende Dank zum Ausdruck gebracht.

Das Instrument

ist in den Bänden III und IV der Neuen Annalen der Münchener Sternwarte in aller Ausführlichkeit beschrieben. Bemerkt sei nur, daß auch die neue Beobachtungsreihe mit dem stärksten Okular, das 270 fache Vergrößerung gewährt, durchbeobachtet ist. Ferner ist zu erwähnen, daß der Meridiansaal im Jahre 1901 mit elektrischer Beleuchtung versehen wurde und daß demgemäß auch die Beleuchtung des Gesichtsfeldes und der vier Ablesemikroskope fortan durch eine genügend lichtstarke Glühlampe erfolgte, deren je eine an Stelle der bis dahin benützten Petroleumlampen in die 2,3 m von der Instrumentenmitte entfernten, östlich und westlich angebrachten Laternen eingesetzt wurde.

Im Laufe der ganzen Beobachtungsdauer wurde das Fernrohr einmal — am 13. Juli 1904 — in seinen Lagern umgelegt. Es wurde beobachtet von

1901, Sept. 28 bis 1904, Juli 9 (Beob.-Reihen 1 bis 230) in Kreis Ost
1904, Juli 19 „ 1907, Juni 20 („ „ 231 „ 487) „ „ West.

Beobachtung der Rektaszensionen.

Den Rektaszensionsbeobachtungen liegt das in Annalen IV dargelegte Verfahren ziemlich unverändert zugrunde.

Die Registrierung der Durchgänge aller Sterne — auch der Polsterne — erfolgte mit dem am Instrument angebrachten, ausschließlich von Hand bewegten unpersönlichen Mikrometer. Besondere Untersuchungen über die Genauigkeit eines Kontaktes habe ich diesmal nicht angestellt; es hat aber, wie sich weiter unten zeigen wird, den Anschein, daß der mittlere Fehler eines Kontaktes für die neue Beobachtungsreihe eine nicht unerhebliche Herabminderung gegen früher erfährt. Namentlich in den letzten Jahren des Beobachtungszeitraums stellten sich am Registrier-Mikrometer — teils durch starke Abnützung, teils durch Witterungseinflüsse — nicht selten Störungen ein (Bruch der Kontaktfedern, Abschleifung ihrer Platinnasen, Klemmungen der Okularplatten, Bruch des Stromzuleitungsdrahtes usw.), infolge deren die Kontaktsignale auf den Streifen oft längere Zeit hindurch teilweise oder sogar ganz ausblieben. Es war nicht ganz leicht, die Ursache dieser Störungen immer sofort aufzufinden und wenn möglich zu beseitigen, meist gelang dies erst am nächsten Morgen.

Der Winkelwert einer vollen Umdrehung der Mikrometerschraube ist bei der Reduktion der neuen Beobachtungen gemäß den Ergebnissen in Ann. IV, S. (11) angesetzt.

Als Beobachtungsuhr war zunächst wieder die Uhr Riefler Nr. 1 in Verwendung genommen worden, die ihren Standort in der nach außen durch doppelte Türen abgeschlossenen Nische des Pfeilers für den photographischen Refraktor, also ganz nahe beim Meridiansaal hatte. Die vielfachen Störungen, die diese lediglich in einem Holzkasten aufgehängte Uhr infolge der an ihrem Standort herrschenden, überaus starken, allen Bemühungen zum Trotz nicht zu beseitigenden Feuchtigkeit erlitt, machten wiederholt ihre Herausnahme und gründliche Reinigung notwendig. Zunächst befand sie sich in Reparatur vom 4. bis 20. Juni 1902; für die Beobachtungsreihe 55 — die einzige, die in diese Zeit fällt — wurde deshalb die im Keller unter dem großen Refraktor, an einem der überaus dicken Fundamentpfeiler desselben, aufgehängte Uhr Riefler Nr. 23 als Registrieruhr benützt. Um den Störungen durch die an ihrem bisherigen Standort herrschende Feuchtigkeit zu entgehen, wurde die Uhr Riefler 1 nach ihrer Wiederablieferung in der Bibliothek aufgehängt. Aber schon nach wenigen Wochen traten auch dort neue, erhebliche Störungen ihres Ganges auf, sodaß sie von 1902, Sept. 26 (Beob.-Reihe 79) ab endgültig durch die Uhr Riefler 23 ersetzt wurde, die fortan ihren Stand in der mehrerwähnten Pfeilernische erhielt. Da diese Uhr in einen luftdicht abgeschlossenen, zylindrischen Glaskasten eingebaut ist, konnte die in dieser Nische herrschende Feuchtigkeit ihren Gang nicht beeinflussen. Bemerkt sei noch, daß die Uhr Riefler 23 mit einer Barometerkompensation versehen ist, so daß Druckänderungen im Innern des Glaskastens, wie sie gelegentlich infolge von Undichtigkeiten eintraten, keine merklichen Gangänderungen hervorrufen konnten. Immerhin mußte auch diese Uhr anfangs November 1904 einer gründlichen Reinigung unterzogen werden, bei welcher Gelegenheit die beiden gußeisernen Abschlußplatten des Glaszylinders, die sich bei näherer Untersuchung als luftdurchlässig erwiesen hatten, durch neue ersetzt wurden. An dem einzigen Beobachtungsabend, der in die Zeit dieser Reparatur fiel (Beob.-Reihe 241), wurde aushilfsweise wieder die Uhr Riefler 1 zur Registrierung benützt.

Als Chronograph diente für die Registrierung wieder der in Ann. IV, S. (3) bereits besprochene Chronograph von Hipp, dessen schwanenhalsförmig gebogene, die Eosinlösung kapillar nachsaugende Metallfedern sich während der ganzen Dauer der Beobachtungen wieder vortrefflich bewährt haben.

Bestimmung der Instrumentalfehler.

Die Instrumentalfehler wurden genau in der gleichen Weise ermittelt, wie in den Vorbemerkungen zu meinem Zenitsternkatalog (Ann. IV) des Näheren dargelegt ist.

a) **Neigung der Horizontalachse.** Vor Beginn einer jeden Beobachtungsreihe, gelegentlich auch am Schluß oder während einer Pause, wurde die Achsenlibelle, deren Teilwert (Ann. IV, S. (16)) zu

$$1\,p = 1.049 \pm 0.008$$

ermittelt ist, sowohl auf der Nord-, wie auf der Südseite des Meridiankreises eingehängt und jedesmal abgelesen. Es zeigte sich auch innerhalb der sechs Jahre, welche die vorliegenden Beobachtungen umfassen, eine starke, überwiegend periodische Veränderlichkeit der Achsenneigung und dementsprechend die Notwendigkeit, die letztere ziemlich häufig zu berichtigen.

b) **Der Kollimationspunkt der Schraube** ist wieder jeden Abend doppelt bestimmt worden: einmal unter Benützung der beiden Kollimatoren (deren Stellung gegeneinander und gegen die Zielachse des Meridianfernrohrs gleichfalls häufigen Änderungen unterworfen war), ein zweitesmal durch Einstellung des beweglichen Fadens auf sein Spiegelbild im Quecksilberhorizont unter Zuziehung der vorher ermittelten Achsenneigung. Die so unabhängig von einander erlangten beiden Ergebnisse wurden gemittelt.

Erfreulicherweise hielt sich die Lage des Kollimationspunktes der Schraube häufig innerhalb größerer Zeitabschnitte sehr nahe konstant; Änderungen traten im allgemeinen nur dann ein, wenn irgendwelche Eingriffe in den Mechanismus des Registriermikrometers vorgenommen werden mußten. Es konnte daher immer eine mehr oder weniger große Zahl von aufeinanderfolgenden Einzelbestimmungen zu Mittelwerten zusammengezogen werden. Nicht selten kam es vor, daß nach vollendeter Aufstellungsbeobachtung Trübung eintrat. Die an solchen Abenden erhaltenen Werte sind bei der Mittelbildung gleichwohl mit in Rechnung gezogen.

Der Reduktion der beobachteten Sterndurchgänge liegen die folgenden Mittelwerte, welche die Korrektion für tägliche Aberration: $\pm\, 0.0030\,\begin{Bmatrix} \text{K. O.} \\ \text{K.W.} \end{Bmatrix}$ bereits mit enthalten, zugrunde:

Kollimationspunkte der Schraube

Kreis Ost				Kreis West			
Beob.-Reihe		R	n	Beob.-Reihe		R	n
1 bis 5	1901, Sept. 28 bis 1901, Okt. 11	14.4518	7	231 bis 242	1904, Juli 13 bis 1904, Nov. 14	14.4306	14
6 „ 75	1901, Okt. 12 „ 1902, Sept. 22	14.4363	75	243 „ 262	1904, Nov. 17 „ 1905, März 2	14.4285	21
76 „ 92	1902, Sept. 23 „ 1902, Nov. 21	14.4408	17	263 „ 264	1905, April 1 „ 1905, April 4	14.3931	2
93 „ 100	1902, Nov. 22 „ 1902, Dez. 15	14.4383	9	265 „ 272	1905, April 13 „ 1905, Mai 19	14.4270	9
101 „ 177	1903, Jan. 29 „ 1903, Nov. 14	14.4424	77	273 „ 284	1905, Mai 27 „ 1905, Juni 27	14.4302	12
178 „ 193	1903, Nov. 29 „ 1904, Jan. 28	14.4356	16	285 „ 307	1905, Juni 29 „ 1905, Sept. 23	14.4388	23
194 „ 195	1904, Jan. 29 „ 1904, Jan. 30	14.4415	2	308 „ 317	1905, Okt. 17 „ 1905, Nov. 28	14.4332	10
196 „ 197	1904, Febr. 3 „ 1904, Febr. 9	14.4348	2	318	1905, Dez. 6 „ 1905, Dez. 11	14.4391	2
198 „ 205	1904, März 2 „ 1904, März 27	14.4400	8	319 bis 347	1905, Dez. 12 „ 1906, März 4	14.4316	29
206 „ 230	1904, März 28 „ 1904, Juli 13	14.4374	28	348 „ 350	1906, März 5 „ 1906, März 7	14.4367	3
				351 „ 357	1906, März 8 „ 1906, März 28	14.4309	8
				358 „ 420	1906, April 2 „ 1906, Okt. 5	14.4350	63
				421 „ 437	1906, Okt. 7 „ 1906, Nov. 5	14.4320	17
				438 „ 471	1906, Nov. 8 „ 1907, April 2	14.4281	35
				472 „ 473	1907, April 3 „ 1907, April 4	14.4372	2
				474 „ 487	1907, April 11 „ 1907, Juni 20	14.4316	14

Die beobachteten Durchgänge wurden in Kreislage Ost zunächst auf die Schraubenstellung 15^R0, in Kreislage West auf 14^R0 reduziert und die weitere Reduktion auf den jeweiligen Kollimationspunkt der Schraube in bequemer Weise aus hierfür besonders berechneten Tafeln entnommen.

c) Der Azimutfehler (k) des Instrumentes, bezw. das Bessel'sche n, ist grundsätzlich aus den Durchgängen von mindestens zwei, häufig auch von mehr, in entgegengesetzter Kulmination beobachteten Polsternen des Berliner Jahrbuches abgeleitet worden. Wenn es, was gelegentlich vorkam, infolge der Ungunst der Witterung nicht gelang, zwei oder auch nur einen Polsterndurchgang zu erlangen, wurde der Wert von k zwischen dem des vorangehenden und dem des nachfolgenden Beobachtungsabends der Zeit proportional interpoliert und die zugehörigen Werte von n und m in bekannter Weise berechnet.

d) Die Parallaxe (p) der beiden Schreibfedern des Chronographen wurde in erster Linie mittelst des an dem letzteren vorhandenen Parallaxenschlüssels vor Beginn und nach Schluß einer jeden Beobachtungsreihe, vielfach auch mehreremale zwischendurch, bestimmt. Außerdem habe ich fast an jedem Beobachtungsabend auch noch — neben der Registrieruhr stehend — die mit dem Ohr aufgefaßten Sekundenschläge unter Benützung eines an den Stromkreis des Registriermikrometers angeschlossenen Handtasters unmittelbar registriert, woraus sich die Parallaxe der beiden Schreibfedern gleichfalls ergab. Es zeigten sich in den Ergebnissen beider Bestimmungsarten keinerlei systematische Verschiedenheiten, sie wurden deshalb stets zu Mittelwerten vereinigt.

Instrumentalfehler und Uhrstände.

Beobacht.-Reihe	Datum	t	i	n	k	m	p	$\Delta u + m$	Uhrsterne	Polsterne	Uhrstand Δu	Epoche (Sternzeit)	Stündl. Gang
					Kreislage Ost.								
1	1901, Sept. 28	1901.74	+0.179	+0.326	−0.288	−0.095	+0.097	+16.336	8	2	+16.334	18h9	+0.0075
2	„ 29	74	+0.177	+0.113	+0.029	+0.139	+0.098	+16.752	8	2	+16.515	19.1	+0.0062
3	Okt. 1	75	+0.203	+0.146	+0.008	+0.140	+0.103	+17.052	12	2	+16.809	19.9	+0.0033
4	„ 3	75	+0.191	+0.107	+0.055	+0.167	+0.112	+17.243	2	1	+16.964	19.5	+0.0021
5	„ 5	76	+0.189	+0.090	+0.076	+0.182	+0.076	+17.325	15	2	+17.067	20.4	+0.0012
6	„ 13	78	+0.205	+0.171	−0.027	+0.116	+0.091	+17.503	8	2	+17.296	19.4	+0.0059
7	„ 14	78	+0.185	+0.163	−0.037	+0.095	+0.086	+17.628	13	2	+17.447	20.9	+0.0076
8	„ 15	78	+0.156	+0.152	+0.053	+0.064	+0.087	+17.771	7	2	+17.620	19.7	−0.0015
9	„ 17	79	+0.153	+0.101	+0.023	+0.121	+0.091	+17.762	11	2	+17.550	19.6	−0.0221
10	„ 19	80	+0.149	+0.084	+0.041	+0.130	+0.091	+16.694	9	2	+16.473	20.4	−0.0199

Beobacht.-Reihe	Datum	t	i	n	k	m	p	$\Delta u + m$	Uhrsterne	Polsterne	Uhrstand Δu	Epoche (Sternzeit)	Stündl. Gang
11	1901, Okt. 25	1901.81	— 0.003	— 0.132	+ 0.195	+ 0.143	+ 0.058	+ 13.798	5	1	+ 13.597	20h4	— 0.0202
12	„ 27	82	— 0.008	— 0.105	+ 0.149	+ 0.105	+ 0.033	+ 12.754	10	2	+ 12.616	20.8	— 0.0164
13	„ 28	82	— 0.011	— 0.085	+ 0.116	+ 0.079	+ 0.058	+ 12.363	9	2	+ 12.226	20.5	— 0.0174
14	Nov. 4	84	— 0.091	— 0.088	+ 0.031	— 0.038	+ 0.047	+ 9.296	8	2	+ 9.287	21.1	— 0.0139
15	„ 5	85	— 0.107	— 0.109	+ 0.044	— 0.039	+ 0.040	+ 8.944	15	2	+ 8.943	21.8	— 0.0172
16	„ 7	85	— 0.102	— 0.113	+ 0.056	— 0.026	+ 0.042	+ 8.125	12	2	+ 8.109	22.1	— 0.0180
17	„ 8	85	— 0.094	— 0.123	+ 0.079	— 0.003	+ 0.028	+ 7.706	13	2	+ 7.681	21.8	— 0.0210
18	„ 11	86	— 0.109	— 0.161	+ 0.120	+ 0.017	+ 0.046	+ 6.231	10	2	+ 6.168	21.6	— 0.0224
19	„ 12	86	— 0.107	— 0.163	+ 0.125	+ 0.022	+ 0.064	+ 5.718	14	2	+ 5.632	21.5	— 0.0024
20	„ 21	89	— 0.121	— 0.244	+ 0.231	+ 0.092	+ 0.060	+ 5.249	8	2	+ 5.097	2.9	
													+ 0.0071
21	1901, Dez. 5	1901.93	— 0.168	— 0.297	+ 0.257	+ 0.081	+ 0.062	+ 7.620	8	—	+ 7.477	3.1	+ 0.0194
22	„ 16	96	— 0.177	— 0.317	+ 0.277	+ 0.088	+ 0.043	+ 8.120	12	2	+ 7.989	2.6	0.0000
23	„ 27	99	— 0.184	— 0.228	+ 0.136	— 0.021	+ 0.051	+ 8.021	10	1	+ 7.991	0.8	— 0.0033
24	„ 28	99	— 0.177	— 0.314	+ 0.273	+ 0.086	+ 0.059	+ 8.215	11	2	+ 8.070	0.4	+ 0.0063
25	„ 31	1902.00	— 0.195	— 0.210	+ 0.097	— 0.057	+ 0.059	+ 8.534	13	2	+ 8.532	1.6	+ 0.0050
26	1902, Jan. 4	01	— 0.183	— 0.227	+ 0.136	— 0.020	+ 0.054	+ 9.045	8	3	+ 9.011	0.8	+ 0.0093
27	„ 8	02	— 0.191	— 0.239	+ 0.145	— 0.018	+ 0.067	+ 9.974	8	1	+ 9.925	3.3	+ 0.0104
28	„ 9	02	— 0.182	— 0.265	+ 0.194	+ 0.023	+ 0.054	+ 10.238	9	2	+ 10.161	1.9	+ 0.0083
29	„ 10	03	— 0.168	— 0.266	+ 0.211	+ 0.045	+ 0.065	+ 10.473	13	2	+ 10.363	2.3	+ 0.0089
30	„ 15	04	— 0.154	— 0.346	+ 0.347	+ 0.153	+ 0.083	+ 11.661	13	2	+ 11.425 *)	2.2	
													+ 0.0118
31	1902, Jan. 18	1902.05	— 0.163	— 0.214	+ 0.139	— 0.005	+ 0.083	+ 16.347	4	1	+ 16.269	1.4	+ 0.0092
32	„ 24	06	— 0.198	— 0.202	+ 0.082	— 0.071	+ 0.083	+ 17.631	15	2	+ 17.619	3.9	+ 0.0026
33	Febr. 22	14	— 0.209	— 0.246	+ 0.135	— 0.039	+ 0.091	+ 19.514	13	2	+ 19.462	5.8	— 0.0005
34	März 3	17	— 0.226	— 0.187	+ 0.028	— 0.131	+ 0.108	+ 19.558	8	2	+ 19.581	6.2	— 0.0013
35	„ 4	17	— 0.229	— 0.151	— 0.029	— 0.174	+ 0.091	+ 19.530	9	2	+ 19.613	5.9	+ 0.0039
36	„ 5	17	— 0.209	— 0.198	+ 0.063	— 0.092	+ 0.075	+ 19.692	12	2	+ 19.709	6.2	+ 0.0006
37	„ 6	18	— 0.153	— 0.190	+ 0.115	— 0.016	+ 0.087	+ 19.794	10	2	+ 19.723	6.0	+ 0.0028
38	„ 7	18	— 0.206	— 0.167	+ 0.020	— 0.122	+ 0.089	+ 19.757	10	2	+ 19.790	6.2	— 0.0022
39	„ 11	19	— 0.199	— 0.226	+ 0.117	— 0.047	+ 0.090	+ 19.625	10	2	+ 19.582	6.1	+ 0.0013
40	„ 13	20	— 0.196	— 0.179	+ 0.049	— 0.094	+ 0.078	+ 19.628	10	2	+ 19.644	5.6	
													+ 0.0050
41	1902, März 14	1902.20	— 0.210	— 0.187	+ 0.046	— 0.106	+ 0.080	+ 19.743	12	2	+ 19.769	6.6	+ 0.0015
42	„ 19	21	— 0.208	— 0.180	+ 0.047	— 0.111	+ 0.078	+ 19.913	14	2	+ 19.946	7.5	— 0.0015
43	„ 20	21	— 0.235	— 0.165	— 0.016	— 0.169	+ 0.072	+ 19.818	12	2	+ 19.915	7.4	— 0.0045
44	April 8	27	— 0.135	— 0.090	— 0.015	— 0.101	+ 0.073	+ 17.802	7	2	+ 17.830	9.2	— 0.0012
45	„ 11	28	— 0.133	— 0.064	— 0.053	— 0.128	+ 0.060	+ 17.673	15	2	+ 17.741	9.6	— 0.0024
46	„ 12	28	— 0.153	— 0.032	— 0.123	— 0.193	+ 0.070	+ 17.560	11	1	+ 17.683	10.2	— 0.0031
47	„ 16	29	— 0.157	+ 0.061	— 0.268	— 0.304	+ 0.073	+ 17.158	10	2	+ 17.389	8.9	— 0.0040
48	„ 24	31	— 0.103	+ 0.042	— 0.178	— 0.200	+ 0.071	+ 16.485	12	2	+ 16.614	11.0	— 0.0064
49	Mai 27	40	— 0.112	— 0.024	— 0.090	— 0.142	+ 0.070	+ 11.484	8	2	+ 11.556	13.5	— 0.0017
50	„ 28	40	— 0.126	— 0.008	— 0.129	— 0.180	+ 0.082	+ 11.418	11	2	+ 11.516	13.1	
													— 0.0021
51	1902, Mai 29	1902.41	— 0.123	+ 0.020	— 0.168	— 0.206	+ 0.089	+ 11.349	11	2	+ 11.466	13.1	— 0.0104
52	„ 30	41	— 0.087	+ 0.084	— 0.224	— 0.224	+ 0.078	+ 11.065	11	2	+ 11.211	13.5	— 0.0056
53	Juni 2	42	— 0.029	+ 0.130	— 0.228	— 0.189	+ 0.085	+ 10.704	12	2	+ 10.808	13.3	— 0.0018
54	„ 3	42	— 0.031	+ 0.163	— 0.280	— 0.229	+ 0.079	+ 10.616	9	2	+ 10.766	13.3	
55	„ 12	45	0.000	+ 0.139	— 0.209	— 0.155	+ 0.063	+ 0.402	7	2	+ 0.494	14.0	(Ri 23)
56	„ 26	48	— 0.047	+ 0.128	— 0.244	— 0.212	+ 0.093	+ 2.545	10	3	+ 2.664	14.9	+ 0.0009
57	„ 27	49	+ 0.014	+ 0.150	— 0.210	— 0.147	+ 0.089	+ 2.627	11	3	+ 2.685	14.9	+ 0.0058
58	Juli 3	50	— 0.021	+ 0.113	— 0.193	— 0.157	+ 0.083	+ 3.454	11	3	+ 3.528	15.7	+ 0.0051
59	„ 5	51	+ 0.044	+ 0.171	— 0.208	— 0.125	+ 0.078	+ 3.725	12	3	+ 3.772	15.7	+ 0.0108
60	„ 6	51	— 0.003	+ 0.166	— 0.252	— 0.190	+ 0.092	+ 3.940	10	2	+ 4.038	16.2	
													+ 0.0061
61	1902, Juli 9	1902.52	+ 0.031	+ 0.262	— 0.359	— 0.246	+ 0.096	+ 4.323	14	2	+ 4.473	16.0	+ 0.0031
62	„ 12	53	— 0.017	+ 0.120	— 0.199	— 0.159	+ 0.094	+ 4.632	7	2	+ 4.697	15.6	+ 0.0046
63	„ 18	54	+ 0.045	+ 0.255	— 0.332	— 0.217	+ 0.096	+ 5.244	15	2	+ 5.365	16.8	+ 0.0033
64	„ 23	56	+ 0.025	+ 0.168	— 0.224	— 0.151	+ 0.100	+ 5.705	13	2	+ 5.756	16.8	+ 0.0015
65	„ 25	56	+ 0.011	+ 0.168	— 0.240	— 0.171	+ 0.082	+ 5.741	13	2	+ 5.830	17.2	+ 0.0028
66	„ 26	57	+ 0.011	+ 0.156	— 0.222	— 0.158	+ 0.088	+ 5.827	15	2	+ 5.897	17.3	+ 0.0061
67	„ 29	57	— 0.003	+ 0.212	— 0.321	— 0.241	+ 0.111	+ 6.212	14	1	+ 6.342	17.3	. . . .
68	Sept. 2	67	+ 0.021	+ 0.138	— 0.184	— 0.123	+ 0.098	+ 33.916	13	2	+ 33.941	19.4	+ 0.0145
69	„ 3	67	+ 0.023	+ 0.143	— 0.189	— 0.125	+ 0.104	+ 34.265	12	2	+ 34.286	19.1	. . . .
70	„ 4	67	+ 0.049	+ 0.134	— 0.146	— 0.076	+ 0.102	+ 10.621	11	2	+ 10.595	19.2	
													+ 0.0156

*) Nach Mitteilung des Herrn List stand der Sekundenzeiger der Uhr, wie er bei einer Uhrvergleichung am 16. Januar wahrnahm, vier Pendelschläge lang still.

Beobacht.-Reihe	Datum	t	i	n	k	m	p	$\Delta u + m$	Uhrsterne	Polsterne	Uhrstand Δu	Epoche (Sternzeit)	Stündl. Gang
71	1902, Sept. 7	1902.68	+ 0.007	+ 0.135	— 0.194	— 0.140	+ 0.101	+ 11.674	11	2	+ 11.713	19.1	+ 0.0181
72	„ 8	69	+ 0.030	+ 0.150	— 0.191	— 0.123	+ 0.104	+ 12.126	11	2	+ 12.145	18.9	+ 0.0142
73	„ 9	69	+ 0.053	+ 0.130	— 0.137	— 0.066	+ 0.094	+ 12.519	10	2	+ 12.491	19.3	+ 0.0104
74	„ 20	72	0.000	+ 0.109	— 0.164	— 0.122	+ 0.097	+ 15.214	11	2	+ 15.239	18.0	+ 0.0096
75	„ 22	73	— 0.017	+ 0.089	— 0.153	— 0.125	+ 0.097	+ 15.681	17	2	+ 15.709	19.2	+ 0.0128
76	„ 23	73	— 0.035	+ 0.122	— 0.222	— 0.189	+ 0.104	+ 15.932	13	2	+ 16.017	19.2	+ 0.0069
77	„ 24	73	— 0.031	+ 0.126	— 0.224	— 0.187	+ 0.102	+ 16.097	12	2	+ 16.182	19.1	+ 0.0098
78	„ 25	73	— 0.042	+ 0.115	— 0.220	— 0.191	+ 0.106	+ 16.332	13	2	+ 16.417	19.0	. . .
79	„ 26	74	— 0.053	+ 0.076	— 0.174	— 0.165	+ 0.101	— 11.390	13	2	— 11.326	19.1	— 0.0051
80	„ 27	74	— 0.045	+ 0.086	— 0.179	— 0.164	+ 0.103	— 11.508	16	2	— 11.447	18.9	— 0.0061
81	1902, Okt. 13	1902.78	— 0.117	— 0.031	— 0.085	— 0.141	+ 0.104	— 13.813	4	2	— 13.776	19.2	— 0.0100
82	„ 15	79	— 0.142	— 0.036	— 0.106	— 0.173	+ 0.104	— 14.345	14	2	— 14.276	21.0	— 0.0104
83	„ 18	80	— 0.101	— 0.011	— 0.097	— 0.139	+ 0.104	— 15.059	13	2	— 15.024	20.6	— 0.0094
84	„ 24	81	— 0.133	0.000	— 0.150	— 0.200	+ 0.103	— 16.464	10	2	— 16.367	20.2	— 0.0095
85	„ 25	81	— 0.129	— 0.011	— 0.129	— 0.182	+ 0.101	— 16.676	13	2	— 16.595	20.4	— 0.0093
86	„ 29	83	— 0.175	— 0.051	— 0.120	— 0.205	+ 0.103	— 17.598	12	2	— 17.496	21.2	— 0.0090
87	Nov. 3	84	— 0.203	— 0.077	— 0.112	— 0.218	+ 0.109	— 18.694	15	2	— 18.585	21.7	— 0.0088
88	„ 6	85	— 0.226	— 0.050	— 0.177	— 0.283	+ 0.105	— 19.398	13	2	— 19.220	21.3	— 0.0106
89	„ 8	85	— 0.226	— 0.079	— 0.135	— 0.251	+ 0.109	— 19.868	14	2	— 19.726	20.9	— 0.0087
90	„ 11	86	— 0.249	— 0.094	— 0.139	— 0.268	+ 0.082	— 20.538	10	2	— 20.352	20.9	— 0.0105
91	1902, Nov. 15	1902.87	— 0.238	— 0.095	— 0.125	— 0.251	+ 0.081	— 21.543	19	2	— 21.373	22.2	— 0.0096
92	„ 21	89	— 0.339	— 0.090	— 0.244	— 0.407	+ 0.092	— 23.032	9	1	— 22.717	0.4	— 0.0099
93	„ 22	89	— 0.313	— 0.111	— 0.185	— 0.346	+ 0.092	— 23.188	17	2	— 22.934	22.3	— 0.0116
94	„ 23	89	— 0.299	— 0.140	— 0.126	— 0.292	+ 0.100	— 23.406	20	2	— 23.214	22.6	— 0.0094
95	„ 25	90	— 0.338	— 0.199	— 0.081	— 0.285	+ 0.090	— 23.856	6	1	— 23.661	22.0	— 0.0066
96	Dez. 10	94	— 0.445	— 0.254	— 0.116	— 0.383	+ 0.092	— 26.332	17	2	— 26.041	23.1	— 0.0052
97	„ 11	94	— 0.419	— 0.261	— 0.080	— 0.337	+ 0.008	— 26.498	18	2	— 26.169	23.4	— 0.0046
98	„ 12	95	— 0.422	— 0.376	+ 0.091	— 0.213	+ 0.081	— 26.412	15	2	— 26.280	23.5	— 0.0030
99	„ 13	95	— 0.121	— 0.053	— 0.054	— 0.121	+ 0.035	— 26.439	18	2	— 26.353	23.7	— 0.0012
100	„ 15	95	— 0.147	— 0.111	+ 0.001	— 0.097	+ 0.058	— 26.448	8	1	— 26.409	22.3	. . .
101	1903, Jan. 29	1903.08	— 0.236	+ 0.021	— 0.297	— 0.378	+ 0.045	— 22.959	16	2	— 22.626	3.5	+ 0.0085
102	„ 30	08	— 0.241	+ 0.002	— 0.274	— 0.363	+ 0.058	— 22.727	14	2	— 22.422	3.5	+ 0.0097
103	„ 31	08	— 0.238	+ 0.044	— 0.334	— 0.407	+ 0.060	— 22.545	17	2	— 22.198	2.6	+ 0.0109
104	Febr. 5	10	— 0.263	+ 0.015	— 0.318	— 0.411	+ 0.058	— 21.231	20	2	— 20.878	3.5	+ 0.0102
105	„ 7	10	— 0.247	— 0.016	— 0.253	— 0.352	+ 0.067	— 20.670	19	2	— 20.385	3.7	+ 0.0103
106	„ 10	11	— 0.187	+ 0.086	— 0.339	— 0.376	+ 0.057	— 19.953	21	2	— 19.634	4.0	+ 0.0116
107	„ 11	11	— 0.215	+ 0.074	— 0.352	— 0.405	+ 0.064	— 19.696	20	1	— 19.355	3.9	+ 0.0100
108	„ 12	12	— 0.203	+ 0.108	— 0.390	— 0.424	+ 0.060	— 19.487	14	2	— 19.123	3.0	+ 0.0102
109	„ 16	13	— 0.250	+ 0.002	— 0.284	— 0.377	+ 0.057	— 18.459	10	1	— 18.139	3.5	+ 0.0112
110	„ 17	13	— 0.257	+ 0.038	— 0.346	— 0.427	+ 0.061	— 18.235	19	2	— 17.869	3.6	+ 0.0108
111	1903, Febr. 19	1903.13	— 0.252	+ 0.033	— 0.333	— 0.415	+ 0.067	— 17.696	22	2	— 17.348	4.0	+ 0.0103
112	„ 20	14	— 0.219	+ 0.070	— 0.350	— 0.406	+ 0.068	— 17.438	25	2	— 17.100	4.2	+ 0.0122
113	„ 24	15	— 0.235	+ 0.142	— 0.477	— 0.511	+ 0.059	— 16.374	15	2	— 15.922	4.7	+ 0.0058
114	„ 25	15	— 0.151	+ 0.162	— 0.413	— 0.407	+ 0.080	— 16.109	19	2	— 15.782	4.6	+ 0.0104
115	März 5	17	— 0.145	+ 0.031	— 0.209	— 0.252	+ 0.069	— 13.944	13	2	— 13.761	5.5	+ 0.0112
116	„ 7	18	— 0.181	+ 0.037	— 0.258	— 0.312	+ 0.065	— 13.465	20	2	— 13.218	6.3	+ 0.0104
117	„ 10	19	— 0.179	+ 0.034	— 0.252	— 0.306	+ 0.072	— 12.693	20	3	— 12.459	6.7	+ 0.0086
118	„ 11	19	— 0.154	+ 0.062	— 0.267	— 0.300	+ 0.071	— 12.485	24	2	— 12.256	6.4	+ 0.0102
119	„ 12	19	— 0.154	+ 0.032	— 0.221	— 0.267	+ 0.072	— 12.219	15	2	— 12.024	5.2	+ 0.0112
120	„ 13	19	— 0.173	+ 0.066	— 0.294	— 0.334	+ 0.071	— 12.002	27	2	— 11.739	6.6	+ 0.0096
121	1903, März 20	1903.21	— 0.157	+ 0.086	— 0.305	— 0.331	+ 0.078	— 10.365	23	2	— 10.112	7.4	+ 0.0116
122	„ 21	22	— 0.171	+ 0.077	— 0.308	— 0.343	+ 0.076	— 10.100	25	2	— 9.833	7.5	+ 0.0096
123	„ 23	22	— 0.154	+ 0.130	— 0.368	— 0.376	+ 0.075	— 9.675	26	2	— 9.374	7.3	+ 0.0084
124	„ 24	22	— 0.123	+ 0.194	— 0.429	— 0.401	+ 0.068	— 9.516	14	2	— 9.183	5.9	+ 0.0092
125	„ 28	24	— 0.077	+ 0.273	— 0.497	— 0.421	+ 0.068	— 8.635	24	2	— 8.282	8.0	+ 0.0087
126	April 7	26	— 0.042	+ 0.246	— 0.417	— 0.338	+ 0.073	— 6.462	24	2	— 6.197	8.2	+ 0.0078
127	„ 20	30	— 0.135	+ 0.140	— 0.362	— 0.359	+ 0.058	— 4.048	13	3	— 3.747	12.0	+ 0.0096
128	„ 21	30	— 0.131	+ 0.162	— 0.391	— 0.377	+ 0.078	— 3.828	18	3	— 3.529	10.7	+ 0.0085
129	„ 24	31	— 0.161	+ 0.247	— 0.552	— 0.517	+ 0.074	— 3.364	14	2	— 2.921	10.4	+ 0.0083
130	„ 28	32	— 0.123	+ 0.183	— 0.414	— 0.389	+ 0.084	— 2.423	22	5	— 2.118	10.5	+ 0.0067

Beobacht.-Reihe	Datum	t	ı	n	k	m	p	Δu + m	Uhrsterne	Polsterne	Uhrstand Δu	Epoche (Sternzeit)	Stündl. Gang
131	1903, April 30	1903.33	− 0.065	+ 0.202	− 0.377	− 0.323	+ 0.080	− 2.035	19	4	− 1.792	11ʰ2	+ 0.0076
132	Mai 14	36	+ 0.028	+ 0.336	− 0.473	− 0.333	+ 0.082	+ 0.508	11	2	+ 0.759	12.0	+ 0.0070
133	„ 21	38	+ 0.023	+ 0.254	− 0.355	− 0.249	+ 0.084	+ 1.770	12	2	+ 1.935	12.1	+ 0.0067
134	„ 22	39	+ 0.051	+ 0.310	− 0.408	− 0.269	+ 0.086	+ 1.915	11	2	+ 2.098	12.4	+ 0.0069
135	„ 23	39	+ 0.067	+ 0.287	− 0.356	− 0.221	+ 0.078	+ 2.123	12	2	+ 2.266	12.6	+ 0.0088
136	„ 25	40	+ 0.070	+ 0.445	− 0.590	− 0.391	+ 0.092	+ 2.395	11	2	+ 2.694	13.1	+ 0.0070
137	„ 28	40	+ 0.125	+ 0.452	− 0.539	− 0.317	+ 0.083	+ 2.964	13	2	+ 3.198	13.0	+ 0.0061
138	„ 29	41	+ 0.109	+ 0.483	− 0.602	− 0.374	+ 0.087	+ 3.058	18	3	+ 3.345	12.9	+ 0.0057
139	„ 30	41	+ 0.142	+ 0.522	− 0.624	− 0.370	+ 0.086	+ 3.197	14	2	+ 3.481	12.7	+ 0.0051
140	Juni 5	42	+ 0.109	+ 0.391	− 0.466	− 0.273	+ 0.088	+ 4.033	16	4	+ 4.218	13.5	
													+ 0.0038
141	1903, Juni 9	1903.44	+ 0.128	+ 0.579	− 0.726	− 0.454	+ 0.088	+ 4.216	16	3	+ 4.582	13.7	+ 0.0034
142	„ 16	45	+ 0.126	+ 0.383	− 0.434	− 0.239	+ 0.082	+ 4.994	21	4	+ 5.151	14.3	+ 0.0021
143	„ 26	48	+ 0.143	+ 0.419	− 0.469	− 0.253	+ 0.084	+ 5.492	18	4	+ 5.661	15.2	+ 0.0010
144	„ 27	49	+ 0.149	+ 0.425	− 0.471	− 0.250	+ 0.077	+ 5.512	16	5	+ 5.685	15.3	+ 0.0021
145	„ 28	49	+ 0.163	+ 0.508	− 0.580	− 0.324	+ 0.080	+ 5.492	16	6	+ 5.736	15.3	− 0.0011
146	„ 29	49	+ 0.221	+ 0.449	− 0.426	− 0.169	+ 0.094	+ 5.634	17	7	+ 5.709	15.4	− 0.0023
147	Juli 1	50	+ 0.165	+ 0.482	− 0.538	− 0.291	+ 0.087	+ 5.617	16	6	+ 5.821	15.3	− 0.0004
148	„ 2	50	+ 0.165	+ 0.555	− 0.648	− 0.372	+ 0.079	+ 5.519	21	5	+ 5.812	15.4	− 0.0002
149	„ 11	52	+ 0.152	+ 0.400	− 0.431	− 0.219	+ 0.076	+ 5.628	11	2	+ 5.771	15.5	− 0.0016
150	„ 12	53	+ 0.187	+ 0.382	− 0.364	− 0.147	+ 0.084	+ 5.669	15	6	+ 5.732	16.5	
													+ 0.0022
151	1903, Juli 14	1903.53	+ 0.154	+ 0.419	− 0.457	− 0.237	+ 0.081	+ 5.681	16	5	+ 5.837	16.3	− 0.0029
152	„ 15	53	+ 0.179	+ 0.415	− 0.422	− 0.194	+ 0.086	+ 5.659	20	5	+ 5.767	16.3	− 0.0001
153	„ 20	55	+ 0.198	+ 0.495	− 0.521	− 0.255	+ 0.093	+ 5.593	9	1	+ 5.755	17.8	− 0.0015
154	„ 22	55	+ 0.213	+ 0.438	− 0.419	− 0.170	+ 0.090	+ 5.606	24	5	+ 5.686	16.7	− 0.0024
155	„ 27	57	+ 0.182	+ 0.446	− 0.466	− 0.225	+ 0.082	+ 5.514	11	2	+ 5.657	17.6	− 0.0005
156	Sept. 4	67	+ 0.237	+ 0.524	− 0.521	− 0.229	+ 0.101	+ 5.059	14	3	+ 5.187	18.0	− 0.0040
157	„ 5	68	+ 0.105	+ 0.447	− 0.554	− 0.341	+ 0.097	+ 4.848	12	2	+ 5.092	17.7	− 0.0029
158	„ 6	68	+ 0.168	+ 0.443	− 0.478	− 0.243	+ 0.101	+ 4.879	14	3	+ 5.021	18.0	+ 0.0032
159	„ 7	68	+ 0.121	+ 0.398	− 0.462	− 0.263	+ 0.101	+ 4.935	13	2	+ 5.097	17.8	− 0.0019
160	„ 10	69	+ 0.045	+ 0.428	− 0.592	− 0.410	+ 0.098	+ 4.645	9	2	+ 4.957	18.6	
													− 0.0005
161	1903, Sept. 20	1903.72	− 0.035	+ 0.204	− 0.346	− 0.281	+ 0.037	+ 4.594	16	2	+ 4.838	18.4	+ 0.0019
162	„ 21	72	− 0.043	+ 0.224	− 0.384	− 0.314	0.000	+ 4.570	17	2	+ 4.884	18.3	+ 0.0011
163	„ 22	72	− 0.043	+ 0.233	− 0.398	− 0.325	+ 0.004	+ 4.590	17	3	+ 4.911	18.4	+ 0.0008
164	„ 23	73	− 0.033	+ 0.251	− 0.414	− 0.330	+ 0.004	+ 4.605	18	2	+ 4.931	18.4	+ 0.0011
165	„ 24	73	− 0.051	+ 0.247	− 0.428	− 0.352	+ 0.001	+ 4.606	16	2	+ 4.957	18.4	+ 0.0026
166	„ 29	74	− 0.045	+ 0.263	− 0.445	− 0.362	+ 0.006	+ 4.915	14	2	+ 5.271	18.6	+ 0.0043
167	„ 30	74	− 0.039	+ 0.244	− 0.410	− 0.331	+ 0.003	+ 5.046	13	2	+ 5.374	18.6	+ 0.0045
168	Okt. 7	76	− 0.015	+ 0.332	− 0.516	− 0.393	+ 0.002	+ 5.741	13	2	+ 6.132	19.0	+ 0.0042
169	„ 8	77	+ 0.021	+ 0.296	− 0.421	− 0.299	0.000	+ 5.933	12	2	+ 6.232	18.9	+ 0.0061
170	„ 20	80	− 0.110	+ 0.195	− 0.416	− 0.383	0.000	+ 7.625	10	2	+ 8.008	19.6	
													+ 0.0075
171	1903, Okt. 21	1903.80	− 0.093	+ 0.188	− 0.386	− 0.350	− 0.003	+ 7.834	11	2	+ 8.187	19.4	+ 0.0095
172	„ 25	81	− 0.180	+ 0.143	− 0.417	− 0.430	+ 0.049	+ 8.724	10	2	+ 9.105	19.8	+ 0.0102
173	„ 27	82	− 0.177	+ 0.152	− 0.426	− 0.436	+ 0.010	+ 9.172	10	2	+ 9.598	19.9	+ 0.0109
174	„ 28	82	− 0.213	+ 0.130	− 0.433	− 0.464	+ 0.003	+ 9.403	13	2	+ 9.864	20.2	+ 0.0103
175	Nov. 8	85	− 0.287	+ 0.073	− 0.430	− 0.511	− 0.016	+ 12.052	12	2	+ 12.579	20.8	+ 0.0014
176	„ 9	85	− 0.278	+ 0.080	− 0.432	− 0.506	+ 0.046	+ 12.153	13	2	+ 12.613	21.0	+ 0.0032
177	„ 14	87	− 0.310	+ 0.063	− 0.442	− 0.535	− 0.016	+ 12.455	16	2	+ 13.006	21.5	− 0.0017
178	„ 29	91	− 0.345	+ 0.026	− 0.428	− 0.551	+ 0.053	+ 11.899	4	—	+ 12.397	21.0	− 0.0025
179	Dez. 3	92	− 0.397	+ 0.021	− 0.414	− 0.573	+ 0.023	+ 11.605	15	3	+ 12.155	22.1	− 0.0008
180	„ 7	93	− 0.093	+ 0.073	− 0.214	− 0.222	+ 0.053	+ 11.902	10	1	+ 12.071	22.5	
													− 0.0080
181	1903, Dez. 8	1903.93	− 0.077	+ 0.050	− 0.162	− 0.172	+ 0.005	+ 11.712	25	4	+ 11.879	22.7	+ 0.0023
182	„ 9	94	− 0.135	+ 0.056	− 0.235	− 0.265	+ 0.013	+ 11.683	25	4	+ 11.935	22.9	− 0.0068
183	„ 10	94	− 0.072	+ 0.042	− 0.144	− 0.155	+ 0.043	+ 11.662	30	3	+ 11.774	22.6	+ 0.0010
184	„ 23	98	− 0.199	+ 0.205	− 0.532	− 0.528	+ 0.019	+ 10.956	14	4	+ 11.465	22.7	− 0.0011
185	„ 29	99	− 0.268	+ 0.048	− 0.374	− 0.456	+ 0.039	+ 10.894	16	3	+ 11.311	23.8	− 0.0008
186	„ 31	1904.00	− 0.292	− 0.093	− 0.187	− 0.334	+ 0.010	+ 10.949	8	2	+ 11.273	0.4	− 0.0112
187	1904, Jan. 1	00	− 0.229	− 0.057	− 0.172	− 0.280	+ 0.013	+ 10.740	22	4	+ 11.007	0.2	− 0.0176
188	„ 2	00	− 0.249	− 0.096	− 0.135	− 0.265	+ 0.021	+ 10.336	20	4	+ 10.580	0.5	− 0.0015
189	„ 8	02	− 0.231	− 0.039	− 0.201	− 0.303	+ 0.014	+ 10.068	18	4	+ 10.357	0.9	− 0.0001
190	„ 18	05	− 0.143	+ 0.045	− 0.228	− 0.264	+ 0.011	+ 10.053	12	2	+ 10.306	1.2	
													+ 0.0036

Beobacht.-Reihe	Datum	t	i	n	k	m	p	$\Delta u + m$	Uhrsterne	Polsterne	Uhrstand Δu	Epoche (Sternzeit)	Stündl. Gang
191	1904, Jan. 26	1904.07	−0.238	−0.013	−0.247	−0.343	+0.018	+10.051	11	2	+10.376	2ʰ9	+0.0011
192	„ 27	07	−0.275	−0.055	−0.185	−0.295	+0.001	+10.109	13	2	+10.403	1.7	+0.0038
193	„ 28	07	−0.247	−0.035	−0.223	−0.331	+0.020	+10.186	7	2	+10.497	2.9	+0.0008
194	„ 29	08	−0.275	−0.022	−0.275	−0.388	+0.028	+10.157	10	2	+10.517	2.7	−0.0020
195	„ 30	08	−0.240	−0.011	−0.252	−0.348	+0.050	+10.173	3	1	+10.471	1.8	−0.0013
196	Febr. 3	09	−0.175	+0.112	−0.365	−0.387	+0.048	+10.011	3	1	+10.350	1.8	−0.0007
197	„ 9	11	−0.180	+0.112	−0.370	−0.395	+0.042	+10.099	20	2	+10.452	3.4	0.0000
198	März 2	17	−0.253	+0.049	−0.358	−0.434	+0.026	+10.044	13	3	+10.452	8.3	−0.0043
199	„ 3	17	−0.217	+0.042	−0.308	−0.372	+0.043	+10.037	9	1	+10.366	4.5	−0.0001
200	„ 9	19	−0.193	+0.170	−0.472	−0.479	+0.043	+9.919	17	3	+10.355	6.2	−0.0008
201	1904, März 14	1904.20	−0.198	+0.138	−0.429	−0.451	+0.043	+9.854	28	3	+10.262	6.3	−0.0018
202	„ 17	21	−0.145	+0.200	−0.462	−0.440	+0.026	+9.718	25	3	+10.132	7.0	−0.0003
203	„ 19	21	−0.161	+0.200	−0.481	−0.465	+0.006	+9.657	21	2	+10.116	7.5	−0.0008
204	„ 21	22	−0.143	+0.227	−0.501	−0.468	+0.037	+9.645	25	3	+10.076	7.4	−0.0018
205	„ 27	24	−0.079	+0.240	−0.449	−0.386	+0.051	+9.481	11	2	+9.816	6.1	−0.0042
206	„ 28	24	−0.053	+0.220	−0.390	−0.325	+0.063	+9.454	10	1	+9.716	5.9	−0.0023
207	April 11	28	0.000	+0.271	−0.407	−0.303	+0.044	+8.677	22	4	+8.936	9.2	−0.0010
208	„ 12	28	−0.015	+0.285	−0.445	−0.340	+0.046	+8.619	22	3	+8.913	9.2	−0.0029
209	„ 14	28	+0.003	+0.300	−0.447	−0.330	+0.045	+8.490	19	3	+8.775	9.0	−0.0016
210	„ 18	30	+0.087	+0.488	−0.635	−0.415	+0.032	+8.243	11	1	+8.626	9.0	−0.0022
211	1904, April 19	1904.30	+0.095	+0.533	−0.694	−0.453	+0.058	+8.176	18	4	+8.571	9.8	−0.0016
212	„ 20	30	+0.098	+0.481	−0.612	−0.390	+0.062	+8.205	4	2	+8.533	9.2	−0.0036
213	„ 21	30	+0.101	+0.454	−0.569	−0.356	+0.052	+8.139	17	4	+8.443	10.2	−0.0034
214	„ 30	33	+0.086	+0.373	−0.264	−0.287	+0.068	+7.497	15	1	+7.716	10.6	−0.0014
215	Mai 1	33	+0.096	+0.436	−0.546	−0.343	+0.063	+7.404	9	1	+7.684	9.2	−0.0058
216	„ 2	33	+0.161	+0.476	−0.534	−0.291	+0.065	+7.311	22	4	+7.537	10.6	−0.0023
217	„ 5	34	+0.113	+0.369	−0.427	−0.243	+0.049	+7.179	21	4	+7.373	10.9	−0.0038
218	„ 12	36	+0.081	+0.319	−0.389	−0.235	+0.058	+6.552	13	3	+6.729	11.9	−0.0041
219	„ 13	36	+0.081	+0.354	−0.440	−0.274	+0.070	+6.425	13	3	+6.629	12.5	−0.0028
220	„ 17	38	+0.113	+0.389	−0.457	−0.266	+0.056	+6.150	15	2	+6.360	12.3	−0.0028
221	1904, Mai 19	1904.38	+0.107	+0.490	−0.616	−0.387	+0.062	+5.899	13	3	+6.224	12.5	−0.0069
222	„ 24	39	+0.180	+0.374	−0.359	−0.147	+0.072	+5.313	18	2	+5.388	12.6	−0.0028
223	„ 25	40	+0.151	+0.402	−0.434	−0.223	+0.065	+5.162	14	2	+5.320	13.0	−0.0076
224	„ 26	40	+0.187	+0.431	−0.437	−0.200	+0.067	+5.005	16	2	+5.138	13.0	−0.0068
225	Juni 11	44	+0.289	+0.538	−0.484	−0.168	+0.079	+2.438	14	3	+2.527	13.8	−0.0067
226	„ 14	45	+0.325	+0.580	−0.507	−0.160	+0.074	+1.952	13	4	+2.038	14.4	−0.0073
227	„ 19	47	+0.331	+0.631	−0.576	−0.208	+0.092	+1.049	14	3	+1.165	14.4	−0.0068
228	„ 23	48	+0.349	+0.601	−0.511	−0.148	+0.087	+0.445	13	5	+0.506	15.2	+0.0010
229	„ 28	49	+0.295	+0.537	−0.476	−0.157	+0.090	+0.556	15	5	+0.623	15.1	+0.0011
230	Juli 9	52	+0.309	+0.588	−0.537	−0.193	+0.096	+0.812	13	4	+0.909	16.0	+0.0013

Kreis West.

Beobacht.-Reihe	Datum	t	i	n	k	m	p	$\Delta u + m$	Uhrsterne	Polsterne	Uhrstand Δu	Epoche (Sternzeit)	Stündl. Gang
231	1904, Juli 19	1904.55	−0.099	−0.062	−0.019	−0.080	+0.090	+1.239	11	4	+1.229	17.3	−0.0010
232	„ 26	56	+0.098	+0.018	+0.082	+0.125	+0.085	+1.274	9	2	+1.064	17.3	−0.0010
233	Sept. 19	72	−0.123	−0.268	+0.265	+0.115	+0.078	+2.518	7	2	+2.325	19.2	+0.0023
234	„ 23	73	+0.070	+0.016	+0.056	+0.088	+0.087	+2.724	5	1	+2.549	18.8	+0.0023
235	„ 29	74	+0.042	−0.022	+0.080	+0.087	+0.069	+3.041	14	2	+2.885	19.8	+0.0010
236	Okt. 1	75	+0.045	−0.036	+0.104	+0.107	+0.091	+3.128	10	2	+2.930	18.7	−0.0012
237	„ 2	75	+0.068	−0.005	+0.083	+0.107	+0.072	+3.079	13	2	+2.900	19.6	+0.0041
238	„ 3	76	+0.041	+0.028	+0.003	+0.029	+0.068	+3.096	13	2	+2.999	19.6	+0.0026
239	„ 17	79	−0.063	−0.060	+0.020	−0.027	+0.085	+3.945	10	2	+3.887	20.5	+0.0017
240	„ 21	80	−0.264	−0.390	+0.289	+0.039	+0.084	+4.173	12	2	+4.050	21.2	. . . .
241	1904, Nov. 5	1904.85	−0.371	−0.456	+0.270	−0.047	+0.068	−15.126	17	2	−15.147	22.1	(Ri 1)
242	„ 14	87	−0.123	−0.426	+0.502	+0.292	+0.068	+1.908	14	3	+1.548	21.9	+0.0029
243	„ 17	88	+0.167	−0.099	+0.336	+0.360	+0.071	+2.192	20	3	+1.761	22.4	+0.0006
244	„ 19	88	+0.131	−0.085	+0.275	+0.291	+0.069	+2.148	8	2	+1.788	21.3	+0.0010
245	„ 25	90	+0.154	−0.158	+0.410	+0.407	+0.061	+2.393	6	1	+1.925	21.7	+0.0016
246	„ 28	91	+0.067	−0.041	+0.137	+0.146	+0.067	+2.254	9	2	+2.041	21.3	−0.0001
247	Dez. 6	93	+0.007	−0.171	+0.264	+0.201	+0.054	+2.269	14	2	+2.014	22.6	+0.0018
248	„ 17	96	+0.031	−0.181	+0.306	+0.248	+0.047	+2.793	14	3	+2.498	0.1	+0.0031
249	„ 18	96	+0.045	−0.190	+0.335	+0.279	+0.066	+2.771	16	4	+2.426	23.3	−0.0004
250	„ 23	98	−0.101	−0.197	+0.183	+0.069	+0.063	+2.500	14	2	+2.368	23.7	−0.0039

Beobacht.-Reihe	Datum	t	i	n	k	m	p	$\Delta u + m$	Uhrsterne	Polsterne	Uhrstand Δu	Epoche (Sternzeit)	Stündl. Gang
251	1904, Dez. 26	1904. 99	+ 0.019	− 0.186	+ 0.300	+ 0.236	+ 0.042	+ 2.365	13	1	+ 2.087	23^{h}2	
													− 0.0018
252	1905, Jan. 8	1905. 02	− 0.055	− 0.195	+ 0.231	+ 0.136	+ 0.055	+ 1.719	17	3	+ 1.528	2.0	
													0.0000
253	„ 9	02	− 0.063	− 0.133	+ 0.130	+ 0.054	+ 0.060	+ 1.642	14	3	+ 1.528	0.5	
													− 0.0027
254	„ 13	03	− 0.329	− 0.317	+ 0.107	− 0.139	+ 0.057	+ 1.183	11	1	+ 1.265	0.5	
													− 0.0012
255	„ 17	05	− 0.403	− 0.438	+ 0.207	− 0.114	− 0.040	+ 0.998	7	1	+ 1.152	1.1	
													− 0.0004
256	„ 21	06	− 0.371	− 0.462	+ 0.278	− 0.040	− 0.015	+ 1.055	16	2	+ 1.110	2.2	
													− 0.0004
257	„ 23	06	− 0.333	− 0.464	+ 0.324	+ 0.020	− 0.011	+ 1.097	21	3	+ 1.088	3.2	
													0.0000
258	Febr. 6	10	− 0.315	− 0.280	+ 0.068	− 0.160	+ 0.001	+ 0.940	11	2	+ 1.099	3.1	
													− 0.0017
259	„ 9	11	− 0.355	− 0.282	+ 0.026	− 0.217	− 0.009	+ 0.746	26	2	+ 0.972	4.1	
													− 0.0025
260	„ 10	11	− 0.348	− 0.289	+ 0.044	− 0.200	− 0.006	+ 0.705	25	2	+ 0.911	4.3	
													− 0.0014
261	1905, Febr. 24	1905. 15	− 0.351	− 0.197	+ 0.097	− 0.306	− 0.007	+ 0.122	22	2	+ 0.435	5.5	
													− 0.0027
262	März 2	17	− 0.389	− 0.198	+ 0.138	− 0.362	− 0.002	− 0.314	18	2	+ 0.050	5.9	
													− 0.0002
263	April 1	25	− 0.153	+ 0.033	− 0.221	− 0.266	+ 0.004	− 0.390	11	3	− 0.128	8.5	
													− 0.0022
264	„ 4	26	+ 0.045	+ 0.079	− 0.069	− 0.021	+ 0.001	− 0.309	22	4	− 0.289	8.8	
													− 0.0021
265	„ 13	28	+ 0.059	+ 0.086	− 0.063	− 0.008	− 0.001	− 0.745	18	4	− 0.736	9.3	
													− 0.0020
266	„ 14	28	+ 0.101	+ 0.138	− 0.094	− 0.003	− 0.001	− 0.789	24	4	− 0.785	9.3	
													− 0.0002
267	„ 15	29	+ 0.061	+ 0.084	− 0.058	− 0.003	+ 0.018	− 0.773	6	1	− 0.788	8.7	
													− 0.0023
268	„ 20	30	− 0.012	− 0.003	− 0.008	− 0.015	− 0.009	− 1.088	19	4	− 1.064	9.8	
													− 0.0025
269	„ 27	32	+ 0.017	− 0.012	+ 0.036	+ 0.038	+ 0.005	− 1.440	7	1	− 1.483	10.3	
													− 0.0020
270	Mai 10	36	+ 0.154	+ 0.183	− 0.102	+ 0.027	+ 0.008	− 2.088	13	3	− 2.123	12.1	
													− 0.0024
271	1905, Mai 11	1905. 36	+ 0.161	+ 0.236	− 0.174	− 0.023	+ 0.003	− 2.199	16	3	− 2.179	11.2	
													− 0.0017
272	„ 19	38	+ 0.179	+ 0.176	− 0.064	+ 0.071	+ 0.001	− 2.441	11	3	− 2.513	13.1	
													− 0.0016
273	„ 27	40	+ 0.147	+ 0.173	− 0.096	+ 0.027	+ 0.006	− 2.791	18	3	− 2.824	12.7	
													− 0.0020
274	„ 28	40	+ 0.187	+ 0.250	− 0.166	+ 0.001	+ 0.001	− 2.871	20	3	− 2.873	12.9	
													+ 0.0023
275	„ 29	41	+ 0.171	+ 0.290	− 0.244	− 0.068	+ 0.011	− 2.875	13	4	− 2.818	13.0	
													− 0.0038
276	„ 30	41	+ 0.222	+ 0.318	− 0.229	− 0.022	+ 0.010	− 2.920	18	4	− 2.908	12.8	
													− 0.0027
277	„ 31	41	+ 0.247	+ 0.281	− 0.145	+ 0.056	+ 0.003	− 2.914	18	4	− 2.973	13.2	
													− 0.0008
278	Juni 2	42	+ 0.229	+ 0.288	− 0.175	+ 0.021	+ 0.010	− 2.978	19	4	− 3.009	13.4	
													− 0.0023
279	„ 3	42	+ 0.253	+ 0.327	− 0.208	+ 0.013	+ 0.002	− 3.049	22	4	− 3.064	13.5	
													− 0.0012
280	„ 13	45	+ 0.255	+ 0.285	− 0.142	+ 0.064	+ 0.051	− 3.240	11	3	− 3.355	14.6	
													− 0.0024
281	1905, Juni 15	1905. 45	+ 0.306	+ 0.315	− 0.130	+ 0.107	+ 0.045	− 3.320	22	4	− 3.472	14.5	
													− 0.0005
282	„ 17	46	+ 0.253	+ 0.315	− 0.189	+ 0.028	+ 0.026	− 3.438	18	4	− 3.492	14.4	
													+ 0.0003
283	„ 26	48	+ 0.207	+ 0.248	− 0.141	+ 0.033	+ 0.019	− 3.379	9	4	− 3.431	15.5	
													+ 0.0007
284	„ 27	49	+ 0.196	+ 0.252	− 0.159	+ 0.013	+ 0.029	− 3.372	13	4	− 3.414	15.4	
													− 0.0025
285	„ 29	49	+ 0.281	+ 0.281	− 0.107	+ 0.107	+ 0.025	− 3.401	22	4	− 3.533	15.4	
													+ 0.0041
286	Juli 3	50	0.000	+ 0.074	− 0.111	− 0.083	+ 0.026	− 3.193	11	3	− 3.136	15.4	
													+ 0.0060
287	„ 7	51	+ 0.042	+ 0.018	+ 0.020	+ 0.043	+ 0.050	− 2.477	6	1	− 2.570	14.4	
													+ 0.0054
288	„ 8	52	+ 0.039	+ 0.074	− 0.067	− 0.025	+ 0.022	− 2.435	17	4	− 2.432	16.0	
													+ 0.0063
289	„ 9	52	+ 0.032	+ 0.042	− 0 027	− 0.002	+ 0.048	− 2.237	22	4	− 2.283	15.6	
													+ 0.0088
290	„ 12	53	+ 0.014	+ 0.039	− 0.042	− 0.022	+ 0.051	− 1.622	23	5	− 1.651	15.6	
													+ 0.0087
291	1905, Juli 14	1905. 53	+ 0.025	+ 0.019	0.000	+ 0.016	− 0.023	− 1.239	25	5	− 1.232	15.6	
													+ 0.0075
292	„ 15	54	+ 0.049	+ 0.015	+ 0.032	+ 0.056	− 0.013	− 1.004	10	3	− 1.047	16.1	
													+ 0.0078
293	„ 16	54	+ 0.059	+ 0.025	+ 0.028	+ 0.060	− 0.015	− 0.811	25	4	− 0.856	16.5	
													+ 0.0087
294	„ 19	55	+ 0.087	+ 0.011	+ 0.081	+ 0.118	− 0.009	− 0.129	8	1	− 0.238	15.5	
													+ 0.0086
295	„ 21	55	+ 0.091	− 0.006	+ 0.111	+ 0.143	− 0.004	+ 0.325	17	3	+ 0.186	16.6	
													+ 0.0120
296	„ 22	56	+ 0.053	− 0.002	+ 0.062	+ 0.081	− 0.018	+ 0.539	20	3	+ 0.476	16.7	
													+ 0.0120
297	„ 25	56	+ 0.067	− 0.048	+ 0.147	+ 0.154	− 0.007	+ 1.494	16	3	+ 1.347	17.3	
													+ 0.0117
298	„ 26	57	+ 0.042	− 0.044	+ 0.114	+ 0.112	− 0.006	+ 1.728	24	4	+ 1.622	16.7	
													+ 0 0162
299	„ 27	57	+ 0.037	− 0.055	+ 0.123	+ 0.116	− 0.018	+ 2.113	25	3	+ 2.015	16.8	
													+ 0.0158
300	„ 29	57	+ 0.044	− 0.020	+ 0.079	+ 0.088	− 0.015	+ 2.846	17	3	+ 2.773	17.1	
													. . . .
301	1905, Sept. 5	1905. 68	− 0.033	− 0.158	+ 0.200	+ 0.128	− 0.015	+ 2.436	7	3	+ 2.323	20.9	
													− 0.0055
302	„ 9	69	− 0.014	− 0.104	+ 0.140	+ 0.095	− 0.001	+ 1.891	12	3	+ 1.797	21.0	
													− 0.0041
303	„ 10	69	− 0.017	− 0.096	+ 0.125	+ 0.082	− 0.003	+ 1.787	11	2	+ 1.708	19.4	
													− 0.0041
304	„ 11	69	− 0.007	− 0.135	+ 0.194	+ 0.141	− 0.001	+ 1.750	17	2	+ 1.610	18.7	
													− 0.0048
305	„ 17	71	− 0.014	− 0.206	+ 0.293	+ 0.209	− 0.003	+ 1.123	8	2	+ 0.917	17 5	
													− 0.0038
306	„ 18	71	− 0.003	− 0.231	+ 0.344	+ 0.254	− 0.005	+ 1.070	19	2	+ 0.821	18.9	
													− 0.0008
307	„ 23	73	− 0.061	− 0.276	+ 0.346	+ 0.217	− 0.004	+ 0.933	17	2	+ 0.720	19.0	
													− 0.0045
308	Okt. 17	79	− 0.199	− 0.366	+ 0.327	+ 0.109	+ 0.002	− 1.743	15	3	− 1.854	20.3	
													− 0.0034
309	„ 29	82	− 0.045	− 0.283	+ 0.375	+ 0.249	+ 0.005	− 2.579	22	2	− 2.833	21.5	
													+ 0.0040
310	Nov. 1	83	− 0.103	− 0.217	+ 0.211	+ 0.088	+ 0.003	− 2.455	18	3	− 2.546	21.2	
													+ 0.0042

Beobacht.-Reihe	Datum	t	i	n	k	m	p	$\Delta u + m$	Uhrsterne	Polsterne	Uhrstand Δu	Epoche (Sternzeit)	Stündl. Gang
311	1905, Nov. 3	1905.84	− 0″.089	− 0″.261	+ 0″.292	+ 0″.159	+ 0″.001	− 2^s.182	14	3	− 2^s.342	21^{h}8	+ 0^s.0036
312	„ 7	85	+ 0.224	− 0.015	+ 0.274	+ 0.353	0.000	− 1.645	9	1	− 1.998	21.1	+ 0.0033
313	„ 11	86	+ 0.252	− 0.068	+ 0.385	+ 0.454	+ 0.006	− 1.221	17	3	− 1.681	21.5	+ 0.0039
314	„ 23	89	+ 0.196	− 0.032	+ 0.268	+ 0.330	− 0.013	− 0.229	8	1	− 0.572	21.6	+ 0.0035
315	„ 25	90	+ 0.147	− 0.072	+ 0.272	+ 0.300	+ 0.037	− 0.065	20	2	− 0.402	22.6	+ 0.0010
316	„ 26	90	+ 0.189	− 0.036	+ 0.266	+ 0.324	+ 0.001	− 0.052	22	2	− 0.377	22.5	+ 0.0028
317	„ 28	91	+ 0.131	+ 0.004	+ 0.141	+ 0.192	+ 0.021	− 0.028	25	2	− 0.241	22.4	+ 0.0016
318	Dez. 11	94	+ 0.135	− 0.072	+ 0.259	+ 0.283	+ 0.039	+ 0.594	18	3	+ 0.272	0.1	+ 0.0022
319	„ 12	95	+ 0.131	− 0.086	+ 0.276	+ 0.292	+ 0.037	+ 0.653	23	2	+ 0.324	23.6	+ 0.0001
320	„ 18	96	+ 0.101	− 0.105	+ 0.270	+ 0.268	+ 0.055	+ 0.656	21	2	+ 0.333	23.8	
													+ 0.0004
321	1905, Dez. 19	1905.97	+ 0.093	− 0.135	+ 0.307	+ 0.291	+ 0.022	+ 0.746	23	3	+ 0.433	0.7	+ 0.0011
322	„ 25	98	+ 0.087	− 0.039	+ 0.156	+ 0.174	+ 0.037	+ 0.808	23	2	+ 0.597	0.6	+ 0.0018
323	„ 27	99	+ 0.077	− 0.063	+ 0.181	+ 0.185	+ 0.044	+ 0.913	32	2	+ 0.684	0.4	+ 0.0014
324	„ 31	1906.00	+ 0.045	− 0.109	+ 0.214	+ 0.189	+ 0.058	+ 1.063	14	1	+ 0.816	23.7	− 0.0008
325	1906, Jan. 2	00	+ 0.053	− 0.178	+ 0.326	+ 0.278	+ 0.050	+ 1.104	26	2	+ 0.776	0.8	+ 0.0030
326	„ 3	01	+ 0.021	− 0.192	+ 0.312	+ 0.245	+ 0.057	+ 1.148	17	1	+ 0.846	23.9	+ 0.0011
327	„ 4	01	+ 0.016	− 0.106	+ 0.177	+ 0.142	+ 0.062	+ 1.078	24	2	+ 0.874	1.2	+ 0.0009
328	„ 11	03	− 0.011	− 0.021	+ 0.019	+ 0.007	+ 0.036	+ 1.079	18	3	+ 1.036	3.3	+ 0.0010
329	„ 14	04	− 0.013	+ 0.015	− 0.037	− 0.036	+ 0.065	+ 1.138	23	2	+ 1.109	2.5	+ 0.0018
330	„ 15	04	− 0.019	− 0.026	+ 0.018	+ 0.001	− 0.025	+ 1.127	33	2	+ 1.151	2.1	
													+ 0.0002
331	1906, Jan. 18	1906.05	− 0.003	+ 0.042	− 0.066	− 0.051	− 0.013	+ 1.103	18	2	+ 1.167	2.9	+ 0.0002
332	„ 21	05	− 0.002	− 0.034	+ 0.048	+ 0.035	− 0.018	+ 1.199	30	2	+ 1.182	2.7	+ 0.0003
333	„ 23	06	− 0.003	− 0.183	+ 0.271	+ 0.200	− 0.023	+ 1.373	9	1	+ 1.196	5.5	− 0.0005
334	„ 24	06	− 0.001	− 0.188	+ 0.282	+ 0.209	− 0.003	+ 1.391	12	2	+ 1.185	5.0	+ 0.0005
335	„ 25	07	− 0.011	− 0.204	+ 0.294	+ 0.212	− 0.005	+ 1.402	22	2	+ 1.195	2.2	− 0.0009
336	„ 27	07	+ 0.011	− 0.052	+ 0.090	+ 0.074	0.000	+ 1.225	31	2	+ 1.151	4.0	− 0.0005
337	„ 28	08	0.000	− 0.035	+ 0.052	+ 0.039	− 0.012	+ 1.189	18	2	+ 1.162	3.2	+ 0.0012
338	„ 29	08	+ 0.002	− 0.014	+ 0.023	+ 0.018	− 0.003	+ 1.205	30	2	+ 1.190	3.1	− 0.0007
339	Febr. 1	09	− 0.025	+ 0.002	− 0.030	− 0.039	0.000	+ 1.105	4	1	+ 1.144	1.0	− 0.0003
340	„ 8	11	− 0.055	− 0.111	+ 0.105	+ 0.042	− 0.003	+ 1.127	34	2	+ 1.088	4.2	
													− 0.0010
341	1906, Febr. 10	1906.11	− 0.049	− 0.085	+ 0.073	+ 0.023	− 0.002	+ 1.060	29	2	+ 1.039	3.8	− 0.0016
342	„ 12	12	− 0.035	− 0.129	+ 0.154	+ 0.092	0.000	+ 1.050	23	2	+ 0.958	5.7	+ 0.0014
343	„ 13	12	− 0.075	− 0.132	+ 0.114	+ 0.035	− 0.005	+ 1.021	27	2	+ 0.991	4.6	− 0.0015
344	„ 16	13	− 0.075	− 0.082	+ 0.039	− 0.020	− 0.010	+ 0.850	36	3	+ 0.880	4.5	+ 0.0005
345	„ 17	13	− 0.081	− 0.089	+ 0.042	− 0.022	− 0.004	+ 0.865	30	2	+ 0.891	4.6	− 0.0008
346	„ 22	14	− 0.077	− 0.051	− 0.009	− 0.058	− 0.036	+ 0.702	8	2	+ 0.796	6.3	− 0.0010
347	März 4	17	− 0.063	+ 0.040	− 0.130	− 0.139	− 0.002	+ 0.421	24	2	+ 0.562	5.2	− 0.0028
348	„ 5	17	− 0.029	+ 0.066	− 0.131	− 0.117	− 0.001	+ 0.376	33	3	+ 0.494	5.4	− 0.0019
349	„ 6	18	− 0.029	+ 0.094	− 0.173	− 0.148	− 0.001	+ 0.299	27	2	+ 0.448	5.2	− 0.0008
350	„ 7	18	− 0.021	+ 0.111	− 0.189	− 0.155	− 0.003	+ 0.270	35	2	+ 0.428	5.5	
													+ 0.0014
351	1906, März 8	1906.18	− 0.014	+ 0.183	− 0.290	− 0.225	− 0.003	+ 0.234	30	2	+ 0.462	5.3	− 0.0014
352	„ 11	19	+ 0.003	+ 0.119	− 0.176	− 0.129	− 0.005	+ 0.224	20	2	+ 0.358	6.0	− 0.0015
353	„ 17	21	+ 0.017	+ 0.172	− 0.239	− 0.167	+ 0.021	− 0.006	38	2	+ 0.140	6.5	− 0.0026
354	„ 18	21	+ 0.039	+ 0.221	− 0.288	− 0.188	+ 0.003	− 0.107	26	2	+ 0.078	6.4	− 0.0033
355	„ 21	22	+ 0.020	− 0.004	+ 0.028	+ 0.034	− 0.001	− 0.129	23	2	− 0.162	7.9	− 0.0050
356	„ 26	23	− 0.011	− 0.014	+ 0.009	+ 0.001	− 0.002	− 0.772	14	2	− 0.769	8.2	+ 0.0009
357	„ 28	24	− 0.063	+ 0.024	− 0.107	− 0.121	+ 0.011	− 0.837	37	2	− 0.727	7.3	− 0.0013
358	April 2	25	− 0.045	+ 0.026	− 0.090	− 0.096	+ 0.048	− 0.930	31	2	− 0.882	7.4	− 0.0021
359	„ 3	25	− 0.027	+ 0.019	− 0.058	− 0.061	+ 0.057	− 0.938	25	2	− 0.934	8.5	+ 0.0013
360	„ 4	26	− 0.037	+ 0.054	− 0.122	− 0.115	+ 0.038	− 0.981	30	2	− 0.904	8.1	
													− 0.0022
361	1906, April 5	1906.26	− 0.017	+ 0.115	− 0.191	− 0.153	+ 0.052	− 1.057	31	2	− 0.956	7.8	− 0.0012
362	„ 7	26	− 0.017	+ 0.151	− 0.245	− 0.194	+ 0.044	− 1.163	22	2	− 1.013	7.3	− 0.0002
363	„ 9	27	0.000	+ 0.188	− 0.282	− 0.210	+ 0.023	− 1.212	30	2	− 1.025	8.6	− 0.0010
364	„ 11	28	+ 0.027	+ 0.221	− 0.301	− 0.206	+ 0.059	− 1.219	27	2	− 1.072	8.6	+ 0.0010
365	„ 12	28	+ 0.014	+ 0.213	− 0.304	− 0.217	+ 0.068	− 1.196	29	3	− 1.047	8.6	+ 0.0002
366	„ 13	28	+ 0.023	+ 0.233	− 0.324	− 0.226	+ 0.068	− 1.199	22	2	− 1.041	9.4	− 0.0002
367	„ 16	29	+ 0.053	+ 0.244	− 0.307	− 0.193	+ 0.045	− 1.202	19	2	− 1.054	9.6	− 0.0016
368	„ 20	30	+ 0.107	+ 0.240	− 0.240	− 0.109	+ 0.062	− 1.248	4	—	− 1.201	8.4	− 0.0014
369	„ 21	30	+ 0.112	+ 0.232	− 0.223	− 0.091	+ 0.057	− 1.270	24	2	− 1.236	9.6	− 0.0012
370	„ 26	32	+ 0.157	+ 0.180	− 0.095	+ 0.034	+ 0.054	− 1.287	22	3	− 1.375	9.8	
													+ 0.0015

Beobacht.-Reihe	Datum	t	i	n	k	m	p	Δu + m	Uhrsterne	Polsterne	Uhrstand Δu	Epoche (Sternzeit)	Stündl. Gang
371	1906, April 28	1906.32	+0.093	+0.162	−0.139	−0.042	+0.069	−1.274	20	4	−1.301	10.0	−0.0006
372	„ 30	33	+0.105	+0.202	−0.185	−0.068	+0.075	−1.325	16	3	−1.332	11.0	+0.0003
373	Mai 2	33	+0.121	+0.194	−0.156	−0.036	−0.006	−1.361	22	2	−1.319	10.5	−0.0003
374	„ 3	34	+0.111	+0.192	−0.164	−0.049	−0.001	−1.376	20	2	−1.326	10.4	−0.0030
375	„ 4	34	+0.147	+0.245	−0.202	−0.054	+0.001	−1.450	21	4	−1.397	10.4	−0.0002
376	„ 7	35	+0.125	+0.273	−0.270	−0.118	−0.002	−1.535	17	5	−1.415	11.0	−0.0007
377	„ 8	35	+0.152	+0.277	−0.247	−0.082	+0.002	−1.512	14	5	−1.432	11.1	+0.0004
378	„ 10	35	+0.103	+0.282	−0.308	−0.161	+0.001	−1.573	10	2	−1.413	12.0	−0.0028
379	„ 12	36	+0.143	+0.349	−0.363	−0.175	+0.025	−1.697	9	2	−1.547	12.2	−0.0011
380	„ 14	37	+0.153	+0.412	−0.447	−0.231	+0.030	−1.800	10	—	−1.599	12.1	−0.0028
381	1906, Mai 21	1906.38	+0.229	+0.268	−0.145	+0.044	+0.021	−2.001	10	2	−2.066	12.6	−0.0027
382	„ 23	39	−0.033	+0.231	−0.393	−0.307	+0.047	−2.454	18	2	−2.194	12.0	+0.0002
383	„ 24	39	−0.067	+0.224	−0.413	−0.350	+0.058	−2.482	7	—	−2.190	10.7	−0.0021
384	„ 28	40	−0.039	+0.300	−0.494	−0.393	+0.064	−2.722	15	2	−2.393	12.7	−0.0033
385	„ 30	41	−0.028	+0.353	−0.561	−0.436	+0.079	−2.905	18	2	−2.548	12.3	−0.0027
386	Juni 5	43	−0.013	+0.220	−0.345	−0.265	+0.066	−3.145	8	2	−2.946	13.6	−0.0024
387	„ 6	43	−0.007	+0.207	−0.318	−0.241	+0.078	−3.166	14	3	−3.003	13.5	−0.0022
388	„ 7	43	−0.009	+0.244	−0.376	−0.285	+0.084	−3.257	17	3	−3.056	13.2	−0.0031
389	„ 16	46	+0.023	+0.287	−0.405	−0.286	+0.079	−3.944	22	3	−3.737	14.1	−0.0012
390	„ 17	46	+0.017	+0.312	−0.449	−0.323	+0.084	−4.004	15	3	−3.765	13.4	−0.0006
391	1906, Juni 22	1906.47	+0.014	+0.419	−0.613	−0.447	+0.085	−4.203	20	3	−3.841	14.4	0.0000
392	„ 26	48	+0.027	+0.464	−0.667	−0.478	+0.077	−4.245	23	4	−3.844	14.8	−0.0021
393	„ 27	49	+0.059	+0.452	−0.613	−0.417	+0.079	−4.232	27	4	−3.894	14.8	+0.0013
394	Juli 1	50	+0.087	+0.331	−0.400	−0.240	+0.089	−3.920	24	4	−3.769	14.6	+0.0044
395	„ 2	50	+0.089	+0.321	−0.382	−0.225	+0.072	−3.814	23	5	−3.661	14.9	+0.0039
396	„ 7	51	+0.117	+0.380	−0.439	−0.249	+0.092	−3.354	21	5	−3.197	15.1	+0.0045
397	„ 10	52	+0.157	+0.381	−0.396	−0.190	+0.087	−2.977	17	3	−2.874	15.7	+0.0067
398	„ 11	52	+0.127	+0.432	−0.606	−0.292	+0.078	−2.926	12	4	−2.712	15.6	+0.0052
399	„ 15	54	+0.147	+0.311	−0.302	−0.128	+0.088	−2.253	18	4	−2.213	15.7	+0.0035
400	„ 16	54	+0.143	+0.346	−0.359	−0.172	+0.083	−2.217	14	3	−2.128	15.8	+0.0045
401	1906. Juli 17	1906.54	+0.159	+0.381	−0.394	−0.187	+0.089	−2.118	33	5	−2.020	15.9	+0.0050
402	„ 19	55	+0.169	+0.451	−0.488	−0.252	+0.081	−1.951	28	5	−1.780	16.1	+0.0074
403	„ 22	55	+0.145	+0.432	−0.487	−0.265	+0.089	−1.408	8	2	−1.232	17.8	+0.0061
404	„ 23	56	+0.157	+0.437	−0.480	−0.253	+0.091	−1.252	24	4	−1.090	17.0	+0.0083
405	„ 29	57	+0.195	+0.451	−0.459	−0.212	+0.081	−0.018	29	5	+0.113	17.1	+0.0034
406	„ 30	58	+0.217	+0.443	−0.422	−0.170	+0.092	+0.117	26	4	+0.195	17.0	−0.0007
407	Sept. 1	67	+0.217	+0.326	−0.247	−0.039	+0.087	−0.342	16	3	−0.390	17.5	−0.0029
408	„ 2	67	+0.221	+0.363	−0.297	−0.074	+0.088	−0.448	16	3	−0.462	18.2	−0.0034
409	„ 3	67	+0.225	+0.375	−0.310	−0.082	+0.093	−0.533	28	4	−0.544	18.0	−0.0012
410	„ 4	68	+0.196	+0.370	−0.335	−0.119	+0.092	−0.599	27	4	−0.572	17.9	0.0052
411	1906, Sept. 5	1906.68	+0.227	+0.352	−0.274	−0.053	+0.088	−0.662	23	4	−0.697	17.9	−0.0017
412	„ 8	69	+0.219	+0.361	−0.296	−0.075	+0.092	−0.803	20	3	−0.820	18.3	−0.0025
413	„ 17	71	+0.191	+0.241	−0.148	+0.017	+0.086	−1.255	22	2	−1.358	18.7	−0.0054
414	„ 18	71	+0.201	+0.274	−0.185	−0.005	+0.091	−1.400	22	2	−1.486	18.8	−0.0085
415	„ 25	73	+0.135	+0.262	−0.242	−0.090	+0.092	−2.907	20	2	−2.909	18.6	−0.0042
416	„ 28	74	+0.107	+0.282	−0.303	−0.155	+0.095	−3.272	23	2	−3.212	19.3	−0.0041
417	„ 28	74	+0.109	+0.273	−0.288	−0.142	+0.092	−3.361	26	3	−3.311	19.4	−0.0017
418	Okt. 1	75	+0.070	+0.290	−0.357	−0.219	+0.091	−3.520	23	4	−3.393	19.5	−0.0031
419	„ 4	76	+0.055	+0.277	−0.355	−0.228	+0.091	−3.756	18	2	−3.619	20.6	−0.0042
420	„ 5	76	+0.093	+0.299	−0.345	−0.194	+0.092	−3.819	26	3	−3.717	20.0	+0.0028
421	1906, Okt. 7	1906.77	+0.042	+0.311	−0.419	−0.285	+0.099	−3.769	28	2	−3.583	20.2	+0.0015
422	„ 8	77	+0.049	+0.304	−0.401	−0.266	+0.098	−3.715	31	2	−3.547	20.0	+0.0014
423	„ 9	77	+0.055	+0.316	−0.412	−0.270	+0.096	−3.687	29	2	−3.513	20.0	+0.0032
424	„ 10	77	+0.039	+0.281	−0.378	−0.256	+0.097	−3.595	26	4	−3.436	19.8	+0.0005
425	„ 11	78	+0.067	+0.292	−0.363	−0.226	+0.094	−3.556	26	4	−3.424	20.3	+0.0024
426	„ 12	78	+0.059	+0.291	−0.371	−0.237	+0.093	−3.511	26	3	−3.367	20.1	+0.0023
427*)	„ 13	78	…	…	…	…	…	…	.	.	…	.	
428	„ 17	79	+0.021	+0.323	−0.461	−0.330	+0.093	−3.326	22	2	−3.089	21.2	+0.0022
429	„ 18	80	+0.014	+0.295	−0.428	−0.309	+0.095	−3.254	19	3	−3.040	19.9	+0.0030
430	„ 20	80	+0.019	+0.302	−0.432	−0.309	+0.095	−3.106	24	3	−2.892	20.6	+0.0053

*) Wegen Bruches des Leitungsdrahtes am Instrument keine Durchgänge beobachtet.

Beobacht.-Reihe	Datum	t	i	n	k	m	p	$\Delta u + m$	Uhrsterne	Polsterne	Uhrstand Δu	Epoche (Sternzeit)	Stündl. Gang
431	1906, Okt. 22	1906.81	+0.019	+0.318	−0.455	−0.324	+0.097	−2.862	25	3	−2.635	20h5	+0.0044
432	„ 23	81	+0.027	+0.317	−0.446	−0.314	+0.100	−2.744	29	3	−2.530	20.7	+0.0059
433	„ 29	83	+0.003	+0.271	−0.402	−0.296	+0.096	−1.885	11	3	−1.685	20.2	+0.0051
434	„ 30	83	0.000	+0.248	−0.372	−0.277	+0.103	−1.731	21	3	−1.557	21.2	+0.0052
435	„ 31	83	−0.003	+0.250	−0.378	−0.283	+0.099	−1.620	21	2	−1.436	20.5	+0.0065
436	Nov. 4	84	−0.039	+0.249	−0.417	−0.336	+0.095	−1.055	11	2	−0.814	19.4	+0.0063
437	„ 5	84	−0.039	+0.293	−0.484	−0.385	+0.090	−0.946	35	4	−0.651	21.0	+0.0072
438	„ 8	85	−0.053	+0.285	−0.487	−0.397	+0.103	−0.426	29	4	−0.132	21.5	+0.0060
439	„ 11	86	−0.079	+0.186	−0.368	−0.326	+0.100	+0.077	33	4	+0.303	21.5	+0.0069
440	„ 12	86	−0.098	+0.196	−0.404	−0.366	+0.100	+0.202	30	4	+0.468	21.2	
													+0.0052
441	1906, Nov. 13	1906.87	−0.070	+0.204	−0.384	−0.332	+0.102	+0.369	27	4	+0.599	22.2	+0.0061
442	„ 14	87	−0.089	+0.221	−0.431	−0.380	+0.096	+0.461	37	4	+0.745	22.0	+0.0064
443	„ 20	89	−0.137	+0.219	−0.481	−0.449	+0.102	+1.316	25	4	+1.663	21.6	...
444	„ 23	89	−0.161	+0.239	−0.539	−0.507	+0.098	−0.442	34	4	−0.033	22.2	+0.0024
445	„ 30	91	−0.327	+0.435	−1.019	−0.975	+0.102	−0.512	12	2	+0.361	21.2	+0.0030
446	Dez. 8	93	−0.367	+0.034	−0.461	−0.588	+0.103	+0.455	20	2	+0.940	21.8	+0.0027
447	„ 13	95	−0.373	+0.016	−0.443	−0.578	+0.106	+0.790	41	3	+1.262	23.5	+0.0048
448	„ 22	97	−0.519	−0.152	−0.354	−0.609	+0.113	+1.801	33	4	+2.297	0.0	+0.0004
449	1907, Jan. 18	1907.05	−0.724	0.000	−0.810	−1.085	+0.117	+1.592	11	1	+2.560	0.6	−0.0035
450	„ 20	05	−0.322	+0.140	−0.570	−0.636	+0.113	+1.865	21	4	+2.388	1.4	
													−0.0003
451	1907, Jan. 24	1907.06	−0.377	−0.032	−0.374	−0.529	−0.035	+1.794	33	4	+2.358	2.7	−0.0016
452	„ 27	07	−0.205	+0.197	−0.525	−0.527	−0.014	+1.704	31	2	+2.245	3.5	−0.0016
453	Febr. 12	12	−0.269	+0.200	−0.601	−0.626	−0.002	+0.992	26	3	+1.620	4.5	−0.0045
454	„ 13	12	+0.043	+0.414	−0.574	−0.398	−0.001	+1.110	30	3	+1.509	5.0	−0.0009
455	„ 18	13	+0.026	+0.542	−0.783	−0.566	−0.005	+0.837	35	4	+1.398	4.4	−0.0015
456	„ 23	15	+0.053	+0.481	−0.663	−0.458	+0.012	+0.769	27	4	+1.215	4.5	−0.0004
457	„ 26	15	+0.019	+0.461	−0.670	−0.486	+0.018	+0.721	23	2	+1.189	4.8	−0.0015
458	März 1	16	+0.026	+0.528	−0.764	−0.551	+0.012	+0.535	11	2	+1.082	5.3	+0.0011
459	„ 2	16	−0.003	+0.544	−0.819	−0.611	+0.011	+0.509	27	4	+1.109	5.1	−0.0030
460	„ 3	17	+0.039	+0.509	−0.720	−0.510	+0.010	+0.532	11	2	+1.032	6.6	
													−0.0009
461	1907, März 4	1907.17	+0.003	+0.482	−0.720	−0.534	+0.039	+0.517	14	2	+1.012	6.4	−0.0024
462	„ 5	17	+0.033	+0.521	−0.745	−0.533	+0.056	+0.479	28	3	+0.956	5.5	−0.0012
463	„ 11	19	+0.063	+0.454	−0.610	−0.411	+0.056	+0.434	22	2	+0.789	5.7	−0.0007
464	„ 15	20	+0.041	+0.529	−0.748	−0.529	+0.045	+0.234	10	2	+0.718	6.2	−0.0023
465	„ 16	20	+0.067	+0.559	−0.763	−0.523	+0.063	+0.203	12	2	+0.663	6.0	−0.0012
466	„ 19	21	+0.095	+0.648	−0.867	−0.582	+0.068	+0.065	16	3	+0.579	6.8	−0.0015
467	„ 25	23	+0.095	+0.581	−0.766	−0.507	+0.080	−0.056	13	2	+0.371	6.3	0.0000
468	„ 27	23	+0.054	+0.615	−0.863	−0.605	+0.067	−0.169	25	3	+0.369	7.0	−0.0061
469	„ 28	24	+0.124	+0.641	−0.823	−0.529	+0.081	−0.226	22	2	+0.222	7.2	−0.0013
470	„ 30	24	+0.112	+0.657	−0.863	−0.565	+0.053	−0.353	8	1	+0.159	6.1	
													−0.0009
471	1907, April 2	1907.25	+0.109	+0.693	−0.918	−0.611	+0.086	−0.432	25	4	+0.093	7.5	−0.0100
472	„ 3	25	+0.207	+0.654	−0.751	−0.420	+0.072	−0.489	24	4	−0.141	7.4	−0.0032
473	„ 4	26	+0.207	+0.637	−0.725	−0.400	+0.082	−0.535	25	3	−0.217	7.5	−0.0033
474	„ 11	27	+0.199	+0.671	−0.783	−0.449	+0.067	−1.159	2	—	−0.777	6.6	−0.0025
475	„ 12	28	+0.198	+0.675	−0.791	−0.456	+0.071	−1.225	17	2	−0.840	8.0	−0.0051
476	„ 21	30	+0.213	+0.595	−0.655	−0.344	+0.075	−2.217	21	4	−1.948	9.3	−0.0018
477	Mai 4	34	+0.245	+0.777	−0.892	−0.501	+0.074	−2.952	18	4	−2.525	10.3	0.0000
478	„ 9	35	+0.269	+0.784	−0.876	−0.472	+0.084	−2.911	13	3	−2.523	12.1	−0.0010
479	„ 10	35	+0.292	+0.750	−0.799	−0.398	+0.086	−2.859	17	3	−2.547	11.6	−0.0013
480	„ 21	38	+0.406	+0.566	−0.394	−0.022	+0.076	−2.840	12	1	−2.894	12.4	
													−0.0009
481	1907, Mai 30	1907.41	−0.124	+0.344	−0.655	−0.570	+0.090	−3.566	10	2	−3.086	13.1	−0.0023
482	Juni 8	43	−0.138	+0.718	−1.232	−1.008	+0.089	−4.498	12	3	−3.579	12.9	−0.0023
483	„ 9	44	−0.133	+0.763	−1.294	−1.050	+0.091	−4.593	8	3	−3.634	13.3	−0.0013
484	„ 15	45	−0.113	+0.764	−1.273	−1.020	+0.089	−4.756	2	2	−3.825	13.1	−0.0007
485	„ 17	46	−0.087	+0.806	−1.307	−1.030	+0.088	−4.800	7	3	−3.858	13.3	−0.0011
486	„ 18	46	−0.091	+0.814	−1.323	−1.042	+0.090	−4.836	7	3	−3.884	13.3	−0.0001
487	„ 20	47	−0.059	+0.803	−1.272	−0.984	+0.090	−4.783	7	3	−3.889	13.3	

Die in Spalte 9 der obigen Tabelle enthaltenen Werte von $(\varDelta u + m)$ sind die für die einzelnen Beobachtungsabende aus allen jeweils beobachteten Uhrsternen resultierenden Mittelwerte. Um bei der Berechnung der scheinbaren Rektaszensionen aller im Laufe eines jeden Abends beobachteten Sterne sowohl den Uhrgang, als auch kleine Änderungen, die etwa im Laufe des Beobachtungsabends in der Aufstellung des Instrumentes eintraten, möglichst sicher zu erfassen, habe ich für jeden Abend die aus der Beobachtung der Uhrsterne erhaltenen Einzelwerte von $(\varDelta u + m)$ gruppenweise zusammengefaßt und graphisch ausgeglichen. Mit dem Argument AR wurde die Korrektion $(\varDelta u + m)$ sodann für jeden Stern der ausgleichenden Kurve entnommen und in die Rechenbögen eingetragen.

Die scheinbaren Rektaszensionen der beobachteten Fundamentalsterne habe ich unter Zugrundlegung der entsprechenden Daten (a_m, p_a, μ_a) des Neuen Fundamentalkataloges des Berliner Astronomischen Jahrbuches und unter gleichzeitiger Benützung der Reduktionen auf den Jahresanfang, die bei Inangriffnahme der Ableitung der Uhrstände und Instrumentalfehler, doppelt gerechnet, bereits fertig vorlagen, für jeden Beobachtungsabend besonders berechnet und zwar entsprechend der Beobachtungsgenauigkeit bis auf 0,001 der Zeitsekunde. Die kurzperiodischen Nutationsglieder sind bei den Reduktionen auf den Jahresanfang bereits mit in Rechnung gezogen.

Dem Obigen gemäß ist also das Rektaszensionssystem des nachfolgenden Kataloges mit dem des Neuen Fundamentalkataloges identisch.

Beobachtung der Deklinationen.

Auch bei der Beobachtung der Deklinationen wurde das früher eingehaltene Verfahren mit nur wenigen Änderungen beibehalten.

Wie schon in Ann. IV, S. (37) bemerkt ist, mußten die schlaff gewordenen beiden Horizontalfäden, deren Abstand ursprünglich 8″ betragen hatte, im Januar 1901 — also vor Beginn der neuen Beobachtungsreihe — erneuert werden. Der Abstand der beiden neuen, leider nicht völlig parallel verlaufenden Fäden betrug in der Mitte des Gesichtsfeldes reichlich 14″. Während der ersten 21 Beobachtungsabende erfolgte die Einstellung der Sterne in Deklination, wie früher, auf die Mitte zwischen diesen beiden Fäden, wobei sich jedoch, namentlich bei nicht ganz ruhiger Luft, in Anbetracht dieses viel zu großen Abstandes das Gefühl der Unsicherheit bei der Einstellung immer mehr verstärkte. Vom 16. Dezember 1901 (Beob.-Reihe 22) ab habe ich aus diesem Grunde alle Deklinationseinstellungen ausschließlich auf den in Kreislage Ost für Sterne nördlich vom Zenit unteren Faden, der sehr rein und außerdem völlig straff gespannt war, vorgenommen; nur wenn die Bildhelligkeit im ganz schwach beleuchteten Gesichtsfeld bis an die Grenze der Wahrnehmbarkeit herabsank (Sterne unter 9.″5 oder hellere, durch Wolken oder Nebel hindurch beobachtete Sterne), erfolgte die Einstellung auf die Mitte zwischen den beiden Fäden, was selbstverständlich im Beobachtungs-Tagebuch jedesmal besonders vermerkt wurde.

Runkorrektion. Ohne jede Ausnahme wurden nach jeder Deklinationseinstellung alle vier Mikroskope abgelesen. Die an das Mittel dieser vier Ablesungen anzubringende Runkorrektion wurde in angemessenen Zeitabständen, vor allem nach jeder durchgreifenden Berichtigung des Instruments, nach dem bequemen Bauschinger'schen Verfahren (Ann. III, S. 44 ff.) bestimmt. Im Mittel aus je 10 Einstellungen des Nullpunktes der Kreisteilung fand sich

	Kreislage Ost.						Kreislage West.				
	Beob.-Reihen	A	B	C	D	Runkorr.	Beob.-Reihen	E	F	G	H	Runkorr.
1901, Okt. 10	1 bis 48	−0.″80	+0.″37	+0.″74	−0.″13	−0.″04	1904, Juli 22 231 bis 242	−0.″11	−0.″14	+0.″26	+0.″03	−0.″01
1902, Apr. 25		−0.47	+0.52	+0.60	−0.16		1905, Jan. 10 243 „ 258	−0.23	−0.10	−0.13	−0.71	−0.06
„ Dez. 12	49 „ 143	−0.71	+0.48	+0.93	+0.04	−0.14	„ Feb. 7 259 „ 311	−0.20	+0.28	−0.22	+0.60	−0.11
„ Dez. 12		−0.44	+0.22	+0.85	−0.14		„ Nov. 4 312 „ 381	0.00	+0.67	+0.04	+0.39	−0.27
1903, Juni 27	144 „ 179	−0.77	+0.38	+0.72	−0.11	−0.06	1906, Mai 22 382 „ 444	−0.05	+0.43	+0.08	+0.92	−0.34
„ Dez. 11	180 „ 224	−0.58	+0.19	+1.08	−0.27	−0.10	„ Nov. 24 445 „ 487	−0.05	+0.33	−0.07	+1.06	−0.34
1904, Juli 4	225 „ 230	−1.14	+0.28	+0.65	−0.14	+0.09	1907, Juni 23	−0.16	+0.30	+0.05	+1.24	

Fadenneigung.

Besondere Beobachtungsreihen zur Bestimmung der Fadenneigung anzustellen war diesmal nicht möglich. Ich habe mich vielmehr damit begnügen müssen, tunlichst an jedem Abend einige Programmsterne beim Eintritt in das Gesichtsfeld (dessen Durchmesser bei der angewandten Vergrößerung rund 30′ beträgt), in der Mitte und vor dem Verlassen desselben, oder — wenn dafür die Zeit nicht ausreichte — wenigstens in der Mitte und am Ende des Gesichtsfeldes einzustellen und zu jeder Einstellung die zugehörigen vier Mikroskopablesungen zu notieren; von einigen Polsternen konnten gelegentlich auch zusammenhängende Reihen von Einstellungen erlangt werden. Den zu einer jeden Einstellung gehörigen Stundenwinkel t lieferte in der Regel die Ablesung der Trommel des Registriermikrometers, gelegentlich auch einer der zahlreich vorhandenen festen Fäden.

Die Ergebnisse der Bestimmung der Fadenneigung wurden zunächst zu Abendmitteln und diese letzteren dann, soweit angängig, zu Gesamtmitteln für längere Zeiträume vereinigt. Für die ersten 21 Beobachtungsabende, bei denen, wie schon oben bemerkt, alle Sterne auf die Mitte zwischen den beiden Horizontalfäden eingestellt wurden, habe ich den in Ann. IV, S. (37), unten, abgeleiteten Wert benützt.

Kreislage Ost.					Kreislage West.				
Beob.-Reihe	$\mathcal{I}$	Abende	**	Einstellung auf	Beob.-Reihe	$\mathcal{I}$	Abende	**	Einstellung auf
1 bis 21	+ 30″	—	—	Mitte	231 bis 269	− 94″	23	52	näml. Faden
22 „ 36	+ 175	6	12	unteren Faden	270 „ 312	− 131	32	60	„ „
37 „ 51	+ 85	10	41	„ „	313 „ 352	− 157	31	71	„ „
52 „ 75	− 97	15	28	„ „	353 „ 392	− 163	32	81	„ „
76 „ 87	+ 166	8	11	„ „	393 „ 439	− 103	31	69	„ „
88 „ 230	− 113	127	472	„ „	440 „ 478	− 67	27	54	„ „
					479 „ 487	+ 117	7	20	„ „

Bezüglich der mehrfach auftretenden starken Änderungen der Fadenneigung $\mathcal{I}$ möchte ich noch bemerken, daß am 6. März 1902 (nach Beob.-Reihe 36) die beiden Fäden mit einem feinen Haarpinsel gereinigt wurden, wobei (unbeabsichtigt) auch ihr Abstand und ihre Lage Änderungen erlitten, daß am 30. Mai 1902 (nach Beob.-R. 51) das Fernrohr neu fokusiert werden mußte und daß ferner, besonders nach Perioden sehr feuchten Wetters, die Fäden mehrmals schlaff und dann beim Vorüberführen der obersten Okularplatte von dieser gestreift wurden.

Von den 31510 Deklinationsbeobachtungen, welche dem neuen Katalog zugrundeliegen, ist wegen der oft sehr raschen Aufeinanderfolge der Sterne ein nicht unerheblicher Teil außerhalb des Meridians, in mehr oder weniger großen Stundenwinkeln, zustandegekommen. Für alle diese Beobachtungen die Korrektionen wegen der Krümmung des Parallels und wegen der Fadenneigung zu berechnen oder sie auch nur den in Ann. IV, S. (38), (39) abgedruckten Hilfstafeln zu entnehmen, wäre eine höchst zeitraubende und mühsame Arbeit gewesen. Da für jede Einstellung außerhalb des Meridians der Stundenwinkel t stets durch Notierung der zugehörigen Stellung des beweglichen (AR-) Fadens festgelegt wurde, konnte die ganze Arbeit durch ein viel bequemeres, dabei hinreichend sicheres Verfahren erledigt werden.

Die gesamte Reduktion für außerhalb des Meridians beobachtete Deklinationen ist bekanntlich

$$\Delta\delta = -\frac{1}{2}\sin 2\delta \frac{2\sin^2\frac{t}{2}}{\sin 1''} + \mathcal{I}\cos\delta\sin t = \Delta\delta_1 + \Delta\delta_2 .$$

Ersetzen wir zunächst im zweiten Glied den Stundenwinkel t durch den Wert R einer Schraubenumdrehung im Parallel des beobachteten Sterns, so ist

$$t = nR = nR_0 \sec\delta ,$$

wo R_0 der Umdrehungswert im Äquator ist und n der Anzahl der Schraubenumdrehungen vom Kollimationspunkt der Schraube bis zu der der Deklinationseinstellung entsprechenden Schraubenablesung entspricht. Da die Stundenwinkel t für nicht allzu polnahe Sterne stets klein sind, folgt also zunächst

$$\Delta\delta_2 = \mathcal{I}\cos\delta \cdot 15\, t^{\text{sec}} \cdot \sin 1'' = \frac{15}{206265} R_0 \cdot n \cdot \mathcal{I} .$$

Für das Münchener Instrument ist $R_0 = 4\overset{s}{.}6705$. Setzt man noch

$$\mathcal{I} = 100''$$

so ergibt sich die Reduktion wegen Fadenneigung für alle Sterne aus

$$\varDelta\delta_2 = 0''0340 \cdot n \cdot \frac{\mathcal{I}''}{100}.$$

Das Vorzeichen dieser Reduktion wird bestimmt durch das Vorzeichen von $\mathcal{I}$, sowie durch jenes von n (letzteres für Einstellungen westlich vom Meridian positiv). Da die oben zusammengestellten Werte der Fadenneigung $\mathcal{I}$ stets für eine größere Anzahl von Beobachtungsabenden gelten, gestaltet sich also die Ermittlung von $\varDelta\delta_2$ bei Benützung eines logarithmischen Rechenschiebers gewöhnlicher Art besonders bequem.

Unter der schon oben gemachten Voraussetzung, daß der Azimutfehler des Instrumentes stets sehr klein ist (wie es ja während des ganzen Beobachtungszeitraumes tatsächlich der Fall war), läßt sich ganz in gleicher Weise auch das erste Glied der Gesamtreduktion $\varDelta\delta$ durch Einführung des Umdrehungswertes der Schraube und der Anzahl n ihrer Umdrehungen auf eine bequemere Form bringen.

Man erhält

$$\varDelta\delta_1 = -\frac{1}{2}\sin 2\delta \frac{2\sin^2\frac{t}{2}}{\sin 1''} = -\frac{2\sin\delta\cos\delta}{\sin 1''}\left(\frac{15\,n\,R_0\sec\delta}{2}\sin 1''\right)^2, \text{ somit}$$

$$\varDelta\delta_1 = -[8.07546]\,\mathrm{tg}\,\delta \cdot n^2.$$

Zur bequemen Auswertung dieses Ausdrucks kann man zweierlei Wege einschlagen. Man kann zunächst für jeden ganzen Deklinationsgrad den Zahlenwert

$$A = [8.07546]\,\mathrm{tg}\,\delta$$

berechnen und die Ergebnisse in einer Tabelle zusammenstellen, welcher dann für einen beliebigen Wert von δ der zugehörige Betrag von A zu entnehmen ist. Auf einem logarithmischen Rechenschieber gewöhnlicher Art (untere Teilung in doppelt so großem Maßstab aufgetragen, wie die obere) stellt man dann unten n ein und liest oben bei dem Zahlenwert A sofort die gesuchte Reduktion $\varDelta\delta_1$ ab.

Dieses Verfahren wird sich besonders dann empfehlen, wenn es sich nur um die Reduktion von einzelnen oder doch nur wenigen Deklinationsbestimmungen außerhalb des Meridians handelt. Ist die Zahl solcher Bestimmungen aber groß, so bietet sich ein noch bequemerer Weg zur Ermittlung der Werte $\varDelta\delta_1$ durch Herstellung einer graphischen Tafel, die man dadurch erhält, daß man wieder für die runden Deklinationsgrade (Abszissen) und die ganzzahligen Werte von n (Ordinaten) die Beträge von

$$\varDelta\delta_1 = -A \cdot n^2$$

auf Quadratmillimeter-Papier rechtwinklig zur Abszissenachse aufträgt und die so erhaltenen Punkte durch stetig verlaufende Kurven verbindet. Man erhält so eine Schaar von Parabeln, welche sämtlich die Ordinatenachse im Koordinatenursprung berühren und zwischen die hinein dann die Interpolation für die Deklination des beobachteten Sterns und für den Betrag n seiner Einstellung rasch und sicher erfolgen kann.

Bestimmung des Nadirpunktes.

Ganz wie früher sind auch bei der vorliegenden Beobachtungsreihe im Quecksilberhorizont je zwei Paar Nadireinstellungen vor Beginn und am Schluß eines jeden Beobachtungsabends ausgeführt worden; einigemal fanden Nadireinstellungen auch zwischendurch statt. Durchweg habe ich wieder jedesmal zuerst den nördlichen, dann den südlichen Faden auf die Mitte zwischen den beiden Fäden des Spiegelbildes eingestellt und nach jeder Einstellung die vier Mikroskope abgelesen. Da die Differenz zweier zusammengehöriger Ablesungen dem halben Abstand der beiden Fäden entspricht, lieferte diese Art der Nadireinstellung — der überdies (s. Ann. IV, S. (49)/(50)) auch eine erheblich größere Genauigkeit innewohnt, als der der Deckungsnahme von Faden und Bild — gleichzeitig noch ein Reduktionselement, dessen Kenntnis vom Beobachtungsabend 22 ab insofern benötigt wurde, als von hier ab die Einstellung der Sterne nicht mehr auf die Mitte zwischen den beiden Fäden, sondern auf den einen derselben erfolgte, was eine Korrektion des Mittels der Nadirablesungen um den halben Abstand $\varDelta$ der beiden Fäden notwendig machte.

Kreis Ost.

Beobacht.-Reihe	Datum	Sternzeit	Nadir	Δ
	1901	h m	**180°0'**	
1	28. 9.	18. 5	5.42	
		19.30	5.08	−6.80
2	29. 9.	18.20	5.89	
		19.55	5.57	6.93
3	1.10.	18.20	6.92	
		21.50	6.90	7.34
4	3.10.	19. 0	6.79	
		19.50	6.65	7.28
5	5.10.	18.35	7.09	
		22. 0	7.25	7.51
6	13.10.	18.30	8.78	
		20.50	8.55	7.20
7	14.10.	19.10	8.14	
		22.45	8.77	7.32
8	15.10.	18.50	8.44	
		20.20	8.06	7.44
9	17.10.	18.30	8.04	
		22.15	8.01	7.32
10	19.10.	19.15	8.32	
		21.45	8.41	7.30
11	25.10.	19.35	8.24	
		21.25	8.40	7.23
12	27.10.	19.35	8.15	
		21.40	8 27	7.39
13	28.10.	19.25	7.82	
		21.55	8.06	7.27
14	4.11.	19.50	7.70	
		21 50	7.72	7.21
15	5.11.	19.45	7.62	
		23.45	7.69	7.48
16	7.11.	20. 0	7.96	
		0. 0	7.97	7.29
17	8.11.	19.50	8.19	
		0. 0	8.07	7.00
18	11.11.	20.25	7.45	
		22.50	7.72	7.36
19	12.11.	20. 0	7.67	
		23.20	8.12	7.22
20	21.11.	1.55	7.34	
		3.45	7.34	7.23
21	5.12.	2.10	6.77	
		3.45	6.59	7.14
22	16.12.	0.55	7.21	
		3.55	6.95	7.44
23	27.12.	23.35	5.70	
		1.45	5.80	7.08
24	28.12.	22.45	6.09	
		2.20	6.18	7.29
25	31.12.	23.20	5.56	
		3.55	5.65	7.06
	1902			
26	4. 1.	23.40	5.71	
		2.25	5.71	7.24
27	8. 1.	2.45	5.60	
		4.20	5.64	7.18
28	9. 1.	0.15	6.28	
		4.20	6.23	7.07
29	10. 1.	0.15	6.25	
		4.20	6.33	7.11
30	15. 1.	0.20	6.99	
		4. 5	7.74	7.29
31	18. 1.	0.40	5.99	
		1.55	6.18	7.10
32	24. 1.	1.35	5.49	
		5.55	5.85	7.14
33	22. 2.	4.55	5.33	
		7.30	5.40	7.04

Beobacht.-Reihe	Datum	Sternzeit	Nadir	Δ
	1902	h m	**180°0'**	
34	3. 3.	4.50	4.52	
		7.50	4.59	−7.19
35	4. 3.	4.45	4.71	
		7.50	4.96	7.17
36*	5. 3.	5. 0	4.85	
		8. 0	5.35	7.09
37	6. 3.	4.40	5.70	
		8. 0	5.33	6.55
38	7. 3.	4.30	5 35	
		8. 0	5.25	6.93
39	11. 3.	4.35	5.46	
		8.15	5.80	6.97
40	13. 3.	4.40	5.75	
		7. 5	5.57	6.88
41	14. 3.	4.45	5.68	
		8.40	6.04	6.94
42	19. 3.	5.30	5.31	
		9.10	5.03	6.86
43	20. 3.	5.35	5.14	
		8.45	4.79	6.76
44	8. 4.	8.30	4.79	
		10.00	4.45	6.73
45	11. 4.	8. 5	4.85	
		11.25	4.46	6.96
46	12. 4.	8.45	4.80	
		11.30	4.33	6.78
47	16. 4.	7.55	4.23	
		9.55	4.50	6.72
48	24. 4.	9.35	3.88	
		13.10	3.72	6.92
49	27. 5.	12.30	3.98	
		14.35	4.04	6.93
50	28. 5.	12. 5	3.76	
		14.35	3.36	6.85
51	29. 5.	11.55	2.78	
		14.45	2.33	6.87
52*	30. 5.	12. 5	4.82	
		14.35	1.16	6.69
53	2. 6.	12.10	7 73	
		14.50	7.58	6.70
54	3. 6.	12.10	7.65	
		14.55	7.45	6.71
55	12. 6.	12.55	8.64	
		15. 5	8.20	6.65
56	26. 6.	13.40	8.34	
		16.20	8 34	6.50
57	27. 6.	13.50	8.09	
		16.25	8.09	6.47
58	3. 7.	14.25	7.72	
		16.55	7.43	6.60
59	5. 7.	14.25	7.38	
		17. 0	7 27	6.66
60	6. 7.	14.20	7.41	
		16.55	7.00	6.64
61	9. 7.	14.45	6.17	
		17.15	6.30	6.63
62	12. 7.	14.55	7.15	
		16.15	6.99	6.76
63	18. 7.	15.30	7.10	
		18.15	6.61	6.91
64	23. 7.	15.40	7.87	
		18. 5	7.36	6.68
65	25. 7.	15.55	7.98	
		18.45	7.68	6.84
66	26. 7.	15.55	7.61	
		18.45	7.50	6.76
67	29. 7.	16. 5	7.18	
		18 45	7.05	6 89

Beobacht.-Reihe	Datum	Sternzeit	Nadir	Δ
	1902	h m	**180°0'**	
68	2. 9.	17.50	8.24	
		20.50	8.14	−6.78
69	3. 9.	17.45	7.99	
		20.45	7.82	6.81
70	4. 9.	17.45	8.09	
		20.55	7.96	6.88
71	7. 9.	17.25	8.31	
		21. 5	7.87	6.91
72	8. 9.	17.30	8.58	
		21. 5	8.46	6.78
73	9. 9.	17.35	8.55	
		21. 5	8.38	6.87
74	20. 9.	17.20	9.16	
		19.35	9.03	6.84
75	22. 9.	17.20	9.32	
		21.15	9.02	6.90
76	23. 9.	17.25	9.25	
		21.15	9.23	6.82
77	24. 9.	17.30	9.16	
		21.15	9 25	6.70
78	25. 9.	17.25	9.70	
		21.25	10.14	6.83
79	26. 9.	17.30	10.46	
		21.20	10.26	6.95
80	27. 9.	17.30	10.25	
		21.30	10.31	6.94
81	13.10.	18.35	9.37	
		19.45	9.06	6.75
82	15.10.	18 45	9.22	
		23. 0	9.24	6.83
83	18.10.	18.50	8.76	
		22.15	8 65	6.71
84	24.10.	19. 0	8.93	
		23.20	8.81	6.75
85	25.10.	18.50	8.65	
		21.50	8.83	6.83
86	29.10.	19.15	8.91	
		23.40	8.92	6.92
87	3.11.	19 30	8.83	
		23.50	8.81	6.79
88	6.11.	19.35	8.70	
		0. 5	8.36	6.75
89	8.11.	19.25	8.49	
		22.40	8.55	6.95
90	11.11.	20. 0	8.39	
		21.55	8.28	6.62
91	15.11.	19.55	7.80	
		1.30	7.80	6.77
92	21.11	22.50	7.85	
		1.45	7.82	7.02
93	22.11.	20.25	7.41	
		0.25	7.88	6.85
94	23.11.	20.25	7.48	
		1.35	7 04	6.74
95	25.11.	21.15	7.23	
		22.45	7.05	6.83
96	10.12.	21.10	7.03	
		1.35	6.94	6 83
97	11.12.	21. 5	6.78	
		2.30	7.72	6.89
98	12.12.	21.10	7.10	
		2.45	7.40	6.66
99	13.12.	21.15	7.02	
		2.40	7.10	6.84
100	15.12.	21.10	7.37	
		23. 0	7.43	6.74
	1903			
101	29. 1.	1.10	5.11	
		5.35	5.60	6.62

Beobacht.-Reihe	Datum	Sternzeit	Nadir	Δ
	1903	h m	**180°0'**	
102	30. 1.	1.45	5.35	
		5.40	5.25	−6.84
103	31. 1.	0.25	5.35	
		4.35	5.13	6.79
104	5. 2.	1. 5	5.30	
		6. 0	5.05	6.81
105	7. 2.	1.15	5.34	
		6. 0	4.98	6.69
106	10. 2.	1.35	5.21	
		5.50	4.96	6.76
107	11. 2.	1.30	5.38	
		5.50	4.86	6.80
108	12. 2.	1.15	5.05	
		4.25	4.82	6.93
109	16. 2.	2.50	5.41	
		4.25	5.47	6.67
110	17. 2.	2. 5	5.04	
		5.55	5.24	6.71
111	19. 2.	2.15	5.02	
		6.55	4.61	6.76
112	20. 2.	2.25	5.17	
		6.55	4.68	6.78
113	24. 2.	3.25	4.85	
		6.55	4.93	6.81
114	25. 2.	3. 0	4.51	
		7. 0	4.30	6.77
115	5. 3.	4. 5	5.12	
		7.35	4.91	6.82
116	7. 3.	4.25	4.76	
		8.45	4 74	6.89
117	10. 3.	4.45	4.72	
		9. 5	4.55	6.87
118	11. 3.	4.20	4.86	
		9. 5	5.03	6.83
119	12. 3.	4.15	4.86	
		6.25	4.81	6.84
120	13. 3.	4.30	5.04	
		9. 0	5.11	6.83
121	20. 3.	4.55	4.75	
		9.40	4.40	6.79
122	21. 3.	5.10	4.77	
		9.35	4.29	6.83
123	23. 3.	5.10	4.96	
		9.40	4.28	6.99
124	24. 3.	5.10	4.28	
		7.35	4.10	6.87
125	28. 3.	5.45	4.16	
		9.55	3.74	6.81
126	7. 4.	6.10	3.90	
		10.45	3.17	6.81
127	20. 4.	10.40	3.53	
		13.10	3.53	6.97
128	21. 4.	8.55	4.30	
		13.10	3.87	6.86
129	24. 4.	9.15	3.86	
		12.10	3.96	6.86
130	28. 4.	8.20	4.06	
		13.15	3.86	6.76
131	30. 4.	9.10	4.21	
		13.-5	3 95	6.88
132	14. 5.	10.10	4.03	
		13. 5	3.92	6.85
133	21. 5.	10.35	4.30	
		14. 0	4.23	6.83
134	22. 5.	10.45	4.14	
		14. 0	4.02	6.94
135	23. 5.	10.45	4.58	
		14. 5	4.02	6.95

Beobacht.-Reihe	Datum	Sternzeit	Nadir	Δ
		1903	**180°0′**	
		h m		
136	25. 5.	10.55 / 14.25	3″.67 / 3.61	−6″.92
137	28. 5.	11.55 / 14.30	4.04 / 3.91	6.93
138	29. 5.	11.15 / 14.30	4.55 / 4.26	6.89
139	30. 5.	11.15 / 14. 0	4.54 / 4.49	6.88
140*	5. 6.	11.35 / 15.10	4.34 / 4.22	7.03
141	9. 6.	12.10 / 15.10	8.44 / 7.98	6.73
142	16. 6.	12.25 / 15.55	7.93 / 7.97	6.84
143	26. 6.	13. 5 / 16.35	7.29 / 7.22	6.90
144	27. 6.	13. 0 / 16.35	6.92 / 7.17	6.88
145	28. 6.	13.10 / 17 25	6.78 / 6.70	6.97
146	29. 6.	13.20 / 17.25	6.86 / 6.76	6 91
147	1. 7.	13.15 / 17.35	6.65 / 6.69	6.82
148	2. 7.	13.20 / 17.35	6.23 / 6.39	6.91
149	11. 7.	14. 0 / 16.25	8.73 / 8.17	6.89
150	12. 7.	14.40 / 18.20	8.22 / 7.71	6.87
151	14. 7.	14.35 / 18.20	7.77 / 7.70	6.78
152	15. 7.	14.20 / 18.15	7.75 / 7.42	6.82
153	20. 7.	17.15 / 18.30	7.27 / 7.54	6 80
154	22. 7.	14.50 / 18.35	7.65 / 7.31	6.89
155	27. 7.	17. 0 / 18.35	7.98 / 8.00	6.75
156	4. 9.	16.45 / 19.15	6 80 / 6.86	6.93
157	5. 9.	16.30 / 19.35	6.84 / 7.00	6.80
158	6. 9.	16.30 / 19.35	6.55 / 7.01	6.84
159	7. 9.	16.30 / 19.35	6.89 / 6.77	6.86
160	10. 9.	17.50 / 19.40	6 78 / 7.01	6.78
161	20. 9.	17.20 / 19.45	8.12 / 7.97	6.89
162	21. 9.	17. 5 / 19.55	8.50 / 8.42	6.95
163	22. 9.	17.10 / 19.55	8.46 / 8.50	6.93
164	23. 9.	17.20 / 19 55	8.47 / 8.41	6.88
165	24. 9.	17.25 / 19 55	8.36 / 8.32	6.85
166	29. 9.	17.45 / 19.55	8.44 / 8.45	6 91
167	30. 9.	17.40 / 19.55	8.59 / 8.34	6.93
168	7.10.	18. 5 / 20.30	7.77 / 7.63	6.83
169	8.10.	18. 0 / 20.30	7.76 / 7.50	6.78
		1903	**180°0′**	
		h m		
170	20.10.	18.25 / 20.55	8″.17 / 8.16	−6″.85
171	21.10.	18.25 / 20.55	7.95 / 8.07	6.85
172	25 10.	18.50 / 21.15	7.83 / 8.25	6.80
173	27.10.	18.45 / 21.15	8.02 / 8.00	6.93
174	28.10.	18.50 / 21.38	8.15 / 7.67	6.75
175	8.11	19.25 / 22.20	8.06 / 8 46	6.69
176	9.11.	19.15 / 22.40	8.33 / 8.64	6.75
177	14.11.	19. 5 / 0.25	7.56 / 7.74	6.53
178	29.11.	20.30 / 21.55	6.58 / 6.37	6.82
179	3 12.	20.35 / 1.15	7.01 / 6.48	6.75
180	7.12.	21.20 / 23.35	3.32 / 3 07	6.68
181	8.12.	20 55 / 1.55	3.10 / 2.97	6.94
182	9.12.	21.10 / 1.55	3.44 / 3.85	6.77
183	10.12.	20.55 / 21.30	3.40 / 3.08	6.78
184	23.12.	1.10 / 23.55	3.49 / 3.22	6 78
185	29.12.	22. 0 / 2.10	3.57 / 3.07	6.83
186	31.12.	23.15 / 2.23	2.70 / 2.53	6.85
		1904		
187	1. 1.	22.10 / 2.55	3.07 / 2.82	6.87
188	2. 1.	22.20 / 2.50	2.72 / 2.99	6.78
189*	8. 1.	22.40 / 3.40	2.75 / 2.39	6.85
190*	18. 1.	0.20 / 2.35	2.82 / 3.69	6.72
191	26. 1.	1.10 / 3.40	3.83 / 3.70	6.75
192	27. 1.	0.25 / 3.15	4.32 / 4.00	6 74
193	28. 1.	2. 5 / 3.40	4.48 / 4.30	6.68
194	29. 1.	1.40 / 3.40	4.57 / 4.40	6 71
195	30. 1.	1.20 / 3.25	3.96 / 3.97	6.85
196	3. 2.	1.10 / 2.15	3.86 / 3 93	6 75
197	9. 2.	1.40 / 5.10	3.27 / 3.05	6.83
198	2. 3.	6 55 / 9.45	3.11 / 2.68	6.69
199	3. 3.	3 35 / 5.10	3.12 / 2 92	6.80
200	9. 3.	4.45 / 8.10	3.35 / 2.52	6.73
201	14. 3.	4.30 / 9.30	3.07 / 2.98	6.82
202	17. 3.	5.10 / 9.30	3.27 / 2.96	6.84
203	19. 3.	5.15 / 9 25	2.77 / 2.90	6.88
		1904	**180°0′**	
		h m		
204	21. 3.	5.10 / 9.40	3″.14 / 2.80	−6″.72
205	27. 3.	5.10 / 7 50	3.13 / 3.10	6.74
206	28. 3.	5.10 / 6.35	2.97 / 2.86	6.79
207	11. 4.	6.15 / 11.10	3.02 / 2.71	6.93
208	12. 4.	6.50 / 11.20	2.81 / 3 21	6.71
209	14. 4.	7. 0 / 11.25	3.20 / 2.74	6 89
210	18. 4.	8. 0 / 10.25	2.08 / 2.32	6.77
211*	19. 4.	7.55 / 12. 5	1.51 / 1.17	6.74
212	20. 4.	8.45 / 9.45	2.69 / 2.63	6.67
213	21. 4.	8.35 / 12. 5	2.79 / 2.68	6.69
214	30. 4.	9.10 / 12.30	3.45 / 3.38	6.76
215	1. 5.	8.40 / 10.15	3 60 / 3 35	6.87
216	2. 5.	8.50 / 12.25	2.95 / 3.03	6.86
217	5. 5.	8.50 / 13. 5	2.64 / 2.53	6.82
218	12. 5.	10. 0 / 13.25	3.54 / 3.22	6.70
219	13. 5.	10. 0 / 13.45	3.45 / 2.96	6.77
220	17. 5.	10.20 / 14.30	2.84 / 2.29	6.78
221	19. 5.	10.40 / 14 30	2.77 / 2.95	6.75
222	24. 5.	10.40 / 14.40	3.23 / 3 32	6.73
223	25. 5.	11.30 / 14.45	4 14 / 3.89	6.86
224	26. 5.	11. 0 / 14.45	4.12 / 3.77	6 87
225^(b)	11. 6.	12.30 / 15.10	3.31 / 3.20	6.78
226	14. 6.	12.50 / 15 50	3.96 / 3.80	6.33
227	19. 6.	12.35 / 16. 0	2.89 / 2 87	6.12
228	23. 6.	14. 5 / 16.20	2.87 / 3.20	6.05
229	28. 6.	13. 0 / 16.20	3.36 / 3.24	6.12
230	9. 7.	15. 0 / 17.40	7.26 / 7.24	6.23
		Kreis West.		
231	19. 7.	15.45 / 18 25	6.05 / 6.22	−6.01
232	26. 7.	16.15 / 18.25	6.20 / 6 38	6.10
233	19. 9.	18. 0 / 20.25	5.92 / 5.79	6.08
234	23. 9.	18.10 / 19.47	7.38 / 7.41	6.24
235	29. 9.	17.45 / 22. 0	7.71 / 7.96	5.97
236	1.10.	17.50 / 20 10	7.57 / 7.88	6.26
		1904	**180°0′**	
		h m		
237	2.10.	17.45 / 22. 5	7″.93 / 7.53	−6″.09
238	3.10.	17.50 / 22.10	7.58 / 7.31	6.06
239	17.10.	18.45 / 21.50	7.82 / 7.72	6 28
240	21.10.	18.55 / 23.35	8.14 / 7.99	6.14
241	5.11.	19.10 / 0.20	9.35 / 9.39	6.21
242	14.11.	19.55 / 0.35	8.81 / 9.00	6.11
243	17.11.	19.45 / 1.15	7.14 / 7.22	6.05
244	19.11.	20.25 / 21.55	7.22 / 7.22	6 20
245	25.11.	20.15 / 22.15	7.24 / 7.30	6.29
246	28.11.	20.30 / 22.15	7.32 / 7.44	6.40
247	6.12.	20.55 / 23.50	7.91 / 8.55	6.17
248	17.12.	21.40 / 2.45	8.83 / 8.92	6.16
249	18.12.	21.35 / 2.50	8.49 / 8.92	6.26
250	23.12.	21.50 / 1.10	8.08 / 7.89	6.19
251	26.12.	22. 5 / 1. 5	8.52 / 8.90	6.21
		1905		
252	8. 1.	23.10 / 4.20	8.21 / 8.49	6.25
253	9. 1.	23.10 / 2.25	8.15 / 9.59	6.14
254	13. 1.	23.30 / 1 50	8.38 / 8.70	6.24
255	17. 1.	0.10 / 1.50	9.20 / 9.29	6.19
256	21. 1.	23.55 / 4.35	9.79 / 9.73	6.10
257	23. 1.	0.40 / 5.25	9.54 / 9.86	6.12
258	6. 2.	1.50 / 4. 5	7.00 / 7.04	6.15
259	9. 2.	1.48 / 6.30	8.07 / 8.43	5.99
260	10. 2.	1.40 / 6.50	8.04 / 8.21	6.09
261	24. 2.	3.25 / 8.15	7.82 / 8.64	6.25
262*	2. 3.	3.45 / 8 25	8.28 / 8.44	6.20
263*	1. 4.	7. 0 / 9.35	6.57 / 6.41	6.04
264*	4. 4.	6.45 / 10.45	2.86 / 2.86	6.06
265*	13. 4.	7.35 / 11.25	0.76 / 0.99	6.20
266	14. 4.	7.25 / 11.25	3.63 / 3.61	5.82
267	15. 4.	8.15 / 9.20	4.05 / 4.14	5.90
268	20. 4.	8.20 / 11.55	5.01 / 5.03	6.06
269	27. 4.	9.40 / 11.10	5.14 / 5.39	6.00
270	10. 5.	10. 0 / 13.35	4.60 / 4.62	6.08

Beobacht.-Reihe	Datum	Sternzeit	Nadir	Δ
		1905	180°0′	
		h m		
271	11. 5.	9.35 / 13.40	4."38 / 4.12	-6."08
272	19. 5.	12. 5 / 14.20	4.48 / 4.48	5.99
273	27. 5.	10.55 / 14.55	4.47 / 4.57	6.04
274	28. 5.	10.50 / 14.55	4.05 / 3.92	6.06
275	29. 5.	11. 0 / 15. 5	3.85 / 3.98	6.19
276	30. 5.	11. 0 / 15.10	3.87 / 4.16	6.08
277	31. 5.	11.10 / 15.10	4.12 / 4.32	6.06
278	2. 6.	11.20 / 15.30	4.23 / 3.96	6.00
279	3. 6.	11.15 / 15.35	4.00 / 3.37	6.09
280	13. 6.	13.15 / 15.35	4.27 / 3.79	6.14
281	15. 6.	12.20 / 16.20	4.27 / 4 49	5.99
282	17. 6.	12.35 / 16.20	4.75 / 4.43	6.09
283	26. 6.	14.40 / 16.40	4.72 / 4.87	6.20
284	27. 6.	14.15 / 16.35	4.85 / 4.79	6.14
285	29. 6.	13 15 / 16.57	4.12 / 4.32	6.10
286	3. 7.	13.35 / 17.10	3.63 / 3.53	5.96
287	7. 7.	13.50 / 15.10	4.03 / 3.55	6.07
288	8. 7.	13.50 / 17.40	3 70 / 3.43	6.13
289	9. 7	13.55 / 18.20	3.97 / 3.81	6.11
290	12. 7.	13.50 / 18.30	4.13 / 3.61	6.18
291	14. 7.	14. 5 / 17.55	3 87 / 3.89	6.02
292	15. 7.	14.30 / 18.25	4.01 / 4.03	6.12
293	16. 7.	14.15 / 18.30	4.19 / 4.32	6.28
294	19. 7.	14.40 / 16.20	4.37 / 4.37	6.31
295	21. 7.	14.40 / 18.40	4.89 / 4.77	6.14
296	22. 7.	14.45 / 18.50	4.68 / 4.79	6.26
297	25. 7.	16.15 / 18.55	4.80 / 4.71	6.02
298	26. 7.	14.55 / 19.30	4.92 / 5.06	6.22
299	27. 7.	15. 5 / 19.30	4 99 / 4.98	6.02
300	29. 7.	15.25 / 18.55	4.86 / 4.58	6.16
301	5. 9.	19.55 / 21.30	5.52 / 5.52	6.03
302	9. 9.	19.40 / 22.20	5.71 / 5.61	6.12
303	10. 9.	17.35 / 21.40	5.68 / 5.78	5.89
304	11. 9.	16.45 / 21.45	5.86 / 5.66	5.92

Beobacht.-Reihe	Datum	Sternzeit	Nadir	Δ
		1905	180°0′	
		h m		
305	17. 9.	16.40 / 18.30	6."19 / 6.47	-5."87
306	18. 9.	16.50 / 21.50	6.09 / 6.43	5.96
307	23. 9.	17.15 / 21.55	6.14 / 6.20	5.78
308	17.10.	18.25 / 22.30	8 67 / 9.17	5.68
309	29.10.	19. 0 / 23.45	8.81 / 9.24	5.86
310	1.11	18.50 / 23.55	8.40 / 8.44	5.88
311*	3.11.	19.10 / 0. 0	8.56 / 10 22	5.97
312	7.11.	20. 5 / 22.45	3.90 / 3.92	6.03
313*	11.11.	19.20 / 0.20	4.94 / 5.54	5.87
314	23.11.	20.55 / 22.30	5.80 / 5.72	5.88
315	25.11.	20.15 / 1.35	6.01 / 5.75	5.84
316	26.11.	20.25 / 1.35	5.22 / 5.32	5.89
317	28.11.	20.20 / 2. 0	4 07 / 4.46	5.82
318	11.12.	21. 5 / 3. 0	4.52 / 5.62	5.92
319*	12.12.	21. 0 / 3.10	5.39 / 6.13	5.99
320	18.12.	21.30 / 3.15	9.06 / 9.32	5.88
321	19.12.	21.25 / 3.35	9.76 / 9.77	5.96
322	25.12.	22. 5 / 3.45	8 10 / 8.69	5 80
323	27.12.	21.50 / 3.55	8.39 / 8.64	5.94
324	31.12.	22.20 / 1.35	8.31 / 8.94	5.96
		1906		
325	2. 1.	22.30 / 4.20	9.69 / 9.57	6.00
326	3. 1.	22.35 / 2.25	10.21 / 10.11	5.99
327	4. 1.	22.40 / 4.20	9.46 / 9.90	5.92
328	11. 1.	1.25 / 5. 5	8.17 / 8.41	5.94
329	14. 1.	23.45 / 5.10	7.57 / 8.12	5.83
330	15. 1.	23.25 / 5.10	7.90 / 7.95	5.82
331	18. 1.	0.50 / 5. 5	7.35 / 7.76	5.96
332	21. 1.	23.55 / 5.15	7.99 / 8.25	6.00
333	23. 1.	4.40 / 6.40	9.60 / 10.32	5.91
334	24. 1.	3.45 / 6.20	10.12 / 10.51	6.00
335	25. 1.	0.20 / 4.15	10.52 / 10.37	6.02
336	27. 1.	1.10 / 6.25	9.53 / 9.99	6.05
337	28. 1.	0.40 / 5. 5	8.80 / 8.86	5.90
338	29. 1.	0.15 / 5.55	8.84 / 9.20	6.02

Beobacht.-Reihe	Datum	Sternzeit	Nadir	Δ
		1906	180°0′	
		h m		
339	1. 2.	0.40 / 2. 0	8."98 / 9.10	-5."94
340	8. 2	1.25 / 7. 5	9.17 / 9.38	5.93
341	10. 2.	1.20 / 7.10	9.76 / 9.38	6.02
342	12. 2.	3.35 / 7.20	10.03 / 10.08	5.98
343	13. 2.	2.30 / 6.55	10.04 / 9.97	5.85
344	16. 2.	2. 0 / 7.25	9.24 / 9.61	5.94
345	17. 2.	2.25 / 7.25	9.80 / 9.66	5.98
346	22. 2.	5. 5 / 7.25	8.84 / 8.93	5.99
347	4. 3.	3.10 / 8.25	7.81 / 8.06	5.93
348	5. 3.	3.10 / 8.30	7.70 / 8.22	5.79
349	6. 3.	3.10 / 8.25	7.25 / 7.86	6 00
350	7. 3.	3.10 / 8.40	7.30 / 7.56	5.98
351	8. 3.	3.15 / 8.40	6.79 / 7.58	6.06
352	11. 3.	4.35 / 8 40	8.36 / 8.37	6.04
353	17. 3.	4.15 / 9.15	7.14 / 7.77	6.02
354	18. 3.	4.25 / 9.10	6.89 / 7.32	6.10
355	21. 3.	6. 0 / 9.40	8.24 / 9.08	5 97
356	26. 3.	6.40 / 9.50	8.80 / 9.18	6.02
357	28. 3.	5. 5 / 10. 0	7.99 / 8.71	5.99
358	2. 4.	5.20 / 9.55	7.93 / 8.28	6.00
359	3. 4.	5.55 / 10.25	8.43 / 8.49	6.04
360	4. 4.	5.45 / 10.30	8.47 / 8.46	6.13
361	5. 4.	5.40 / 10.25	7.37 / 7.48	6.11
362	7. 4.	5.35 / 9.25	7.05 / 7.24	6.10
363	9. 4.	6. 0 / 10.55	7.17 / 7.11	6.15
364	11. 4.	6.10 / 11. 8	7.22 / 7.20	6.01
365	12. 4.	6.10 / 11.10	7.12 / 7.39	6.01
366	13. 4.	7.40 / 11.10	7.30 / 7.66	6.08
367	16. 4.	8. 0 / 11.43	7.18 / 7.31	5.94
368	20. 4.	8.10 / 8.45	7.56 / 7.70	6.14
369	21. 4.	7.50 / 11.45	7.66 / 7.50	6.06
370	26. 4.	8.15 / 12.20	8.54 / 8.04	6.04
371	28. 4.	8.25 / 12.35	8.28 / 7.96	6.11
372	30. 4.	9.25 / 12.40	8.18 / 7.51	6.10

Beobacht.-Reihe	Datum	Sternzeit	Nadir	Δ
		1906	180°0′	
		h m		
373	2. 5.	8.40 / 12.40	8."73 / 8.52	-6."04
374	3. 5.	8.45 / 12.40	8.63 / 8.85	6.04
375	4. 5.	8.45 / 12.40	7.68 / 8.21	6.08
376	7. 5.	9.10 / 13.10	7.55 / 7.89	6 07
377	8. 5.	9. 5 / 13. 5	7.21 / 7.04	6.04
378	10. 5.	10.50 / 13.20	7.42 / 7.41	5.94
379	12. 5.	11. 0 / 13.10	7.16 / 7.31	6.05
380*	14. 5.	10. 0 / 13.25	6.86 / 6.75	6.01
381	21. 5.	11.25 / 14. 5	9.13 / 8.89	6.11
382	23. 5.	10.10 / 14.10	8.65 / 8.63	5.99
383	24. 5.	10. 5 / 11.15	8.28 / 8.31	6.10
384	28. 5.	10.45 / 14.25	8.28 / 8.50	6.09
385	30. 5.	10.30 / 14.30	7.94 / 7.96	6 06
386	5. 6.	12.50 / 14.25	9.15 / 9.15	6 00
387	6. 6.	12.30 / 14.47	9.21 / 9.18	6.00
388	7. 6.	11.20 / 15.10	8.59 / 8.63	5.94
389	16. 6.	12. 0 / 16. 0	8.79 / 8.67	5.93
390	17. 6.	11.55 / 15. 5	8.30 / 8.38	6.00
391	22. 6.	12.10 / 16.20	7.96 / 8.24	5.91
392	26. 6.	12.30 / 16.35	7.71 / 7.72	6.01
393	27. 6.	12.35 / 16.35	7.67 / 7.88	6.05
394	1. 7.	12.40 / 16.35	8.72 / 8.60	6.09
395	2. 7.	12.50 / 17. 0	8 73 / 8.81	5.96
396	7. 7.	13. 0 / 16.55	8.87 / 8.69	5.97
397	10. 7.	14. 0 / 17.20	8.66 / 8.60	5.96
398	11. 7.	13.15 / 16.35	8.36 / 8.34	6.05
399	15. 7.	13.50 / 17.30	9.34 / 9.62	6.02
400	16. 7.	14.20 / 17.20	9.07 / 9.31	5.96
401	17. 7.	13.10 / 18.25	8.66 / 8.74	5.96
402	19. 7.	13. 1 / 18.25	8.27 / 8.24	6.04
403	22. 7.	17. 0 / 18.30	8 80 / 8.84	5.89
404	23. 7.	15. 0 / 18.55	8 74 / 8.69	5.99
405	29. 7.	15.10 / 19.15	8.41 / 8.44	6.08
406	30. 7.	15.10 / 19.25	8.03 / 7.88	5.90

Beobacht.-Reihe	Datum	Sternzeit	Nadir	Δ	Beobacht.-Reihe	Datum	Sternzeit	Nadir	Δ	Beobacht.-Reihe	Datum	Sternzeit	Nadir	Δ	Beobacht.-Reihe	Datum	Sternzeit	Nadir	Δ
	1906	h m	180°0′			1906	h m	180°0′			1907	h m	180°0′			1907	h m	180°0′	
407	1. 9.	15.55 20.45	9.″03 9.32	−6.″09	428	17.10.	18.50 22.50	10.″51 10.46	−6.″09	449	18. 1.	23.50 1.45	8.″20 8.32	−6.″06	469	28. 3.	5.35 9.10	9.″84 9.79	−6.″09
408	2. 9.	15.50 20.50	9.52 9.39	5.92	429	18.10.	18.20 21.30	10.63 10.60	6.02	450	20. 1.	23.55 3.40	8.83 9.28	6.07	470	30. 3.	5.40 6.55	9.55 9.74	6.02
409	3. 9.	15.55 20.50	9.55 9.50	5.85	430	20.10.	18.15 23. 0	10.25 10.43	6.03	451	24. 1.	0.15 5.30	11.49 11.45	6.08	471	2. 4.	5.40 9.40	9.06 8.91	6.00
410	4. 9.	15.55 20.50	9.52 9.91	6.00	431	22.10.	18.30 23. 0	10.25 10.42	6.12	452	27. 1.	0.35 1.40	9.94 9.80	6.12	472	3. 4.	5.45 9.40	9.71 9.57	6.05
411	5. 9.	16. 0 20.50	9.85 9.98	6.02	432	23.10.	18.25 23. 0	10.28 10.42	6.25	453	12. 2.	5.55 2.50	9.84 9.94	6 05	473	4. 4.	5.45 9.45	9.76 9.57	6.00
412	8. 9.	16.20 20.55	10.01 10.02	5.99	433	29.10.	18.45 21.25	10.90 10.89	5.95	454	13. 2.	6.55 2.45	9.83 9.58	6.03	474	11. 4.	6.20 8.30	10.57 10.63	5.98
413	17. 9.	17. 0 21.15	11.75 11.72	6.01	434	30.10.	19.35 23.10	10.79 10.52	5.96	455	18. 2.	2. 0 6.55	8.30 9.32	6.08	475	12. 4.	6.20 9.50	10.30 10.34	6.01
414	18. 9.	17.20 21. 0	11.15 11.75	5.96	435	31.10.	19.30 22. 5	10.62 10.80	6.03	456	23. 2.	6.55 2.30	9.32 11.14	6.02	476	21. 4.	7.40 11.15	10.71 10.24	6.06
415	25. 9.	17.20 21.15	11.07 11.02	6.05	436	4.11.	18.35 20. 0	10.18 10.13	5 96	457	26. 2.	7.10 3.10	11.10 11.25	6.00	477	4. 5.	8.40 12.15	9.34 10.46	5.97
416	28. 9.	17.25 21.55	10.81 10.91	6.16	437	5.11.	18 45 0. 0	9.92 10.23	5.96	458	1. 3.	7.10 3. 5	11.37 10.27	6.00	478	9. 5.	10.25 13.05	9.90 9.85	6.03
417	29. 9.	17.20 21.55	10.47 10.66	6.18	438	8.11.	19.40 23.55	10.08 10.22	5.91	459	2. 3.	4.15 7.45	10.32 10.47	6.00	479	10. 5.	10.15 13.10	11.26 11.26	6.01
418	1.10.	17.25 21.55	10.51 10.22	5.96	439	11.11.	19.15 0.20	10.76 11.02	6.02	460	3. 3.	3.20 7.50	10.73 10.77	6.00	480	21. 5.	11.10 12.25	13.21 13.28	6.00
419	4.10.	18.55 22.15	10.61 10.32	6.17	440	12.11.	19. 5 23.20	11.23 11.25	5.92	461	4. 3.	5.30 7.50	10.94 10.81	6.03	481	30. 5.	12.10 14.25	12.28 12.51	6.04
420	5.10.	18. 0 22.15	10.50 10.76	6.14	441	13.11.	20.30 0.25	10.80 10.84	5.98	462	5. 3.	5.10 7.50	10.60 10.58	5.93	482*	8. 6.	11.45 14.30	13.75 13.93	5.40
421	7.10.	17.50 22.25	10.90 11.03	5 92	442	14.11.	19.25 0.30	10.38 10.56	5.93	463	11. 3.	4.30 7.50	10.22 11.19	6.00	483	9. 6.	12.47 14.30	13.08 12.61	6.24
422	8.10.	17.35 22.25	10.99 10.98	5.97	443*	20.11.	19.50 23.30	11.69 11.02	5.98	464	15. 3.	5.15 7.30	11.27 10.94	6.10	484	15. 6.	12.45 13.55	9.74 9.75	6.13
423	9.10.	17.45 22.30	10.44 10.76	5.99	444*	23.11.	19.55 1.15	10.35 10.33	5.99	465	16. 3.	5.10 7.15	10 60 10.81	6.06	485	17. 6	12.30 14.30	9 41 9.50	5.98
424	10.10.	17.45 22.30	10.86 10.84	6.06	445	30.11.	20.15 21.55	6.78 6.92	6.00	466	19. 3.	5.10 7.15	10.60 10.81	6.08	486	18. 6.	12.35 14.30	9.81 9.91	6.01
425	11.10.	17.50 22 40	10.53 10.59	6.08	446	8.12.	20.45 23.10	7.36 7.48	6.03	467	25. 3.	4.25 7.25	9.23 9.76	6.08	487	20. 6.	12.45 14.25	10.00 9.84	5.93
426	12.10.	17.50 22.20	10.36 10.54	6.17	447	13.12.	21. 5 2.40	8.40 7.92	5.94	467	25. 3.	5.20 8. 0	10.32 10.48	6.09					
427	13.10.	18.30 19.15	10.35 10.49	6.11	448*	22.12.	21.55 2.55	9.05 9.10	5.98	468	27. 3.	5.20 9.15	9.80 10.24	6.09					

Bemerkungen· Zwischen B. R. 36 und 37 Fäden gereinigt. — B. R. 52: Um 12ʰ42ᵐ Fernrohr neu fokusiert. — Nach B. R. 140 Mikroskope C und D neu gestellt. — 1904, Januar 9 werden alle 4 Mikroskope neu gestellt. — 1904, Januar 21 müssen die Mikroskope C und D neuerdings gerichtet werden. — Nach B. R. 211 wird Mikroskop D neu gestellt. — 1904, Juni 12 Fäden gereinigt, Fadenabstand 2 Δ geändert. — Nach B. R. 262 wird im Saal ein neuer Fußboden gelegt; Instrument verhüllt, 4 Wochen unzugänglich. — Nach B. R. 263 Mikroskope neu eingestellt. — Nach B. R. 264: Desgleichen. — Nach 265: Desgleichen. — B. R. 311: um 21ʰ 30ᵐ infolge Ausgleitens auf das Mikroskop F gefallen. — B. R. 313: um 23ʰ 55ᵐ abermals an das Mikroskop F gestoßen. — B. R. 319, Dezember 17: alle vier Mikroskope neu eingestellt. — B. R. 380, Mai 19: sämtliche Mikroskope neu gestellt. — B. R. 443: um 20ʰ 45ᵐ an das Mikroskop F gestoßen. — B. R. 444, November 25: alle Mikroskope neu gestellt. — B. R. 448, 1906, Januar 17: desgleichen. — B. R. 482: Die beiden Deklinations-Fäden waren schlaff geworden und klebten schließlich ganz aneinander; am 9. Juni wieder in Ordnung gebracht. —

Schon eine oberflächliche Durchsicht der in Spalte 4 der vorausgegangenen Tabelle enthaltenen Ergebnisse der beiden Nadirbestimmungen eines jeden einzelnen Beobachtungsabends zeigt, daß diese Ergebnisse nur in einer Minderzahl von Fällen übereinstimmen, daß vielmehr die Abende, an denen mehr oder weniger starke Nadiränderungen eintreten, weit überwiegen. In allen Fällen, in welchen diese Änderungen den Betrag von $0''10$ überschritten, wurden die Nadir-, bezw. die Zenitpunkte des Kreises der Zeit proportional interpoliert in die Rechenbögen eingetragen.

Um einen Überblick über den Verlauf dieser Änderungen zu gewinnen, habe ich sie nach den Monaten, in die sie fallen, geordnet und in der nachfolgenden Tabelle zusammengestellt.

Nadiränderungen $> 0''10$.

1901—1907	Kreislage Ost. Beob.-Abende	Abende mit Nadiränderung absolut	Abende mit Nadiränderung in Proz.	davon +	davon —	Kreislage West Beob.-Abende	Abende m. Nadiränderung absolut	Abende m. Nadiränderung in Proz.	davon +	davon —
Januar	19	13	68	6	7	24	18	75	15	3
Februar	14	10	71	1	9	17	12	71	9	3
März	30	23	77	6	17	25	20	80	18	2
April	20	15	75	3	12	28	18	64	9	9
Mai	21	15	71	1	14	26	16	62	10	6
Juni	17	10	59	2	8	22	12	55	6	6
Juli	20	16	80	3	13	30	16	53	7	9
September	27	18	67	4	14	21	11	52	8	3
Oktober	24	17	71	8	9	25	18	72	12	6
November	20	12	60	6	6	24	10	42	8	2
Dezember	18	11	61	4	7	15	12	80	10	2
Oktober—März	125	86	69	31	55	130	90	69	72	18
April—September	105	74	71	13	61.	127	73	57	40	33
Zusammen	230	160	70	44	**116**	257	163	64	**112**	51

Von den 160 Änderungen in Kreis Ost sind $116 = 72$ v. H. in negativem Sinne verlaufen (die Nadirablesung wurde im Laufe des Abends kleiner); ebenso sind von den 163 Änderungen in Kreis West $112 = 69$ v. H. in positivem Sinn erfolgt (die Nadirablesung wurde im Laufe des Abends größer). Absolut genommen ist hiernach die Wirkung in beiden Kreislagen überwiegend die nämliche: die Deklinationen werden im Laufe eines Beobachtungsabends in rund 70 v. H. aller Beobachtungsabende kleiner. Bemerkenswert ist die Tatsache, daß die Prozentsätze der Abende mit Nadiränderung für die neue Beobachtungsreihe sehr nahe dieselben sind, wie in Ann. IV. Es fanden sich dort (S. 41) für Kreis Ost 62 und für Kreis West 70 v. H. Das Vorherrschen der Änderungen in negativem Sinne für K. O. ist zwar dort nicht so stark, jenes der Änderungen in positivem Sinne für K. W. aber dafür um so deutlicher ausgesprochen.

Über die Ursache dieser Änderungen finden sich bereits in Ann. IV, S (40) einige Bemerkungen. Ergänzend sei diesen noch hinzugefügt, daß Drehungen der zentrisch beleuchteten, gußeisernen Trommeln (an deren Rand die je vier Ablesemikroskope mittelst eiserner Klauen befestigt sind, die durch starke, mit Hilfe eines dicken Stellstiftes anziehbare Schrauben zusammengepreßt werden) infolge der Wärmestrahlung der für die Gesamtbeleuchtung dienenden elektrischen Glühlampe kaum in Frage kommen. Es hat eher den Anschein, daß bei geöffnetem Spalt eine geringe Neigung der beiden Pfeiler in Richtung des Meridians eintritt. Dafür, daß eine solche im Laufe des Jahres stattfindet, spricht die unverkennbare Periode, welcher die Lage des Nadirpunktes auf dem Kreis alljährlich unterworfen ist. Ausgedehnte, durch alle Jahreszeiten fortgeführte Versuchsreihen, bei denen (etwa an nichtklaren Abenden) nur die Lage des Nadirpunktes in passenden Zeitintervallen abwechselnd bei dauernd geschlossenem und dauernd offenem Spalt bestimmt wird, könnten über diese Frage vermutlich Klarheit schaffen.

Nadirkorrektion.

Die Bestimmungen des Nadirpunktes des Kreises beziehen sich ausnahmslos auf die Mitte zwischen den beiden Horizontalfäden des Instrumentes. Die Deklinationseinstellungen der Sterne dagegen erfolgten, wie schon früher bemerkt wurde, vom Beobachtungsabend 22 (1901, Dez. 16) an auf den bei Kreis Ost, Stern Nord unteren Faden. Dementsprechend sind die beobachteten Nadirpunktablesungen für alle folgenden Beobachtungsabende, in beiden Kreislagen, um die Hälfte des jeweiligen Abstandes der beiden Fäden zu vermindern. Im Mittel aus den vier Paar Nadir-Einstellungen eines jeden Abends ergaben sich die in den letzten Spalten der Tabelle S. 18/21 beigefügten Beträge dieser Korrektion Δ für sämtliche Beobachtungsabende. Wesentliche Änderungen des Fadenabstandes traten naturgemäß nur dann ein, wenn — was wiederholt der Fall war — einer der beiden Fäden oder auch beide erneuert werden mußten oder wenn sonst besondere Eingriffe in das Okular notwendig wurden. Es konnten demgemäß fast stets längere Reihen von aufeinanderfolgenden Werten von Δ zu Gruppenmitteln vereinigt werden. Auf diese Weise wurde erhalten:

	Kreislage Ost				Kreislage West		
Beob.-Abde.	Anzahl	Korr. Δ	M. F.	Beob.-Abde.	Anzahl	Korr. Δ	M. F.
1 bis 21	21	. . .	. . .	231 bis 262	32	— 6.16	± 0.017
22 „ 36	15	— 7.17	± 0.027	263 „ 291	29	6.06	0.016
37	1	6.55	. . .	292 „ 300	9	6.17	0.035
38 bis 51	14	6.86	0.023	301 „ 328	28	5.91	0.017
52 „ 61	10	6.62	0.026	329 „ 359	31	5.97	0.013
62 „ 142	81	6.83	0.010	360 „ 390	31	6.05	0.011
143 „ 173	31	6.86	0.010	391 „ 450	60	6.01	0.010
174 „ 225	52	6.78	0.010	451 „ 481	31	6.03	0.008
226 „ 230	5	6.17	0.069	482	1	5.40	. . .
				483 bis 484	2	6.19	0.055
				485 „ 487	3	5.97	0.023

Die fast durchgehends geringen Beträge der in den letzten Spalten der Tabelle angegebenen mittleren Fehler der Mittelwerte Δ lassen erkennen, daß durch den vermittelst der Korrektion bewirkten Übergang von der Mitte des Intervalls der beiden Horizontalfäden auf den bei den Deklinationseinstellungen benützten „unteren" Faden eine merkliche Unsicherheit in die Deklinationsbestimmungen nicht hineingetragen wird.

Refraktion.

Die Beträge der Refraktion sind nach Maßgabe der im Laufe eines jeden Beobachtungsabends in angemessenen Zeitintervallen (mindestens alle Stunden) erfolgten Ablesungen der meteorologischen Instrumente — Barometer samt zugehörigem Thermometer, äußeres Thermometer, inneres (am östlichen Pfeiler des Meridiankreises hängendes) Thermometer — den sehr bequemen Tafeln von De Ball entnommen worden, denen bekanntlich die von Herrn Bauschinger (Ann. III, S. 222) aus den Beobachtungen in München, Greenwich und Pulkowa abgeleitete Refraktionskonstante $a = 60.15$ zugrunde liegt.

Die Mitteilung der Ablesungen der meteorologischen Instrumente samt den Notizen über die jeweils herrschenden Witterungsverhältnisse, Luftzustand, Beschaffenheit der Bilder u.s.w. würde einen unverhältnismäßig großen Raum einnehmen und muß deshalb unterbleiben.

Die Polhöhe des Meridiankreises.

Die mittlere Polhöhe des Meridiankreises ist wieder, wie in Ann. IV, rund angenommen zu

$$\varphi_m = 48° \, 8' \, 45.50.$$

Hiermit und mit der für die Sternwarte gültigen Längendifferenz

$$\text{München—Greenwich} = 11° \, 36' \, 30''$$

habe ich unter Benützung der Ergebnisse des Internationalen Breitendienstes[1]) die Momentanpolhöhe für jeden Beobachtungsabend abgeleitet und erhalten:

---

1) Wanach, Resultate des Internationalen Breitendienstes. Berlin 1916. Band V, S. 196: Polbewegung unter Verzicht auf die Kettenmethode.

Beob.-Reihe	Epoche	Momentan-Polhöhe φ	Beob.-Reihe	Epoche	Momentan-Polhöhe φ	Beob.-Reihe	Epoche	Momentan-Polhöhe φ	Beob.-Reihe	Epoche	Momentan-Polhöhe φ	Beob.-Reihe	Epoche	Momentan-Polhöhe φ	Beob.-Reihe	Epoche	Momentan-Polhöhe φ
	1900+	48° 8′		1900+	48° 8′		1900+	48° 8′		1900+	48° 8′		1900+	48° 8′		1900+	48° 8′
1	1.74	45″47	61	2.52	45″71	121	3.21	45″38	181	3.93	45″50	241	4.85	45″65	301	5.68	45″58
2	1.74	45.47	62	2.53	45.71	122	3.22	45.39	182	3.94	45.49	242	4.87	45.64	302	5.69	45.59
3	1.75	45.46	63	2.54	45.71	123	3.22	45.39	183	3.94	45.49	243	4.88	45.64	303	5.69	45.59
4	1.75	45.46	64	2.56	45.70	124	3.22	45.39	184	3.98	45.44	244	4.88	45.64	304	5.69	45.59
5	1.76	45.45	65	2.56	45.70	125	3.24	45.41	185	3.99	45.43	245	4.90	45.63	305	5.71	45.60
6	1.78	45.44	66	2.57	45.70	126	3.26	45.43	186	4.00	45.42	246	4.91	45.62	306	5.71	45.60
7	1.78	45.44	67	2.57	45.70	127	3.30	45.47	187	4.00	45.42	247	4.93	45.61	307	5.73	45.61
8	1.78	45.44	68	2.67	45.64	128	3.30	45.47	188	4.00	45.42	248	4.96	45.58	308	5.79	45.63
9	1.79	45.44	69	2.67	45.63	129	3.31	45.48	189	4.02	45.40	249	4.96	45.58	309	5.82	45.63
10	1.80	45.43	70	2.67	45.63	130	3.32	45.49	190	4.05	45.38	250	4.98	45.57	310	5.83	45.63
11	1.81	45.43	71	2.68	45.63	131	3.33	45.50	191	4.07	45.37	251	4.99	45.56	311	5.84	45.63
12	1.82	45.43	72	2.69	45.62	132	3.36	45.53	192	4.07	45.37	252	5.02	45.53	312	5.85	45.63
13	1.82	45.42	73	2.69	45.62	133	3.38	45.55	193	4.07	45.36	253	5.02	45.53	313	5.86	45.63
14	1.84	45.42	74	2.72	45.59	134	3.39	45.56	194	4.08	45.36	254	5.03	45.52	314	5.89	45.63
15	1.85	45.41	75	2.73	45.58	135	3.39	45.56	195	4.08	45.36	255	5.05	45.50	315	5.90	45.63
16	1.85	45.41	76	2.73	45.58	136	3.40	45.57	196	4.09	45.35	256	5.06	45.49	316	5.90	45.63
17	1.85	45.41	77	2.73	45.58	137	3.40	45.57	197	4.11	45.34	257	5.06	45.49	317	5.91	45.62
18	1.86	45.41	78	2.73	45.58	138	3.41	45.58	198	4.17	45.33	258	5.10	45.45	318	5.94	45.61
19	1.86	45.41	79	2.74	45.57	139	3.41	45.58	199	4.17	45.33	259	5.11	45.44	319	5.95	45.61
20	1.89	45.40	80	2.74	45.57	140	3.42	45.58	200	4.19	45.33	260	5.11	45.44	320	5.96	45.60
21	1.93	45.39	81	2.78	45.53	141	3.44	45.60	201	4.20	45.33	261	5.15	45.40	321	5.97	45.60
22	1.96	45.39	82	2.79	45.52	142	3.45	45.61	202	4.21	45.33	262	5.17	45.38	322	5.98	45.59
23	1.99	45.38	83	2.80	45.51	143	3.48	45.63	203	4.21	45.33	263	5.25	45.34	323	5.99	45.58
24	1.99	45.38	84	2.81	45.50	144	3.49	45.64	204	4.22	45.33	264	5.26	45.34	324	6.00	45.58
25	2.00	45.38	85	2.81	45.50	145	3.49	45.64	205	4.24	45.33	265	5.28	45.33	325	6.00	45.58
26	2.01	45.38	86	2.83	45.48	146	3.49	45.64	206	4.24	45.33	266	5.28	45.33	326	6.01	45.57
27	2.02	45.39	87	2.84	45.47	147	3.50	45.65	207	4.28	45.34	267	5.29	45.33	327	6.01	45.57
28	2.02	45.39	88	2.85	45.46	148	3.50	45.65	208	4.28	45.34	268	5.30	45.33	328	6.03	45.55
29	2.03	45.39	89	2.85	45.46	149	3.52	45.66	209	4.28	45.34	269	5.32	45.33	329	6.04	45.54
30	2.04	45.39	90	2.86	45.45	150	3.53	45.67	210	4.30	45.35	270	5.36	45.35	330	6.04	45.54
31	2.05	45.39	91	2.87	45.44	151	3.53	45.67	211	4.30	45.35	271	5.36	45.35	331	6 05	45.53
32	2.06	45.40	92	2.89	45.42	152	3.53	45.67	212	4.30	45.35	272	5.38	45.35	332	6.06	45.52
33	2.14	45.43	93	2.89	45.42	153	3.55	45.68	213	4.30	45.35	273	5.40	45.36	333	6.06	45.52
34	2.17	45.45	94	2.89	45.42	154	3.55	45.68	214	4.33	45.36	274	5.40	45.36	334	6.06	45.52
35	2.17	45.45	95	2.90	45.41	155	3.57	45.69	215	4.33	45.36	275	5.41	45.37	335	6.07	45.52
36	2.17	45.45	96	2.94	45.38	156	3.67	45.72	216	4.33	45.36	276	5.41	45.37	336	6.07	45.52
37	2.18	45.46	97	2.94	45.38	157	3.68	45.71	217	4.34	45.37	277	5.41	45.37	337	6.08	45.51
38	2.18	45.46	98	2.95	45.37	158	3.68	45.71	218	4.36	45.38	278	5.42	45.38	338	6.08	45.51
39	2.19	45.47	99	2.95	45.37	159	3.68	45.71	219	4.36	45.39	279	5.42	45.38	339	6.09	45.50
40	2.20	45.47	100	2.95	45.37	160	3.69	45.71	220	4.38	45.41	280	5.45	45.40	340	6.11	45.49
41	2.20	45.47	101	3.08	45.31	161	3.72	45.70	221	4.38	45.41	281	5.45	45.40	341	6.11	45.49
42	2.21	45.48	102	3.08	45.31	162	3.72	45.70	222	4.39	45.42	282	5.46	45.42	342	6.12	45.48
43	2.21	45.48	103	3.08	45.31	163	3.72	45.70	223	4.40	45.43	283	5.48	45.42	343	6.12	45.48
44	2.27	45.53	104	3.10	45.31	164	3.73	45.69	224	4.40	45.43	284	5.49	45.42	344	6.13	45.48
45	2.28	45.54	105	3.10	45.31	165	3.73	45.69	225	4.44	45.47	285	5.49	45.42	345	6.13	45.48
46	2.28	45.54	106	3.11	45.32	166	3.74	45.68	226	4.45	45.48	286	5.50	45.43	346	6.14	45.47
47	2.29	45.55	107	3.11	45.32	167	3.74	45.68	227	4.47	45.50	287	5.51	45.44	347	6.17	45.45
48	2.31	45.57	108	3.12	45.32	168	3.76	45.67	228	4.48	45.51	288	5.52	45.45	348	6.17	45.45
49	2.40	45.65	109	3.13	45.32	169	3.77	45.66	229	4.49	45.52	289	5.52	45.46	349	6.18	45.44
50	2.40	45.65	110	3.13	45.32	170	3.80	45.64	230	4.52	45.55	290	5.53	45.46	350	6.18	45.44
51	2.41	45.65	111	3.13	45.32	171	3.80	45.64	231	4.55	45.58	291	5.53	45.46	351	6.18	45.44
52	2.41	45.65	112	3.14	45.32	172	3.81	45.63	232	4.56	45.59	292	5.54	45.46	352	6.19	45.44
53	2.42	45.66	113	3.15	45.33	173	3.82	45.62	233	4.72	45.66	293	5.54	45.47	353	6.21	45.43
54	2.42	45.66	114	3.15	45.33	174	3.82	45.62	234	4.73	45.66	294	5.55	45.47	354	6.21	45.43
55	2.45	45.68	115	3.17	45.34	175	3.85	45.59	235	4.74	45.66	295	5.55	45.47	355	6.22	45.43
56	2.48	45.70	116	3.18	45.35	176	3.85	45.59	236	4.75	45.66	296	5.56	45.48	356	6.23	45.42
57	2.49	45.71	117	3.19	45.35	177	3.87	45.57	237	4.75	45.66	297	5.56	45.48	357	6.24	45.42
58	2.50	45.72	118	3.19	45.35	178	3.91	45.53	238	4.76	45.66	298	5.57	45.49	358	6.25	45.42
59	2.51	45.71	119	3.19	45.36	179	3.92	45.52	239	4.79	45.66	299	5.57	45.49	359	6.25	45.42
60	2.51	45.71	120	3.19	45.36	180	3.93	45.51	240	4.80	45.66	300	5.57	45.49	360	6.26	45.41

Beob.-Reihe	Epoche	Momentan-Polhöhe φ	Beob.-Reihe	Epoche	Momentan-Polhöhe φ	Beob.-Reihe	Epoche	Momentan-Polhöhe φ	Beob.-Reihe	Epoche	Momentan-Polhöhe φ	Beob.-Reihe	Epoche	Momentan-Polhöhe φ	Beob.-Reihe	Epoche	Momentan-Polhöhe φ
	1900+	180° 0'		1900+	180° 0'		1900+	180° 0'		1900+	180° 0'		1900+	180° 0'		1900+	180° 0'
361	6.26	45.41	382	6.39	45.38	403	6.55	45.41	424	6.77	45.50	445	6.91	45.54	466	7.21	45.53
362	6.26	45.41	383	6.39	45.38	404	6.56	45.41	425	6.78	45.51	446	6.93	45.54	467	7.23	45.53
363	6.27	45.41	384	6.40	45.38	405	6.57	45.42	426	6.78	45.51	447	6.95	45.54	468	7.23	45.53
364	6.28	45.40	385	6.41	45.38	406	6.58	45.42	427	6.78	45.51	448	6.97	45.55	469	7.24	45.53
365	6.28	45.40	386	6.43	45.38	407	6.67	45.46	428	6.79	45.51	449	7.05	45.55	470	7.24	45.53
366	6.28	45.40	387	6.43	45.38	408	6.67	45.46	429	6.80	45.51	450	7.05	45.55	471	7.25	45.53
367	6.29	45.40	388	6.43	45.38	409	6.67	45.46	430	6.80	45.51	451	7.06	45.55	472	7.25	45.53
368	6.30	45.40	389	6.46	45.38	410	6.68	45.47	431	6.81	45.52	452	7.07	45.55	473	7.26	45.53
369	6.30	45.40	390	6.46	45.38	411	6.68	45.47	432	6.81	45.52	453	7.12	45.54	474	7.27	45.53
370	6.32	45.39	391	6.47	45.39	412	6.69	45.47	433	6.83	45.52	454	7.12	45.54	475	7.28	45.53
371	6.32	45.39	392	6.48	45.39	413	6.71	45.48	434	6.83	45.52	455	7.13	45.54	476	7.30	45.52
372	6.33	45.39	393	6.49	45.39	414	6.71	45.48	435	6.83	45.52	456	7.15	45.54	477	7.34	45.51
373	6.33	45.39	394	6.50	45.39	415	6.73	45.49	436	6.84	45.52	457	7.15	45.54	478	7.35	45.51
374	6.34	45.39	395	6.50	45.39	416	6.74	45.49	437	6.84	45.52	458	7.16	45.54	479	7.35	45.51
375	6.34	45.39	396	6.51	45.39	417	6.74	45.49	438	6.85	45.53	459	7.16	45.54	480	7.38	45.50
376	6.35	45.39	397	6.52	45.40	418	6.75	45.50	439	6.86	45.53	460	7.17	45.54	481	7.41	45.50
377	6.35	45.39	398	6.52	45.40	419	6.76	45.50	440	6.86	45.53	461	7.17	45.54	482	7.43	45.49
378	6.35	45.39	399	6.54	45.41	420	6.76	45.50	441	6.87	45.53	462	7.17	45.54	483	7.44	45.49
379	6.36	45.39	400	6.54	45.41	421	6.77	45.50	442	6.87	45.53	463	7.19	45.54	484	7.45	45.48
380	6.37	45.38	401	6.54	45.41	422	6.77	45.50	443	6.89	45.53	464	7.20	45.54	485	7.46	45.48
381	6.38	45.38	402	6.55	45.41	423	6.77	45.50	444	6.89	45.54	465	7.20	45.53	486	7.46	45.48
															487	7.47	45.48

Zur Frage, ob die der Reduktion der Beobachtungen zugrunde gelegte mittlere Polhöhe des Meridiankreises einer Verbesserung bedarf, liefern die zahlreichen Beobachtungen von im ganzen 12 Polbezw. Zirkumpolarsternen in beiden Kulminationen neuerdings einen, wie ich glaube, nicht unwichtigen Beitrag. Die diesbezüglichen, wegen E. B. auf die gemeinsame Epoche 1900.0 reduzierten Beobachtungsergebnisse sind folgende:

	m	δ	Ob. Kulm.		Unt. Kulm.		Δφ	Gew.
4 Ursac minor.	5.0	78° 1'	2.96	31 Bb.	2.38	31 Bb.	— 0.29	1
5 Ursae minor.	4.3	78 6	8.05	44 „	7.63	25 „	— 0.21	1
1 Hev. Draconis	4.5	81 46	7.20	24 „	6.66	51 „	— 0.27	1
76 Draconis	6.0	82 9	40.57	21 „	39.87	11 „	— 0.35	1
ε Ursae minor.	4.2	82 12	8.40*)	31 „	7.32	19 „	— 0.54*)	1/2
30 Hev. Camelop.	5.2	83 4	2.91	31 „	2.64	4 „	— 0.14	1
Grb 750	6.8	85 17	28.30	24 „	28.64	?? „	+ 0.17	1
43 Hev. Cephei	4.3	85 43	14.59	39 „	14.47	69 „	— 0.06	1
δ Ursae minor.	4.3	86 36	47.87	29 „	47.62	35 „	— 0.13	1
51 Hev. Cephei	5.2	87 12	20.50	65 „	20.52	27 „	+ 0.01	1
α Ursae minor.	2.0	88 46	26.80	24 „	26.05	22 „	— 0.37	1
λ Ursae minor.	6.8	88 59	15.91	32 „	15.55	14 „	— 0.18	1

Im Mittel: $\Delta \varphi = -0.18 \pm 0.05$

* Bei ε Ursae minor. sind die Beobachtungen in Oberer Kulmination deshalb unsicher, weil die nördliche Querstange des Vorhanges mit diesem Stern in gleicher Zenitdistanz lag, was eine Reihe von Beugungsbildern und, namentlich bei unruhiger Luft, infolgedessen eine ziemliche Unsicherheit bei der Einstellung dieses Sternes zur Folge hatte.

Es verlangen also auch die in beiden Kulminationen beobachteten Sterne der neuen Beobachtungsreihe eine nicht unerhebliche Verminderung der angenommenen mittleren Polhöhe des Meridiankreises, sogar eine solche von noch höherem Betrage, als sich in Ann. IV, S. (83) ergab.

Inzwischen ist von Herrn Pummerer 1908/9 eine neue Bestimmung der Polhöhe der Sternwarte nach der Horrebow-Methode durchgeführt worden mit dem Ergebnis[1]

Mittlere Polhöhe des Repsold'schen Meridiankreises

$$\varphi = 48° 8' 45.11 \pm 0.01.$$

---

[1] Pummerer, Neubestimmung der Polhöhe Münchens nach der Horrebow-Methode. Inaug.-Diss. Wien 1912.

Aus neueren Bestimmungen liegen also für die Polhöhe des Meridiankreises zurzeit folgende Werte vor:

$$\varphi = 48° 8' \; 45\rlap{.}''54 \pm 0\rlap{.}''06 \text{ Bauschinger, Ann. III, S. 209}$$
$$45.40 \pm 0.03 \text{ aus Beob.-Reihe Oert}_1$$
$$45.32 \pm 0.05 \text{ ,, ,, ,, Oert}_2$$
$$45.11 \pm 0.01 \text{ ,, Pummerer, Horreb.-Meth.}$$

Die Vergleichung mit dem Neuen Fundamental-Katalog des Berliner Jahrbuches lieferte nach A N. 5372 folgende Unterschiede $\varDelta \delta_\delta$ im Sinne NFK minus München:

	Am Pol	Im Zenit	Am Äquator
Oert$_1$	$0\rlap{.}''00$	$- 0\rlap{.}''41$	$+ 0\rlap{.}''01$
Oert$_2$	$+ 0.02$	$- 0.38$	$- 0.12$

Die schon früher ausgesprochene Vermutung, daß die in Übereinstimmung mit den Ergebnissen des Herrn Bauschinger angenommene mittlere Polhöhe des Meridiankreises einer Verminderung um mehrere Zehntelsekunden bedarf, scheint nach alledem wohlbegründet zu sein.

Teilungsfehler des Kreises. Saalrefraktion.

Das gegenseitige Verhalten der für jede der beiden Kreislagen getrennt abgeleiteten Mittelwerte der beobachteten Deklinationen habe ich in AN. 5400 ganz besonders für die vorliegenden Beobachtungen einer eingehenden Untersuchung unterzogen. Es besteht daher keine Veranlassung, an dieser Stelle neuerdings hierauf einzugehen. Bemerkt sei lediglich, daß die innerhalb einer jeden Kreislage erhaltenen Einzelwerte der Deklinationen für alle Sterne des weiter unten folgenden Katologes zunächst nach Maßgabe der a. a. O. (S. 413/14) abgedruckten Tabelle verbessert und erst dann zu Gesamtmittelwerten vereinigt wurden.

Biegung.

In Ann. IV, S. (67) hatte ich die Ergebnisse einiger im Jahre 1904 unter Benützung der beiden Kollimatoren durchgeführten Biegungsbestimmungen mitgeteilt, denen zufolge die gesamte Biegung im Horizont um die angegebene Zeit rund $0\rlap{.}''5$ betrug. Inzwischen hat Herr Großmann nach brieflicher Mitteilung die Biegung gleichfalls mehrfach bestimmt. Er ist dabei zu dem Ergebnis gekommen, daß sie — wie früher — sehr nahe gleich null ist. Angesichts dieses Ergebnisses habe ich es unterlassen, die beobachteten Zenitdistanzen, die überdies für die überwiegende Mehrzahl der beobachteten Sterne klein sind, wegen Biegung zu verbessern.

Der Katalog.

Über die Einrichtung des Kataloges mögen die nachfolgenden Bemerkungen Platz finden.

Die Sternnamen sind bei den Fundamentalsternen wieder übereinstimmend mit dem Auwers'schen F. K. angesetzt und auch diesmal wieder im Druck durch besondere Typen hervorgehoben. Die Namen der übrigen Sterne des Kataloges sind nach den nämlichen Grundsätzen gewählt wie in Ann. IV; abgesehen von den aus dem Bayer'schen und Flamsteed'schen Verzeichnis — die in erster Linie berücksichtigt sind — entnommenen Benennungen ist stets die Nummer desjenigen Sternverzeichnisses angegeben, in welchem der betreffende Stern zum erstenmal vorkommt. In überaus dankenswerter Weise habe ich mich hierbei der Unterstützung des Herrn Paetsch, Herausgebers der „Geschichte des Fixsternhimmels", erfreut, auf welche ich bei der großen Mehrzahl der Sterne umsomehr angewiesen war, als es mir in Hannover an der nötigen Literatur fast gänzlich fehlte. Bei Bradley-Sternen habe ich es vorgezogen, die Nummer des Bradley-Kataloges (Ep. 1755) der „Fundamenta" auch dann beizubehalten, wenn in Greenwich noch Beobachtungen an den alten Meridianinstrumenten (Quadrant und Sektor) aus einer früheren Zeit vorlagen.

Die gewählten Abkürzungen entsprechen fast durchgehends den in der GFH gebrauchten, sie bedürfen daher wohl keiner besonderen Erklärung.

Die Sterngrößen sind bei den Fundamentalsternen dem Neuen Fundamentalkatalog des Berliner Jahrbuches entnommen und deshalb durch kursiven Druck hervorgehoben; im übrigen ist für jeden Stern der Mittelwert aus allen Größenschätzungen angesetzt, die bei den Meridianbeobachtungen notiert wurden. In Klammern gesetzte Größenangaben weisen darauf hin, daß der betreffende Stern veränderlich ist; bei den Nichtfundamental-Sternen bezieht sich in diesem Fall die Größe auf die angegebene mittlere Epoche der Positionen.

Die für das mittlere Aequinoktium 1900.0 angegebenen Rektaszensionen und Deklinationen sind durchgehends so angesetzt, wie sie sich im Mittel aus allen Beobachtungen ergaben, sie beziehen sich also ohne jede Ausnahme auf die beigedruckten mittleren Epochen.

Die Beträge der jährlichen Präzession und ihrer hundertjährigen Änderung sind bei den Fundamentalsternen dem NFK entnommen, für die übrigen Sterne sind sie unter Zugrundlegung der Newcomb'schen Präzessionskonstante durch Hilfskräfte der Münchener Sternwarte für die Epoche 1900.0 neu berechnet worden. Soweit dies nötig war, habe ich die Säkularvariationen noch wegen Eigenbewegung verbessert.

Eigenbewegungen. Um angesichts der immerhin fast ein Vierteljahrhundert zurückliegenden Epoche der Katalogpositionen den Übergang auf neuere Epochen möglichst zu erleichtern, habe ich in den Katalog die Eigenbewegung aller Sterne mit aufgenommen, für welche sie mir bekannt geworden war. Für die Fundamentalsterne sind diese Eigenbewegungen wieder dem NFK entnommen, bei den übrigen Sternen diente als Quelle in erster Linie das von Herrn Schorr herausgegebene „Eigenbewegungs-Lexikon" samt seinen ersten drei Nachträgen. In einigen Fällen, in denen diese Quelle versagte, fanden sich Angaben über Eigenbewegung im „Katalog von 8803 Sternen zwischen 31° und 40° nördl. Dekl." des Herrn Prager; für einige andere Sterne, für welche ich anderweitige Angaben über Eigenbewegung nicht erlangen konnte, bei denen solche aber nach dem Verlaufe meiner eigenen Beobachtungen oder nach Vergleichung mit dem Katalog von Romberg oder mit den AG-Katalogen vorzuliegen schien, habe ich die angesetzten Werte, die in solchem Falle (wie bei Prager) nur als beiläufig zu betrachten sind, selbst abgeleitet.

In der letzten Spalte endlich habe ich für alle Sterne, die in der Bonner Durchmusterung vorkommen, noch die Durchmusterungs-Nummer angegeben, die für die Identifizierung namentlich der lichtschwächeren Sterne nicht unwillkommen sein wird.

Genauigkeit der Beobachtungen.

Es schien mir von nicht geringem Interesse, auch für die neue Beobachtungsreihe Untersuchungen über Größe und Verlauf des mittleren Fehlers einer einzelnen Rektaszensions- und Deklinationsbestimmung, sowie über die mittleren Fehler der Katalogörter für eine größere Anzahl von Sternen durchzuführen. Zu dem Endzweck habe ich diese mittleren Fehlerbeträge zunächst wieder für alle beobachteten Fundamentalsterne abgeleitet, sofern sie öfter als einmal beobachtet sind, dann aber auch noch für eine größere Zahl von anderen Katalogsternen, deren ich innerhalb einer jeden Rektaszensionsstunde zehn so auswählte, daß bei möglichst großer Beobachtungsanzahl sich gleichzeitig in bezug auf Deklination und Helligkeit eine möglichst günstige Verteilung ergab. Allen einzelnen Beobachtungen ist selbstverständlich zunächst die erforderliche Verbesserung wegen Eigenbewegung zugefügt worden, soweit solche vorlag und bekannt war; aus den Abweichungen der Einzelwerte gegen den gleichfalls wegen Eigenbewegung auf 1900.0 reduzierten Gesamtmittelwert sind dann die mittleren Fehler in üblicher Weise berechnet worden. So ergab sich die nachfolgende, zunächst nach der Rektaszension geordnete Übersicht des den weiteren Untersuchungen zugrunde liegenden Materials, in welcher in Spalte 1 der Name des Sterns, bezw. seine Nummer im nachfolgenden Katalog enthalten ist; m_a und m_δ bedeuten den mittleren Fehler einer vollständigen Rektaszensions-, bezw. Deklinationsbeobachtung, μ_a und μ_δ die entsprechenden mittleren Fehler des Gesamtmittels aus allen Beobachtungen, also die mittleren Fehler der zugehörigen Katalogörter.

4*

Stern	Gr.	α	δ	m_a	n	m_δ	n	μ_a	μ_δ	Stern	Gr.	α	δ	m_a	n	m_δ	n	μ_a	μ_δ
4	7^m8	0^h0	$57°9$	±0.020	23	±0.20	13	±0.004	±0.05	234	4^m8	2^h3	$67°0$	±0.018	41	±0.22	21	±0.003	±0.05
α Androm.	2.1	0.1	28.5	0.011	7	0.13	7	0,004	0.05	36 H. Cass.	5.4	2.5	72.4	0.024	33	0.19	28	0,004	0.04
β Cassiop.	2.2	0.1	58.6	0.029	18	0.17	13	0,007	0.05	δ Ceti	3.9	2.6	− 0.1	0.014	10	0.18	10	0,004	0.06
22 Androm.	5.2	0.1	45.5	0.014	13	0.29	13	0,004	0.08	257	4.9	2.6	39.8	0.015	19	0.32	19	0,003	0.07
16	6.6	0.1	44.2	0.018	16	0.39	16	0,005	0.10	ϑ Persei	4.1	2.6	48.8	0.014	30	0.26	21	0,003	0.06
γ Pegasi	2.7	0.1	14.6	0.014	4	0.04	2	0,007	0.03	π Ceti	4.0	2.7	−14.3	0.024	3	0.13	3	0,014	0.08
Br. 6	6.5	0.2	76.4	0.027	6	0.14	6	0,011	0.06	262	6.4	2.7	60.1	0.014	18	0.25	18	0,003	0.06
ι Ceti	3.5	0.2	− 9.4	0.019	6	0.17	6	0,008	0.07	η Persei	3.8	2.7	55.5	0.019	30	0.19	17	0,003	0.05
35	9.1	0.3	42.0	0.015	17	0.19	16	0,004	0.05	τ Persei	4.0	2.8	52.4	0.014	43	0.23	34	0,002	0.04
38	6.8	0.3	56.2	0.014	18	0.28	18	0,003	0.07	278	7.9	2.8	41.4	0.016	24	0.20	24	0,003	0.04
40	5.6	0.4	43.8	±0.020	23	±0.21	23	+0.004	±0.04	280	8.2	2.9	59.3	±0.016	24	±0.17	14	±0.003	±0.05
κ Cassiop.	4.2	0.5	62.4	0.013	39	0.21	37	0,002	0.03	283	7.0	2.9	59.9	0.017	27	0.21	27	0,003	0.04
47	7.9	0.5	42.1	0.013	20	0.20	20	0,003	0.05	γ Persei	3.0	3.0	53.1	0.014	50	0.22	21	0,002	0.05
ζ Cassiop.	3.8	0.5	53.3	0.011	13	0.21	9	0,003	0.07	ϱ Persei	(3.8)	3.0	38.5	0.017	10	0.27	9	0,005	0.08
55	7.0	0.5	59.8	0.021	16	0.22	16	0,005	0.06	β Persei	(2.2)	3.0	40.6	0.015	38	0.34	19	0,002	0.08
α Cassiop.	(2.2)	0.6	56.0	0.016	30	0.27	22	0,003	0.06	ι Persei	4.1	3.0	49.2	0.017	18	0.21	17	0,004	0.08
β Ceti	2.2	0.6	−18.5	0.017	5	0.23	5	0,008	0.10	296	6.5	3.1	42.0	0.014	25	0.24	26	0,003	0.05
65	8.4	0.6	40.1	0.018	20	0.38	17	0,004	0.09	δ Arietis	4.3	3.1	19.3	0.014	5	0.22	5	0,006	0.10
o Cassiop.	4.7	0.7	47.7	0.016	20	0.20	19	0,004	0.05	48 H. Ceph.	5.9	3.1	77.4	0.022	6	0.12	6	0,009	0.05
ζ Androm.	4.1	0.7	23.7	0.018	6	0.10	6	0,007	0.04	300	6.6	3.1	42.1	0.020	19	0.22	19	0,005	0.05
72	3.6	0.7	57.3	±0.016	43	±0.25	22	+0.002	±0.05	305	5.5	3.2	43.0	±0.018	17	±0.21	17	±0.004	±0.05
Br. 82	5.7	0.7	63.7	0.021	18	0.21	18	0,005	0.05	306	7.8	3.3	58.4	0.023	27	0.21	13	0,004	0.06
77	7.3	0.8	42.8	0.021	21	0.21	21	0,005	0.05	α Persei	1.9	3.3	49.5	0.012	55	0.16	44	0,002	0.02
γ Cassiop.	2.0	0.8	60.2	0.018	23	0.12	9	0,004	0.04	2 H. Camel.	4.4	3.3	59.6	0.019	18	0.17	14	0,004	0.05
μ Androm.	3.9	0.9	38.0	0.013	11	0.18	12	0,004	0.05	σ Persei	4.8	3.4	47.7	0.015	23	0.21	19	0,003	0.05
43 H. Ceph.	4.3	0.9	85.7	....	..	0.26	39	...	0.04	339	7.0	3.5	55.6	0.017	15	0.22	15	0,004	0.06
„ „ „ UK	...	...	94.3	....	..	0.16	69	...	0.02	Grb. 716	5.4	3.6	62.9	0.021	20	0.19	18	0,005	0.04
ε Piscium	4.2	1.0	7.4	0.013	3	0.11	3	0,008	0.06	δ Persei	3.0	3.6	47.5	0.013	41	0.17	34	0,002	0 03
93	7.2	1.0	57.2	0.016	19	0.26	19	0,004	0.06	353	7.6	3.6	42.3	0.015	15	0.14	15	0,004	0.04
99	7.6	1.0	42.3	0.021	11	0.16	11	0,006	0.05	o Persei	3.9	3.6	32.0	0.009	8	0.08	8	0,003	0.03
44 H. Ceph.	5.7	1.1	79.1	±0.029	4	±0.19	4	+0.014	±0.10	ν Persei	3.9	3.6	42.3	±0.014	42	±0.14	39	±0.002	±0.02
β Androm.	2.1	1.1	35.1	0.018	27	0.34	18	0,003	0 08	362	6.2	3.7	43.7	0.014	17	0.21	17	0,003	0.05
105	7.9	1.1	42.4	0 028	14	0.22	14	0,006	0.06	363	6.1	3.8	57.7	0.020	20	0.22	20	0,004	0.05
109	9.3	1.1	55.2	0.022	12	0.19	12	0,006	0.06	ζ Persei	2.9	3.8	31.6	0.014	8	0.14	8	0,005	0.05
112	8.2	1.2	60.0	0.023	21	0.24	21	0,005	0.05	9 H. Camel.	5.5	3.8	60.8	0.015	17	0.13	15	0,004	0.03
ψ Cassiop.	5.0	1.3	67.6	0.017	4	0.15	4	0,009	0.08	ε Persei	3.0	3.9	39.7	0.013	26	0.36	17	0,003	0.09
δ Cassiop.	2.7	1.3	59.7	0.018	36	0.24	31	0,003	0.04	ξ Persei	4.0	3 9	35.5	0.015	53	0.20	53	0,003	0.03
α Urs. min.	2.0	1.4	88.8	....	..	0.25	24	...	0.05	373	7.2	3.9	39.8	0.014	24	0.22	24	0,003	0.05
„ „ UK			91.2	....	..	0.36	22	...	0.08	374	5.3	3.9	58.9	0.015	26	0.19	26	0,003	0.04
η Piscium	3.6	1.4	14.8	0.016	25	0.15	17	0,003	0.04	ν Tauri	3.9	4.0	5.7	0.016	47	0.19	47	0,002	0.03
140	6.8	1.5	40.6	±0.017	20	±0.26	20	+0.004	±0.06	c Persei	4.0	4.0	47.4	±0.016	14	±0.19	12	±0.004	±0.05
40 Cassiop.	5.5	1.5	72.5	0.014	2	0.27	2	0,010	0.19	381	7.8	4.0	39.9	0.011	15	0.24	15	0,003	0.06
υ Persei	3.6	1.5	48.1	0.015	30	0.17	24	0,003	0.03	Grb. 750	6.8	4.1	85.3	....	..	0.13	24	...	0.93
φ Persei	4.1	1.6	50.2	0.014	12	0.18	10	0,004	0.06	„ „ UK			94.7	....	..	0.20	22	...	0.04
162	7.3	1.7	58.7	0.024	17	0.27	17	0,006	0.06	386	4.9	4.1	40.2	0.012	21	0.26	21	0,002	0.06
165	7.2	1.7	57.5	0.019	20	0 23	21	0,004	0.05	395	6.6	4.3	42.2	0.011	20	0 17	20	0,002	0.04
ε Cassiop.	3.3	1.8	63.2	0.014	33	0.17	19	0,002	0.04	397	7.2	4.3	55.4	0.016	18	0.27	18	0,004	0.06
α Triang.	3.5	1.8	29.1	0.010	4	0.18	4	0,005	0.03	399	7.9	4.3	42.7	0.014	19	0.26	19	0,003	0.06
174	6.7	1.8	40.2	0.017	22	0.48	17	0,004	0.12	1 Camel. sq.	6.3	4.4	53.7	0.014	32	0.25	13	0,002	0.07
179	7.0	1.9	40.3	0.020	17	0.37	17	0,005	0.09	411	8.0	4.5	40.9	0.013	17	0.18	17	0,003	0.05
185	7.0	1.9	43.9	±0.015	22	±0.26	18	±0.003	±0.06	420	5.8	4.6	43.2	±0.016	21	±0.20	21	±0.003	±0.04
50 Cassiop.	4.0	1.9	71.9	0.016	3	0.17	3	0,009	0.10	422	7.5	4.6	44.6	0.013	18	0.18	18	0,003	0.04
γ Androm.	2.1	2.0	41.8	0.018	60	0.21	37	0,002	0.03	4 Camel.	5.5	4.7	56.6	0.013	34	0.22	18	0,002	0.05
α Arietis	2.0	2.0	23.0	0.023	4	0.18	4	0,011	0.09	9 Camel.	4.3	4.7	66.2	0.020	53	0.19	37	0,003	0.03
191	6.5	2.0	57.9	0.020	23	0.21	23	0,004	0.04	430	6.8	4.8	42.4	0.016	19	0.11	19	0,004	0.02
192	6.9	2.0	44.0	0.018	21	0.28	21	0,004	0.06	ι Aurigae	2.7	4.8	33.0	0.012	56	0.23	56	0,002	0.03
β Triang.	3.0	2.1	34.5	0.017	5	0.25	5	0,008	0.11	10 Camel.	4.1	4.9	60.3	0.016	45	0.25	18	0,002	0.06
6 Persei	5.7	2.1	50.6	0.020	15	0.33	11	0,005	0.10	ε Aurigae	(3.2)	4.9	43.7	0.013	18	0.13	17	0,003	0.03
226	6.3	2.3	40.9	0.015	15	0.25	15	0,004	0.07	444	6.7	5.0	58.9	0.017	32	0.16	19	0,003	0.04
231	7.0	2.3	59.2	0.021	15	0.28	15	0,005	0.07	η Aurigae	3.3	5.0	41.1	0.013	43	0.24	42	0,002	0.04

Stern	Gr.	α	δ	m_α	n	m_δ	n	μ_α	μ_δ
β Eridani	2.7	5.0	−5.2	±0.018	44	±0.20	44	±0.002	±0.03
448	7.5	5.1	44.4	0.013	16	0.26	16	0.003	0.07
μ Aurigae	5.1	5.1	38.4	0.013	25	0.16	25	0.003	0.03
α Aurigae	1	5.2	45.9	0.013	41	0.24	41	0.002	0.04
β Orionis	1	5.2	−8.3	0.010	21	0.17	21	0.002	0.04
454	8.9	5.2	58.0	0.018	10	0.11	8	0.006	0.04
γ Orionis	1.7	5.3	6.3	0.013	46	0.14	30	0.002	0.02
17 Camel.	5.9	5.3	63.0	0.014	38	0.18	24	0.002	0.04
472	8.7	5.4	41.4	0.026	16	0.19	14	0.006	0.05
Grb. 966 UK	6.6	5.4	105.0	0.039	16	0.23	16	0.010	0.06
δ Orionis	2.2	5.4	−0.4	±0.012	34	±0.31	22	±0.002	±0.07
481	7.4	5.5	56.4	0.019	15	0.22	15	0.005	0.06
ι Orionis	2.8	5.5	−6.0	0.015	13	0.23	13	0.004	0.06
489	8.8	5.5	41.8	0.014	28	0.21	16	0.003	0.05
σ Orionis	3.8	5.6	−2.7	0.012	33	0.18	30	0.003	0.03
495	6.5	5.6	56.5	0.015	20	0.20	20	0.003	0.04
o Aurigae	5.7	5.6	49.8	0.013	47	0.29	24	0.002	0.06
502	8.2	5.7	56.9	0.013	19	0.15	19	0.003	0.03
504	4.8	5.7	39.1	0.012	23	0.14	24	0.002	0.03
ν Aurigae	3.9	5.7	39.1	0.014	54	0.21	52	0.002	0.03
507	5.9	5.8	59.9	±0.017	28	±0.18	28	±0.003	±0.03
α Orionis	1	5.8	7.4	0.012	26	0.14	26	0.002	0.03
δ Aurigae	3.8	5.9	54.3	0.020	63	0.16	48	0.002	0.02
β Aurigae	1.9	5.9	44.9	0.015	31	0.17	29	0.003	0.02
ϑ Aurigae	2.7	5.9	37.2	0.022	29	0.29	29	0.003	0.04
520	6.6	6.0	43.0	0.020	26	0.18	26	0.004	0.04
525	9.4	6.0	43.1	0.016	12	0.17	6	0.005	0.07
36 Camel.	5.6	6.0	65.7	0.013	27	0.18	23	0.003	0.04
529	7.1	6.1	43.2	0.018	20	0.19	20	0.004	0.04
530	5.8	6.1	60.0	0.013	25	0.24	24	0.002	0.05
22 H. Camel.	4.6	6.1	69.4	±0.017	23	±0.19	22	±0.003	±0.04
2 Lyncis	4.4	6.2	59.0	0.010	26	0.22	24	0.002	0.04
ψ¹ Aurigae	5.1	6.3	49.3	0.013	24	0.14	16	0.003	0.03
554	6.4	6.4	58.2	0.016	23	0.26	23	0.003	0.05
10 Monoc.	5.0	6.4	−4.7	0.014	37	0.19	31	0.002	0.04
557	7.0	6.4	39.8	0.012	21	0.17	21	0.003	0.04
8 Lyncis	6.3	6.5	61.6	0.013	28	0.18	20	0.003	0.04
23 H.Cam.UK	5.6	6.5	100.3	0.045	37	0.20	20	0.007	0.04
51 Aurigae	6.1	6.5	39.5	0.015	14	0.44	8	0.004	0.08
582	5.5	6.6	44.6	0.015	24	0.21	24	0.003	0.04
584	9.2	6.6	59.5	±0.025	30	±0.23	19	±0.006	±0.05
ψ5 Aurigae	5.5	6.7	43.7	0.011	40	0.24	19	0.002	0.06
18 Monoc.	4.7	6.7	2.5	0.013	47	0.20	38	0.002	0.03
599	6.0	6.7	59.6	0.014	28	0.21	28	0.003	0.04
600	6.9	6.8	45.0	0.012	28	0.13	28	0.002	0.03
15 Lyncis	4.6	6.8	58.6	0.012	26	0.20	16	0.002	0.05
608	6.7	6.8	41.8	0.015	25	0.16	24	0.003	0.03
51 H. Ceph.	5.2	6.9	87.2	....	..	0.19	65	...	0.02
„ „ „UK			92.8	....	..	0.24	27	...	0.05
γ Canis mj.	4.0	7.0	−15.5	0.013	38	0.27	37	0.002	0.04
614	7.0	7.0	44.2	±0.014	30	±0.26	30	±0.002	±0.05
63 Aurigae	5.0	7.1	39.5	0.012	56	0.25	40	0.001	0.04
617	5.3	7.1	59.8	0.015	41	0.22	41	0.002	0.04
64 Aurigae	6.0	7.2	41.1	0.010	22	0.13	20	0.002	0.03
19 Lync. sq.	5.5	7.2	55.5	0.015	36	0.20	21	0.002	0.04
626	8.7	7.3	40.9	0.011	25	0.20	18	0.002	0.05
628	5.7	7.3	40.9	0.012	26	0.23	26	0.002	0.05
633	8.9	7.4	43.3	0.015	32	0.13	25	0.003	0.03
634	9.3	7.4	43.3	0.012	26	0.33	25	0.002	0.07
637	9.2	7.5	43.3	0.016	31	0.18	18	0.003	0.04
638	6.7	7.5	40.2	±0.014	22	±0.17	22	±0.003	±0.03
24 Lyncis	5.0	7.6	58.9	0.012	52	0.19	54	0.002	0.03
π Geminor.	5.5	7.7	33.7	0.011	35	0.15	35	0.003	0.03
649	7.1	7.8	55.0	0.017	24	0.22	24	0.004	0.04
26 Lyncis	5.7	7.8	47.8	0.012	32	0.14	26	0.002	0.03
Grb. 1374	5.5	7.8	74.2	0.029	21	0.17	21	0.006	0.04
653	6.5	7.9	44.2	0.013	32	0.27	32	0.002	0.05
53 Camel.	6.3	7.9	60.6	0.022	17	0.19	17	0.005	0.05
27 Lyncis	4.6	8.0	51.8	0.021	30	0.17	21	0.004	0.04
672	7.5	8.1	39.8	0.009	17	0.17	17	0.002	0.04
Br. 1147, UK	5.8	8.1	76.1	±0.038	43	±0.17	41	±0.006	±0.03
680	6.0	8.2	59.9	0.011	22	0.16	22	0.002	0.03
31 Lyncis	4.4	8.3	43.5	0.011	53	0.19	53	0.002	0.03
686	8.9	8.3	42.3	0.016	37	0.30	22	0.003	0.06
o Urs. mj.	3.3	8.4	61.1	0.012	48	0.20	48	0.002	0.03
688	7.0	8.4	40.6	0.014	26	0.12	26	0.003	0.02
Grb. 1450	6.3	8.4	38.4	0.012	27	0.21	25	0.002	0.04
Grb. 1460	6.3	8.5	53.1	0.015	47	0.23	44	0.002	0.04
698	7.0	8.6	42.5	0.014	25	0.15	25	0.003	0.03
699	8.2	8.6	42.1	0.013	39	0.18	19	0.002	0.04
700	8.9	8.6	42.1	±0.012	38	±0.20	20	±0.002	±0.04
701	6.8	8.7	29.1	0.014	45	0.17	21	0.002	0.04
ι Cancri	4.1	8.7	29.1	0.012	49	0.22	28	0.002	0.04
703	6.6	8.8	59.4	0.015	19	0.18	19	0.003	0.04
ι Urs. mj.	2.9	8.9	48.4	0.012	45	0.14	41	0.002	0.02
10 Urs. mj.	3.9	8.9	42.2	0.013	51	0.16	43	0.002	0.03
Grb. 1501	5.9	8.9	54.7	0.016	23	0.13	23	0.003	0.03
ϰ Urs. mj.	3.3	8.9	47.6	0.011	26	0.15	22	0.002	0.03
722	7.4	9.0	55.8	0.016	17	0.16	17	0.004	0.04
744	7.0	9.0	59.6	0.018	23	0.23	23	0.004	0.05
725	7.6	9.1	57.4	±0.016	24	±0.14	24	±0.003	±0.03
36 Lyncis	5.3	9.1	43.6	0.012	38	0.12	37	0.002	0.02
727	5.1	9.1	57.2	0.009	28	0.13	28	0.002	0.03
38 Lync. sq.	3.9	9.2	37.2	0.012	48	0.26	29	0.002	0.05
734	7.4	9.3	40.6	0.012	23	0.21	23	0.003	0.04
1 H. Drac.	4.3	9.4	81.8	....	..	0.15	24	...	0.03
„ „ UK			98.2	....	..	0.25	51	...	0.03
h Urs. mj.	3.5	9.4	63.5	0.011	27	0.14	17	0.002	0.03
ϑ Urs. mj.	3.1	9.4	52.1	0.011	53	0.15	53	0.002	0.02
10 Leon. min.	4.6	9.5	36.8	0.011	25	0.16	10	0.002	0.05
750	5.6	9.5	40.7	±0.012	22	±0.22	22	±0.003	±0.05
752	6.6	9.6	56.3	0.015	23	0.14	23	0.003	0.03
757	5.1	9.7	57.6	0.008	28	0.16	28	0.001	0.03
758	7.7	9.7	44.1	0.011	23	0.22	22	0.002	0.05
v Urs. mj.	3.8	9.7	59.5	0.012	31	0.21	25	0.002	0.04
μ Leonis	4.0	9.8	26.5	0.011	34	0.19	34	0.002	0.03
762	6.3	9.8	57.9	0.013	27	0.15	27	0.002	0.03
19 Leon. min.	5.2	9.9	41.5	0.011	25	0.11	24	0.002	0.02
767	7.1	10.0	42.5	0.013	27	0.16	27	0.003	0.03
α Leonis	1.3	10.1	12.5	0.009	34	0.15	27	0.002	0.03
771	6.5	10.1	41.2	±0.013	27	±0.20	27	±0.002	±0.04
772	7.1	10.1	58.5	0.017	27	0.16	27	0.003	0.03
λ Urs. mj.	3.4	10.2	43.4	0.017	34	0.27	20	0.003	0.06
μ Urs. mj.	3.0	10.3	42.0	0.012	21	0.13	21	0.003	0.03
30 H.Camel.	5.2	10.3	83.1	....	..	0.17	31	...	0.03
„ „ UK			96.9	....	..	0.19	4	...	0.09
31 Leon. min.	4.2	10.4	37.2	0.011	22	0.14	22	0.002	0.03
784	8.7	10.4	56.5	0.026	29	0.23	18	0.008	0.05
36 Urs. mj.	4.8	10.4	56.5	0.011	41	0.16	23	0.002	0.03
787	5.3	10.5	40.9	0.017	20	0.17	20	0.004	0.04

Stern	Gr.	α	δ	m_α	n	m_δ	n	μ_α	μ_δ	Stern	Gr.	α	δ	m_α	n	m_δ	n	μ_α	μ_δ
37 Urs. mj.	5^{m}2	10^{h}5	57°6	±0.011	36	±0.16	36	±0.002	±0.03	967	9^{m}7	14^{h}0	55°2	±0.013	24	±0.21	24	±0.003	±0.04
789	6.7	10.5	56.9	0.019	29	0.21	29	0.004	0.04	α Dracon.	3.4	14.0	64.9	0.013	64	0.14	42	0.002	0.02
791	10.0	10.6	57.5	0.027	12	0.22	11	0.008	0.07	971	5.4	14.1	44.3	0.018	29	0.17	29	0.003	0.03
799	5.9	10.8	59.9	0.016	22	0.15	22	0.004	0.03	972	6.2	14.1	59.8	0.014	22	0.18	23	0.003	0.04
800	7.0	10.8	40.7	0.015	30	0.16	30	0.003	0.03	4 Urs. min.	5.0	14.2	78.0	0.040	45	0.27	31	0.006	0.05
801	5.3	10.8	43.7	0.015	31	0.16	32	0.003	0.03	„ „ UK			102.0	0.085	47	0.18	31	0.012	0.03
802	6.3	10.8	42.5	0.018	27	0.28	27	0.003	0.05	λ Bootis	4.0	14.2	46.5	0.012	17	0.16	12	0.003	0.05
Br. 1508	6.4	10.9	78.3	0.049	26	0.18	25	0.010	0.04	ι Bootis	4.6	14.2	51.8	0.011	19	0.26	16	0.003	0.06
β Urs. mj.	2.3	10.9	56.9	0.010	16	0.14	14	0.003	0.04	988	9.5	14.2	57.2	0.042	23	0.22	10	0.009	0.07
α Urs. mj.	1.8	11.0	62.3	0.009	39	0.16	38	0.001	0.03	991	6.7	14.3	41.3	0.023	28	0.16	28	0.004	0.03
815	8.5	11.0	44.0	±0.014	24	±0.27	24	±0.003	±0.06	ϑ Bootis	3.9	14.4	52.3	±0.010	51	±0.19	52	±0.001	±0.03
ψ Urs. mj.	3.0	11.1	45.0	0.014	27	0.13	15	0.003	0.03	993	6.6	14.4	41.5	0.016	27	0.17	27	0.003	0.03
824	7.8	11.1	40.5	0.013	20	0.25	20	0.003	0.06	γ Bootis	2.9	14.5	38.7	0.017	18	0.16	18	0.004	0.04
Grb. 1757	6.1	11.2	50.0	0.011	45	0.18	45	0.002	0.03	Grb. 2125	6.4	14.5	60.7	0.013	14	0.32	14	0.003	0.09
826	6.8	11.2	42.9	0.011	26	0.19	26	0.002	0.04	1003	6.5	14.5	57.5	0.015	23	0.26	23	0.003	0.05
827	6.8	11.3	45.5	0.011	20	0.23	20	0.002	0.05	1005	6.0	14.6	44.1	0.022	22	0.15	22	0.005	0.03
Grb. 1771	6.2	11.3	64.9	0.011	13	0.25	13	0.003	0.07	33 Bootis	5.5	14.6	44.8	0.012	26	0.18	26	0.002	0.03
832	6.2	11.3	56.4	0.011	29	0.27	29	0.002	0.05	1009	5.6	14.7	40.9	0.013	29	0.20	29	0.002	0.04
58 Urs. mj.	6.1	11.4	43.7	0.020	15	0.13	15	0.005	0.03	1010	7.1	14.7	42.8	0.013	25	0.19	25	0.003	0.04
842	6.0	11.5	55.3	0.013	28	0.19	30	0.002	0.04	Grb. 2164	5.8	14.8	59.7	0.014	46	0.15	47	0.002	0.02
852	6.6	11.6	42.3	±0.008	25	±0.17	25	±0.002	±0.03	β Urs. min.	2.0	14.8	74.6	±0.043	50	±0.18	52	±0.010	±0.02
χ Urs. mj.	3.8	11.7	48.3	0.011	46	0.18	34	0.002	0.03	1015	7.0	14.9	41.5	0.010	22	0.16	23	0.002	0.03
855	6.8	11.7	54.8	0.012	22	0.18	24	0.003	0.04	β Bootis	3.3	15.0	40.8	0.013	32	0.15	32	0.002	0.03
856	6.7	11.8	38.4	0.015	24	0.14	24	0.003	0.03	1024	6.8	15.0	56.4	0.010	26	0.26	27	0.002	0.05
γ Urs. mj.	2.3	11.8	54.3	0.012	37	0.13	33	0.002	0.02	1025	5.6	15.1	54.9	0.020	30	0.13	32	0.004	0.02
866	7.5	11.9	45.2	0.012	26	0.13	26	0.002	0.03	ι Librae	4.6	15.1	−19.4	0.011	29	0.26	29	0.002	0.05
Grb. 1852	6.0	12.0	77.5	0.085	47	0.13	47	0.012	0.02	1029	6.1	15.2	42.5	0.010	23	0.15	24	0.002	0.03
875	7.3	12.1	40.8	0.015	24	0.14	24	0.003	0.03	1 H. Urs. min.	5.3	15.2	67.7	0.023	42	0.16	43	0.004	0.02
876	6.5	12.1	57.6	0.018	26	0.13	28	0.003	0.02	1036	5.5	15.3	39.9	0.011	25	0.29	25	0.002	0.06
877	6.6	12.2	39.9	0.013	23	0.15	23	0.003	0.03	μ Bootis	4.1	15.3	37.7	0.014	37	0.48	17	0.002	0.12
δ Urs. mj.	3.4	12.2	57.6	±0.011	31	±0.16	26	±0.002	±0.03	γ Urs. min.	3.0	15.3	72.2	±0.023	12	±0.11	12	±0.007	±0.03
2 Canum	5.9	12.2	41.2	0.010	36	0.15	25	0.002	0.03	ι Dracon.	3.2	15.4	59.3	0.011	20	0.13	20	0.002	0.03
881	7.4	12.3	44.2	0.014	25	0.16	25	0.003	0.03	ν^1 Bootis	4.8	15.5	41.2	0.011	18	0.12	17	0.003	0.03
882	6.0	12.3	58.4	0.013	23	0.16	23	0.003	0.03	1047	5.0	15.5	41.2	0.010	38	0.19	41	0.001	0.03
883	6.3	12.3	43.1	0.016	25	0.17	25	0.003	0.03	φ Bootis	5.3	15.6	40.7	0.011	25	0.13	22	0.003	0.03
6 Canum	5.3	12.3	39.6	0.016	21	0.28	19	0.003	0.17	α Serpts.	2.5	15.7	6.7	0.010	46	0.15	47	0.001	0.02
74 Urs. mj.	5.6	12.4	59.0	0.011	49	0.19	28	0.002	0.04	β „	3.4	15.7	15.7	0.010	42	0.13	44	0.001	0.02
8 Canum	4.3	12.5	41.9	0.010	58	0.15	57	0.001	0.02	12 H. Drac.	5.3	15.8	62.9	0.012	17	0.12	16	0.003	0.03
897	7.2	12.5	40.2	0.015	27	0.18	27	0.003	0.03	ζ Urs. min.	4.3	15.8	78.1	0.040	46	0.24	44	0.006	0.04
898	6.9	12.6	55.4	0.012	21	0.19	21	0.003	0.04	„ „ UK			101.9	0.040	30	0.24	25	0.007	0.05
76 Urs. mj.	6.2	12.6	63.3	±0.009	51	±0.16	51	±0.001	±0.02	1069	4.6	15.8	42.7	±0.013	22	±0.18	22	±0.003	±0.04
ε Urs. mj.	1.7	12.8	56.5	0.012	66	0.21	66	0.001	0.03	1071	5.5	15.9	43.4	0.014	22	0.25	22	0.003	0.05
12 Can. sq.	2.8	12.9	38.9	0.012	55	0.12	30	0.002	0.02	1073	6.7	15.9	59.2	0.015	23	0.19	23	0.003	0.04
910	5.2	12.9	56.9	0.015	22	0.42	22	0.003	0.09	Grb. 2296	5.1	15.9	55.0	0.013	47	0.16	45	0.002	0.02
911	6.4	13.0	43.5	0.015	25	0.24	25	0.003	0.05	1076	6.6	15.9	44.6	0.012	24	0.20	24	0.002	0.04
915	7.0	13.1	43.7	0.017	21	0.17	21	0.004	0.04	1078	6.6	16.0	47.5	0.014	24	0.31	24	0 003	0.06
17 Canum	6.1	13.1	39.0	0.013	31	0.30	20	0.002	0.07	ϑ Dracon.	3.8	16.0	58.8	0.010	29	0.13	29	0.002	0.02
921	5.1	13.2	40.7	0.015	24	0.26	24	0.003	0.05	1080	6.4	16.0	59.7	0.021	25	0.17	25	0.004	0.03
922	7.8	13.2	57.2	0.015	23	0.32	15	0.003	0.08	φ Hercul.	4.0	16.1	45.2	0.010	20	0.17	16	0.003	0.04
924	6.1	13.2	41.4	0.020	24	0.19	24	0.004	0.04	1089	6.9	16.2	40.1	0.011	24	0.28	25	0.002	0.06
20 Canum	4.6	13.2	41.1	±0.010	45	±0.15	44	±0.001	±0.02	19 Urs. min.	5.8	16.2	76.1	±0.028	26	±0.18	26	±0.005	±0.03
ζ Urs. mj.	2.2	13.3	55.4	0.012	62	0.16	35	0.001	0.03	1092	5.6	16.3	60.0	0.014	22	0.17	22	0.003	0.04
933	4.7	13.4	55.5	0.011	33	0.16	33	0.002	0.02	τ Hercul.	3.6	16.3	46.6	0.014	26	0.20	26	0.003	0.04
Grb. 2001	6.2	13.4	72.9	0.029	19	0.18	18	0.007	0.04	1095	7.3	16.3	60.0	0.014	30	0.25	31	0.003	0.04
69 H.Urs.mj.	5.5	13.4	60.5	0.009	27	0.15	19	0.002	0.04	η Urs. min.	5.1	16.3	76.0	0.033	46	0.24	48	0.005	0.03
938	6.3	13.4	42.6	0.015	25	0.16	25	0.003	0.03	Grb. 2343	5.8	16.4	55.4	0.012	22	0.14	16	0.002	0.04
17 H. Canum	4.9	13.5	37.7	0.010	38	0.24	18	0.002	0.06	η Dracon.	2.7	16.4	61.7	0.011	31	0.18	19	0.002	0.04
947	6.2	13.6	57.7	0.012	26	0.15	25	0.003	0.03	1101	4.9	16.4	42.1	0.012	33	0.22	33	0.002	0.04
η Urs. mj.	1.8	13.7	49.8	0.010	46	0.18	28	0.001	0.03	σ Hercul.	4.1	16.5	42.6	0.011	46	0.18	47	0.001	0.03
964	7.1	13.9	44.8	0.015	22	0.14	22	0.003	0.03	1104	8.7	16.5	39.7	0.017	29	0.43	29	0.003	0.08

Stern	Gr.	α	δ	m_α	n	m_δ	n	μ_α	μ_δ
1105	6.8	16h6	39.8	±0.013	34	±0.17	34	±0.002	±0.03
1106	5.5	16.6	56.2	0.011	31	0.19	32	0.002	0.03
η Hercul.	3.3	16.7	39.1	0.011	48	0.19	36	0.002	0.03
Grb. 2377	4.9	16.7	57.0	0.015	23	0.28	17	0.003	0.07
1124	6.7	16.9	42.7	0.013	22	0.31	22	0.003	0.07
ε Urs. min.	4.2	16.9	82.2	.....		0.18	31	...	0.03
„ „ UK			97.8			0.19	19		0.04
1128	9.0	17.0	58.7	0.016	28	0.33	14	0.003	0.09
Grb. 2415	6.4	17.1	40.6	0.013	22	0.17	21	0.003	0.04
1137	5.2	17.1	40.9	0.011	21	0.24	21	0.003	0.05
ζ Dracon.	3.0	17.1	65.8	±0.010	39	±0.15	18	±0.002	±0.04
π Hercul.	3.1	17.2	36.9	0.011	34	0.21	33	0 002	0.04
1145	6.6	17.3	45.4	0.012	18	0.35	18	0.003	0.08
1148	5.4	17.3	40.1	0.012	26	0.32	26	0.002	0.06
1149	6.5	17.4	57.1	0.013	33	0.26	33	0.002	0.06
x Hercul.	6.0	17.4	48.3	0.011	32	0.28	15	0.002	0.07
β Dracon.	2.7	17.5	52.4	0.016	46	0.16	39	0.002	0.03
ν¹ Dracon.	4.7	17.5	55.3	0.013	27	0.25	20	0.003	0.06
ν² Dracon.	4.8	17.5	55.2	0.012	28	0.17	20	0.002	0.05
1161	7.5	17.6	41.1	0.011	19	0.21	19	0.003	0.05
ι Hercul.	3.6	17.6	46.1	±0.012	32	±0.16	27	±0.002	±0.03
1170	6.4	17.7	44.1	0.010	23	0.19	19	0.002	0.04
μ Hercul.	3.3	17.7	27.8	0.011	53	0.39	54	0.001	0.05
1173	7.4	17.7	40.0	0.014	23	0.19	24	0.003	0.04
1177	5.1	17.8	40.0	0.012	25	0.21	25	0.003	0.04
ξ Dracon.	3.6	17.9	56.9	0.011	52	0.17	47	0.001	0.03
ϑ Hercul.	3.8	17.9	37.3	0.015	35	0.15	31	0.002	0.03
γ Dracon.	2.3	17.9	51.5	0.012	34	0.16	34	0.002	0.03
1183	6.6	17.9	43.2	0.015	33	0.22	22	0.003	0.05
1184	10.4	17.9	43.2	0.024	15	0.49	12	0.006	0.14
1197	5.4	18.1	43.4	±0.015	23	±0.31	23	±0.003	±0.07
δ Urs. min.	4.3	18.1	86.6	.....		0.16	29	...	0.03
„ „ UK			93.4			0.16	35	...	0.03
1203	5.9	18.2	41.1	0.015	22	0.27	22	0.003	0.06
Grb. 2533	5.6	18.2	42.1	0.012	39	0.22	30	0.002	0.04
36 Dracon.	5.0	18.2	64.4	0.010	27	0.13	26	0.002	0.03
η Serpts.	3.2	18.3	−2.9	0.011	66	0.18	66	0.001	0.02
1219	7.7	18.3	43.9	0.015	17	0.23	16	0.004	0.06
1222	8.6	18.4	58.7	0.017	42	0.21	22	0.003	0.05
b Dracon.	5.1	18.4	58.7	0.013	64	0.19	35	0.002	0.03
1224	8.3	18.4	58.8	±0.016	45	±0.27	21	±0.002	±0.06
α Lyrae	1	18.6	38.7	0.011	31	0.29	30	0.002	0.05
Grb. 2640	6.2	18.6	65.4	0.012	60	0.15	52	0.002	0.02
1258	6.7	18.8	45.1	0.013	26	0.17	26	0.003	0.03
1259	6.5	18.8	43.6	0.012	25	0.18	25	0.002	0.04
1260	6.8	18.8	42.8	0.011	25	0.16	26	0.002	0.03
1262	7.1	18.8	43.6	0.009	17	0.17	27	0.002	0.04
o Dracon.	4.6	18.8	59.3	0.012	37	0.20	16	0.002	0.05
R Lyrae	(4.5)	18.9	43.8	0.014	11	0.22	11	0.004	0.07
1289	8.4	19.0	43.7	0.012	16	0.12	17	0.003	0.03
1290	6.9	19.0	60.0	±0.013	20	±0.18	20	±0.003	±0.04
ι Lyrae	5.2	19.1	35.9	0.011	59	0.18	48	0.001	0.03
1303	5.5	19.2	56.7	0.012	27	0.16	27	0.002	0.03
1304	7.3	19.2	57.5	0.013	25	0.13	25	0.003	0.03
ϑ Lyrae	4.3	19.2	38.0	0.011	18	0.25	16	0.002	0.06
x Cygni	3.8	19.2	53.2	0.012	74	0.18	61	0.001	0.04
1317	6.0	19.3	57.5	0.019	20	0.16	20	0.004	0.04
λ Urs. min.	6.8	19.4	89.0	.....		0.21	32	...	0.04
„ „ UK			91.0			0.15	14	...	0.04
1324	6.9	19.4	44.8	0.011	21	0.16	21	0.002	0.04

Stern	Gr.	α	δ	m_α	n	m_δ	n	μ_α	μ_δ
1325	6.5	19h4	57.8	±0.012	24	±0.14	24	±0.003	±0.03
β Cygni	3.0	19.4	27.7	0.015	4	0.23	4	0.007	0.11
ι Cygni	3.9	19.5	51.5	0.013	68	0.18	42	0.002	0.03
ϑ Cygni	4.5	19.6	50.0	0.012	30	0.17	19	0.003	0.04
1351	6.0	19.6	42.6	0.011	19	0.14	19	0.003	0.03
15 Cygni	5.2	19.7	37.1	0.012	20	0.18	15	0.003	0.05
δ Cygni	2.8	19.7	44.9	0.015	28	0.36	24	0.003	0.07
1374	8.0	19.7	44.7	0.012	22	0.20	22	0.003	0.04
α Aquilae	1	19.8	8.6	0.012	18	0.11	18	0.003	0.03
1384	8.0	19.8	41.1	0.012	28	0.14	28	0.002	0.03
ε Dracon.	3.8	19.8	70.0	±0.024	7	±0.16	6	±0.009	±0.07
β Aquilae	3.7	19.8	6.2	0.009	6	0.15	6	0.004	0.06
ψ Cygni	5.0	19.9	52.2	0.013	33	0.18	11	0.002	0.05
1416	8.2	20.0	40.0	0.009	21	0.22	21	0.002	0.05
1418	10.2	20.0	56.0	0.025	17	0.23	9	0.006	0.08
1419	8.3	20.0	56.0	0.014	37	0.22	25	0.002	0.04
o¹ sq. Cygni	4.3	20.2	46.4	0.011	54	0.27	27	0.002	0.05
33 Cygni	4.3	20.2	56.3	0.009	21	0.18	19	0.002	0.04
1449	9.3	20.3	40.8	0.012	27	0.20	17	0.002	0.05
γ Cygni	2.3	20.3	39.9	0.011	64	0.21	37	0.001	0.03
1459	8.6	20.3	42.7	±0.012	23	±0.42	15	±0.003	±0.11
1461	6.9	20.4	42.3	0.010	18	0.29	18	0.002	0.07
ϱ Capric.	5.0	20.4	−18.1	0.010	6	0.16	7	0.003	0.06
1469	7.1	20.4	41.7	0.016	19	0.36	19	0.004	0.08
ϑ Cephei	4.1	20.5	62.7	0.012	73	0.26	63	0.001	0.03
1486	7.1	20.6	42.5	0.011	20	0.21	20	0.002	0.05
1491	6.1	20.6	40.2	0.012	45	0.21	20	0.002	0.05
α Cygni	1.3	20.6	44.9	0.012	76	0.20	48	0.001	0.03
6 H. Ceph.	4.5	20.7	57.2	0.011	44	0.21	17	0.001	0.05
η Cephei	3.5	20.7	61.5	0.013	14	0.23	13	0.003	0.06
λ Cygni	4.6	20.7	36.1	±0.012	17	±0.18	12	±0.003	±0.05
1519	7.0	20.8	56.4	0.012	21	0.17	21	0.003	0.04
76 Dracon.	6.0	20.8	82.2	.....		0.16	21	...	0.03
„ UK			97.8			0.13	11	...	0.04
ν Cygni	3.9	20.9	40.8	0.013	19	0.22	15	0.003	0.06
1550	5.7	20.9	59.0	0.012	20	0.21	20	0.003	0.05
ξ Cygni	3.9	21.0	43.5	0.012	54	0.22	41	0.002	0.03
61 Cygni pr.	5.4	21.0	38.3	0.016	61	0.18	34	0.002	0.03
1567	6.4	21.0	38.3	0.010	61	0.34	27	0.001	0.07
Br. 2777	6.0	21.1	77.7	0.009	9	0.18	9	0.003	0.06
1576	8.5	21.2	59.6	±0.015	53	±0.22	23	±0.002	±0.05
Grb. 3415	6.4	21.2	59.6	0.011	64	0.16	26	0.001	0.03
τ Cygni	3.8	21.2	37.6	0.011	15	0.25	11	0.003	0.08
1588	6.4	21.2	42.3	0.013	22	0.30	22	0.003	0.06
α Cephei	2.5	21.3	62.2	0.013	42	0.20	33	0.002	0.03
1 Pegasi	4.2	21.3	19.4	0.009	19	0.13	19	0.002	0.03
1598	7.2	21.3	44.1	0.011	23	0.21	23	0.002	0.04
ζ Capric.	3.8	21.3	−22.8	0.013	32	0.17	32	0.002	0.03
g Cygni	5.4	21.4	46.6	0.015	47	0.20	32	0.002	0.03
β Aquarii	2.9	21.4	−6.0	0.012	12	0.17	11	0.004	0.05
β Cephei	3.1	21.5	70.1	±0.026	23	±0.18	16	±0.005	±0.05
1612	6.8	21.5	59.0	0.016	20	0.19	20	0.004	0.04
1615	6.8	21.5	43.3	0.014	30	0.21	30	0.004	0.04
74 Cygni	5.1	21.5	40.0	0.012	55	0.15	48	0.002	0.02
13 H. Ceph.	6.1	21.6	57.0	0.015	43	0.25	16	0.002	0.06
1637	4.5	21.7	58.3	0.012	34	0.21	34	0.002	0.04
π² Cygni	4.3	21.7	48.8	0.012	70	0.14	57	0.001	0.02
16 Pegasi	5.2	21.8	25.5	0.011	24	0.21	24	0.002	0.03
1646	7.1	21.8	55.7	0.015	28	0.19	28	0.003	0.04
1648	6.2	21.9	56.1	0.012	28	0.19	28	0.002	0.04

Stern	Gr.	α	δ	m_α	n	m_δ	n	μ_α	μ_δ	Stern	Gr.	α	δ	m_α	n	m_δ	n	μ_α	μ_δ
1652	7^{m}3	21^{h}9	42°8	±0^{s}011	24	±0$''$24	24	±0^{s}002	±0$''$05	1760	6^{m}3	22^{h}9	41°1	±0^{s}020	17	±0$''$22	17	±0^{s}005	±0$''$05
20 Pegasi	5.8	21.9	12.6	0.011	28	0.16	28	0.002	0.03	o Androm.	3.5	23.0	41.8	0.025	20	0.13	11	0.003	0.04
1661	9.7	22.0	59.3	0.019	22	0.21	10	0.004	0.07	β Pegasi	2.4	23.0	27.5	0.019	3	0.22	3	0.011	0.13
20 Cephei	5.7	22.0	62.3	0.012	17	0.16	11	0.003	0.05	1777	6.9	23.0	59.9	0.015	16	0.25	16	0.004	0.06
27 Pegasi	5.8	22.1	32.7	0.013	8	0.13	8	0.005	0.05	1779	5.5	23.0	58.9	0.015	23	0.19	23	0.003	0.04
π Pegasi	4.3	22.1	32.7	0.015	8	0.13	8	0.005	0.05	c² Aquar.	3.7	23.1	−21.7	0.014	8	0.23	8	0.005	0.08
ζ Cephei	3.4	22.1	57.7	0.014	26	0.33	12	0.003	0.09	π Cephei	4.5	23.1	74.8	0.036	24	0.27	17	0.007	0.06
24 Cephei	4.8	22.1	71.8	0.036	15	0.16	13	0.009	0.04	Br. 3077	5.8	23.1	56.6	0.014	45	0.24	42	0.002	0.04
ϑ Aquarii	4.2	22.2	− 8.3	0.015	13	0.21	12	0.004	0.06	γ Piscium	3.7	23.2	2.7	0.018	22	0.18	22	0.004	0.04
1691	6.4	22.2	56.7	0.013	21	0.16	21	0.003	0.04	1792	6.3	23.2	41.2	0.018	19	0.22	19	0.004	0.05
γ Aquarii	3.7	22.3	− 1.9	±0.011	10	±0.28	10	±0.003	±0.09	4 Cassiop.	5.5	23.3	61.7	±0.021	19	±0.19	17	±0.005	±0.05
31 Pegasi	4.9	22.3	11.7	0.013	11	0.19	10	0.004	0.06	1813	7.6	23.4	41.8	0.015	19	0.18	20	0.003	0.04
3 Lacert.	4.5	22.3	51.7	0.013	18	0.23	15	0.003	0.06	1814	7.8	23.4	58.0	0.015	30	0.21	17	0.003	0 05
1702	8.1	22.3	45.3	0.011	21	0.23	21	0.002	0.05	1821	7.1	23.5	55.3	0.016	17	0.12	17	0.004	0.03
δ Cephei	(4.1)	22.4	57.9	0.017	39	0.26	17	0.003	0.06	λ Androm.	3.8	23.5	45.9	0.013	24	0.23	16	0.003	0.06
7 Lacert.	3.8	22.5	49.8	0.016	55	0.23	47	0.002	0.03	ι Androm.	4.1	23.6	42.7	0.011	18	0.26	17	0.003	0.06
1719	6.7	22.5	40.3	0.019	21	0.25	21	0.004	0.05	γ Cephei	3.3	23.6	77.1	0.073	22	0.21	15	0.015	0.05
1720	6.3	22.5	56.1	0.026	20	0.25	20	0.006	0.06	1828	4.5	23.6	43.8	0.017	23	0.21	15	0.003	0.05
31 Cephei	5.2	22.6	73.1	0.024	10	0.16	10	0.008	0.05	ω² Aquarii	4.5	23.6	− 15.1	0.012	3	0.33	3	0.007	0.19
10 Lacert.	4.9	22.6	38.5	0.008	12	0.21	11	0.002	0.06	1834	7.3	23.6	57.5	0.022	19	0.15	19	0.005	0.04
30 Cephei	5.3	22.6	63.1	±0.011	10	±0.18	10	±0.003	±0.06	41 H. Ceph.	5.2	23.7	67.3	±0.012	17	±0.14	16	±0.003	±0.04
1732	4.9	22 6	43.8	0.019	21	0.18	21	0.002	0.04	1844	6.8	23.7	58.4	0.016	17	0.27	17	0.004	0.07
1735	7.1	22.7	55.9	0.021	20	0.15	20	0.005	0.03	φ Pegasi	5.4	23.8	18.6	0.015	15	0.15	15	0.004	0.04
13 Lacert.	5.4	22.7	41.3	0.012	41	0.24	41	0.002	0.03	1848	6.8	23.8	60.1	0.015	17	0.29	17	0.004	0.07
λ Pagasi	7.9	22.7	23.0	0.011	20	0.25	20	0.002	0.06	ρ Cassiop.	4.8	23.8	56.9	0.012	44	0.25	40	0.002	0.04
1740	6.5	22.7	58.0	0.017	28	0.20	28	0.003	0.04	ω Piscium	3.9	23.9	6.3	0.014	17	0.20	17	0.003	0.05
ι Cephei	3.5	22.8	65.7	0.019	10	0.28	9	0.006	0.09	1862	6.9	0.0	42.2	0.013	19	0.26	19	0.003	0.06

Die Anordnung der vorstehend aufgeführten Sterne nach ihrer Helligkeit ergab nach entsprechender Zusammenfassung:

Größe	$[m_\alpha^2 \cos^2 \delta]$	**	$m_\alpha \cos \delta$	$[m_\delta^2]$	**	m_δ
1.0 bis 1.9	0.001167	13	±0^{s}009	0.4410	13	±0$''$18
2.0 „ 2.9	004514	33	0.012	1.6061	35	0.21
3.0 „ 3.9	007643	73	0.010	2.9415	73	0.20
4.0 „ 4.9	007087	76	0.010	3.7851	84	0.21
5.0 „ 5.4	004214	49	0.009	2.1565	53	0.20
5.5 „ 5.9	003665	50	0.013	1.9765	50	0.20
6.0 „ 6.4	005142	55	0.010	2.4382	57	0.20
6.5 „ 6.9	005636	59	0.010	3.1568	63	0.22
7.0 „ 7.4	004747	46	0.010	1.9999	46	0.21
7.5 „ 7.9	002350	20	0.011	0.9155	20	0.21
8.0 „ 8.4	001137	13	0.009	0.6148	13	0.22
8.5 „ 8.9	001679	13	0.011	0.8588	13	0.26
9.0 „ 9.4	000948	8	0.011	0.4442	8	0.24
9.5 „ 10.4	001359	6	0.028	0.4780	6	0.28
1.0 bis 10.4	0.051288	514	±0^{s}010	23.8129	534	±0$''$21

Wie in Ann. IV (S. 78) zeigt zunächst der Verlauf der Mittelwerte von $m_\alpha \cos\delta$, daß auch für die neue Beobachtungsreihe die Genauigkeit einer Rektaszensionsbestimmung für alle Sternhelligkeiten gleich groß ist. Nur für die lichtschwächsten, im schwachbeleuchteten Feld eben noch erkennbaren Sterne tritt eine merkliche Vergrößerung von $m_\alpha \cos\delta$ ein.

Weiterhin ergibt sich im Mittel aus allen 514 zur Untersuchung herangezogenen Sternen für den mittleren Fehler einer vollständigen Rektaszensionsbestimmung diesmal der bemerkenswert kleine Betrag

$$m_\alpha = + 0^s.010 \sec \delta$$

gegen früher $m_a = +$ 0.017 sec δ. Diese erhebliche Herabminderung dürfte im wesentlichen durch den viel zuverlässigeren Gang der Registrieruhr Riefler 23, zum Teil vielleicht auch durch die größere Übung des Beobachters in der Handhabung des unpersönlichen Mikrometers verursacht sein.

Die Mittelwerte von m_δ zeigen ebenfalls sehr nahe das gleiche Verhalten wie früher. Bis zur Größe 8.5 herab verlaufen sie annähernd konstant, für schwächere Sterne, deren Einstellung im hellen Felde oftmals schwierig war, tritt auch hier wieder ein merkliches Anwachsen von m_δ zu Tage. Im Mittel für alle 534 in Deklination untersuchten Sterne ergibt sich der mittlere Fehler einer vollständigen Deklinationsbestimmung für die neue Beobachtungsreihe zu

$$m_\delta = \pm\, 0.''21$$

In Ann. IV, (S. 81) war gefunden worden: $m_\delta = \pm$ 0.''33. Der neuen Beobachtungsreihe kommt also auch in Deklination eine beträchtlich größere Genauigkeit zu, die in der Hauptsache ohne Zweifel der diesmal durchgeführten Verbesserung der einzelnen Beobachtungen wegen der Kreislagenunterschiede (Teilungsfehler, Saalrefraktion), zum Teil wohl auch der sichereren Einstellung der Sterne auf den einen der beiden Horizontalfäden statt, wie früher, auf die Mitte zwischen beiden, zuzuschreiben ist.

Nunmehr habe ich das ganze Material auch noch nach den Deklinationen der zur Untersuchung herangezogenen Sterne geordnet, in Gruppen zusammengezogen und die zugehörigen Mittelwerte gerechnet. Es ergab sich so die folgende Übersicht:

Dekl.-Grenzen	$[m_a^2 \cos^2 \delta]$	**	$m_a^2 \cos^2 \delta$	$m_a \cos \delta$	$[m_\delta^2]$	**	m_δ^2	$m \delta$
— 25.0 bis — 10.1	0.001611	8	0.000201	± 0.014	0.4266	8	0.0533	± 0.''23
— 10.0 „ — 0.1	002301	12	192	0.014	0.5315	12	0443	0.21
0.0 „ 9.9	001752	10	175	0.013	0.2569	10	0257	0.16
10.0 „ 19.9	001321	9	147	0.012	0.2130	9	0237	0.15
20.0 „ 29.9	001980	12	165	0.013	0.5651	12	0471	0.22
30.0 „ 34.9	000875	7	125	0.011	0.1977	7	0282	0.17
35.0 „ 37.9	001524	14	109	0.010	0.8311	14	0594	0.24
38.0 „ 38.9	001275	12	106	0.010	0.5733	12	0478	0.22
39.0 „ 39.9	001785	18	099	0.010	1.1483	18	0638	0.25
40.0 „ 40.9	003915	35	112	0.011	2.0155	35	0576	0.24
41.0 „ 41.9	003629	27	134	0.012	1.0206	27	0378	0.19
42.0 „ 42.9	004287	39	110	0.010	1.8187	39	0465	0.22
43.0 „ 43.9	004345	34	127	0.011	1.6444	34	0484	0.22
44.0 „ 44.9	002355	22	107	0.010	1.1497	22	0523	0.23
45.0 „ 45.9	000795	11	072	0.008	0.5314	11	0483	0.22
46.0 „ 47.9	001009	12	084	0.009	0.4914	12	0409	0.20
48.0 „ 49.9	000856	12	071	0.008	0.5052	12	0421	0.20
50.0 „ 51.9	000773	9	086	0.009	0.4100	9	0456	0.21
52.0 „ 53.9	000637	10	064	0.008	0.4098	10	0410	0.20
54.0 „ 54.9	000444	5	089	0.009	0.1087	5	0217	0.15
55.0 „ 55.9	001408	19	074	0.009	0.6846	19	0360	0.19
56.0 „ 56.9	001853	27	069	0.008	1.3309	27	0493	0.22
57.0 „ 57.9	002529	28	090	0.009	1.2712	28	0454	0.21
58.0 „ 58.9	001616	21	077	0.009	0.9307	21	0443	0.21
59.0 „ 59.9	001992	29	068	0.008	1.1639	29	0401	0.20
60.0 „ 61.9	001027	18	057	0.008	0.8342	18	0463	0.21
62.0 „ 64.9	000570	16	036	0.006	0.5354	16	0335	0.18
65.0 „ 69.9	000417	10	042	0.006	0.3441	10	0344	0.19
70.0 „ 74.9	000763	12	064	0.008	0.4258	12	0355	0.19
75.0 „ 79.9	001011	11	092	0.010	0.4164	11	0379	0.19
80.0 „ 84.9	......	..	...	....	0.1094	4	0274	0.17
85.0 „ 89.9	......	..	...	....	0.2528	6	0421	0.20
90.0 „ 94.9	......	..	...	....	0.3009	6	0501	0.22
95.0 „ 99 9	......	..	...	....	0.1516	4	0379	0.19
100.0 „ 105.0	000633	5	127	0.011	0.2118	5	0424	0.21
— 25.0 bis 105.0	0.051288	514	0.000100	± 0.010	23.8129	534	0.0446	± 0.''21

Während der mittlere Fehler m_δ einer Deklinationsbeobachtung eine Abhängigkeit von der Deklination der zugehörigen Sterne ebensowenig erkennen läßt wie früher (Ann. IV, S. 80/81), zeigt sich wieder ganz in Übereinstimmung mit den früheren Ergebnissen (Ann. IV, S. 79) — bei den Werten von $m_a \cos \delta$ in der Tat eine solche Abhängigkeit. Sie tritt noch deutlicher zutage, wenn man die Deklinationsgrenzen etwas weiter zieht:

Dekl.-Grenzen	$[m_a^2 \cos^2 \delta]$	**	$m_a^2 \cos^2 \delta$	$m_a \cos \delta$
— 25° bis 0°	0.003912	20	0.000196	± 0".014
0 ,, 19.9	003073	19	0162	0.013
20 ,, 39.9	007439	63	0118	0.011
40 ,, 43.9	016176	135	0119	0.011
44 ,, 47.9	004159	45	0092	0.010
48 ,, 51.9	001629	21	0078	0.009
52 ,, 55.9	002489	34	0073	0.009
56 ,, 59.9	007990	105	0076	0.009
60 ,, 105	004421	72	0061	0.008
— 25° bis 105°	0.051288	514	0.000100	± 0".010

Dekl.-Grenzen	Z. D.	$[m^2\delta]$	**	$m^2\delta$	$m\delta$
— 25° bis 0°	73.°1 bis 48.°2	0.9581	20	0.0479	± 0".22
0 ,, 19.9	48.1 ,, 28.2	0.4699	19	0247	0.16
20 ,, 39.9	28.1 ,, 8.2	3.3158	63	0526	0.23
40 ,, 43.9	8.1 ,, 4.2	6.4992	135	0481	0.22
44 ,, 47.9	4.1 ,, 0.2	2.1725	45	0483	0.22
48 ,, 51.9	0.1 ,, 3.8	0.9152	21	0436	0.21
52 ,, 55.9	3.9 ,, 7.8	1.2031	34	0354	0.19
56 ,, 59.9	7.9 ,, 11.8	4.6967	105	0447	0.21
60 ,, 69.9	11.9 ,, 21.8	1.7137	44	0389	0.20
70 ,, 79.9	21.9 ,, 31.8	0.8422	23	0366	0.19
80 ,, 89.9	31.9 ,, 41.8	0.3622	10	0362	0.19
90 ,, 99.9	41.9 ,, 51.8	0.4525	10	0452	0.21
100 ,, 105.0	51.9 ,, 56.9	0.2118	5	0424	0.21
— 25° bis 105°	73.°1 bis 56.°9	23.8129	534	0.0446	± 0".21
	Süd Nord				

Die Wirkung der in Ann. IV, (S. 8/9) nachgewiesenen Abhängigkeit des mittleren Fehlers eines Kontaktes des Registriermikrometers von der Deklination zeigt sich also auch bei der neuen Beobachtungsreihe mit großer Deutlichkeit. Dagegen kommt in der rechtsstehenden Tabelle die Tatsache, daß der mittlere Fehler einer Deklinationsbestimmung unabhängig ist sowohl von der Deklination des beobachteten Sterns, wie von der Zenitdistanz, in der er kulminiert, noch entschiedener zum Ausdruck.

Schließlich schien es mir noch von Interesse, zu untersuchen, ob die Beträge der mittleren Fehler in beiden Koordinaten etwa einem Einfluß durch die Jahreszeit unterliegen. Ich habe zu diesem Zweck das ganze Material nach der Rektaszension des Sterns geordnet, wieder in Gruppen zusammengefaßt, Mittelwerte gerechnet und erhalten:

AR	$[m_a^2 \cos^2 \delta]$	**	$m_a^2 \cos^2 \delta$	$m_a \cos \delta$	$[m_\delta^2]$	**	m_δ^2	m_δ
0.^{h}0 bis 0.^{h}9	0.003642	26	0.000140	± 0".012	1.3303	28	0.0475	± 0".22
1.0 ,, 1.9	003076	23	0134	0.012	1.5785	25	0631	0.25
2.0 ,, 2.9	003151	21	0150	0.012	1.1568	21	0551	0.23
3.0 ,, 3.9	002747	25	0110	0.010	1 0574	25	0423	0.21
4.0 ,, 4.9	001839	19	0097	0.010	0.9031	21	0430	0.21
5.0 ,, 5.9	003155	25	0126	0.011	1.0119	25	0405	0.20
6.0 ,, 6.9	002102	22	0096	0.010	0.9690	24	0404	0.20
7.0 ,, 7.9	001718	19	0090	0.009	0.8528	19	0449	0.21
8.0 ,, 8.9	001745	20	0087	0.009	0.6790	20	0339	0.18
9.0 ,, 9.9	001176	18	0065	0.008	0.6506	20	0325	0.18
10.0 ,, 10.9	002001	19	0105	0.010	0.7177	21	0342	0.18
11.0 ,, 11.9	001190	17	0070	0.008	0.6348	17	0373	0.19
12.0 ,, 12.9	001647	18	0092	0.010	0.6701	18	0372	0.19
13.0 ,, 13.9	001382	16	0086	0.009	0.6689	16	0418	0.20
14.0 ,, 14.9	002778	22	0126	0.011	0.8696	22	0395	0.20
15.0 ,, 15.9	001679	23	0073	0.009	0.9992	23	0434	0.21
16.0 ,, 16.9	001420	20	0071	0.008	1.1324	22	0515	0.23
17.0 ,, 17.9	001899	23	0082	0.009	1.4535	23	0632	0.25
18.0 ,, 18.9	001279	17	0075	0.009	0.8347	19	0439	0.21
19.0 ,, 19.9	001723	22	0078	0.009	0.8020	24	0334	0.18
20.0 ,, 20.9	001536	21	0073	0.009	1.2439	23	0541	0.23
21.0 ,, 21.9	002056	26	0079	0.009	1.1149	26	0429	0.21
22.0 ,, 22.9	002874	26	0111	0.011	1.2174	26	0468	0.22
23.0 ,, 23.9	003473	26	0134	0.012	1.2644	26	0486	0.22
0.^{h}0 bis 23.^{h}9	0.051288	514	0.000100	± 0".010	23.8129	534	0.0446	± 0".21

Ein allerdings nicht erheblicher Einfluß der Jahreszeit auf die Genauigkeit der Beobachtung scheint in der Tat sowohl in Rektaszension wie in Deklination vorzuliegen. Er kommt wieder deutlicher zum Ausdruck, wenn man (ungefähr) nach den vier Jahreszeiten zusammenfaßt:

AR	Monate	$[m_\alpha^2 \cos^2 \delta]$	**	$m_\alpha^2 \cos^2 \delta$	$m_\alpha \cos \delta$	$[m_\delta^2]$	**	m_δ^2	m_δ
$3^h.0$ bis $8^h.9$	Febr.—Apr.	0.013306	130	0.000102	$\pm 0^s.0101$	5.4732	134	0.0409	$\pm 0''.202$
9.0 „ 14.9	Mai—Juli	010174	110	0092	0096	4.2117	114	0369	0.192
15.0 „ 20.9	Sept.—Okt.	009536	126	0079	0089	6.4657	134	0483	0.219
21.0 „ 2.9	Nov.—Jan.	018272	148	0124	0111	7.6623	152	0504	0.224
		0.051288	514	0.000100	± 0.0100	23.8129	534	0.0446	$\pm 0''.211$

Der mittlere Fehler einer Rektaszensionsbestimmung ist hiernach in den Frühlings- und Sommermonaten, in denen ruhige Bilder vorherrschen, in der Tat etwas geringer, als in den Herbst- und Wintermonaten (August fällt als regelmäßiger Urlaubsmonat aus) und ganz das gleiche Verhalten zeigen — nur noch deutlicher ausgesprochen — die mittleren Fehler einer Deklinationsbeobachtung.

Vergleichung der beiden Kataloge Oert₁ und Oert₂ miteinander.

Die Ergebnisse einer Vergleichung des nachfolgenden Kataloges (Oert₂) mit dem neuen Fundamentalkatalog des Berliner Jahrbuches habe ich bereits in AN 5372 mitgeteilt. Es stellte sich dabei heraus, daß die systematischen Unterschiede des Kataloges Oert₂ gegen den NFK mit den in Ann. IV für den Katalog Oert₁ abgeleiteten durchweg in guter Übereinstimmung stehen. Da bei diesen Vergleichungen lediglich die Fundamentalsterne in Betracht kamen, beide neuen Münchener Kataloge aber auch eine größere Zahl von Sternen gemeinsam haben, die nicht Fundamentalsterne sind, schien es mir schließlich noch angebracht, das gegenseitige Verhalten dieser beiden Kataloge durch eine direkte Vergleichung derselben festzustellen.

Die Anzahl der beiden Katalogen gemeinsamen Sterne beträgt in AR 262, in Dekl. 284; der Stern Oert₁ 1428, der in Oert₂ gleichfalls vorkommt, ist wegen noch nicht gesicherter, anscheinend aber großer Eigenbewegung (siehe AN 5437) nicht mit zur Vergleichung herangezogen worden. Im übrigen sind den Positionen der in Frage kommenden Sterne vor der Vergleichung selbstverständlich die wegen EB erforderlichen Reduktionen auf die Epoche 1900.0 zugefügt worden, soweit solche bekannt war.

Die so erhaltenen Differenzen Oert₂ minus Oert₁ wurden entsprechend den beiderseitigen Beobachtungszahlen gemäß dem schon mehrfach benützten Schema

Beobb. n	Gew. p
1—2	1
3—6	2
7—12	3
12—24	4
25—40	5
> 40	6

mit Gewichten versehen, wobei von den Werten n der beiden Kataloge stets der kleinere für den Gewichtsansatz der Differenz maßgebend war.

Vergleichung in Rektaszension.

1. Anordnung nach der AR. Die nach der AR angeordneten Differenzen Oert₂ minus Oert₁ wurden zunächst in Gruppen nahe gleichen Gewichtes geteilt und für diese die Mittelwerte nebst deren mittleren Fehlerbeträgen berechnet. Die Ergebnisse sind:

5*

AR	**	[p]	Δaₐ	M. F.		AR	**	[p]	Δaₐ	M. F.
0ʰ5	9	30	+0ˢ014	±0ˢ010		13ʰ7	9	29	+0ˢ023	±0ˢ009
1.4	12	32	+0.005	0.008		14.3	9	29	+0.028	0.011
2.2	10	29	−0.001	0.007		15.1	9	30	+0.015	0.010
2.8	7	30	−0.004	0.004		16.1	7	30	+0.021	0.012
3.5	9	32	+0.009	0.008		17.0	10	28	+0.017	0.008
4.5	9	30	+0.003	0.004		17.7	9	29	+0.002	0.008
5.5	9	30	−0.002	0.006		18.5	9	32	+0.001	0.008
6.3	9	29	+0.002	0.007		19.1	11	32	−0.005	0.010
7.0	9	30	+0.015	0.008		19.6	8	27	+0.021	0.009
8.2	8	32	+0.015	0.009		20.1	8	28	+0.023	0.012
9.1	8	31	+0.006	0.009		20.8	7	27	+0.006	0.009
10.2	9	31	+0.006	0.008		21.3	9	30	+0.001	0.006
11.4	8	32	+0.010	0.008		21.9	9	30	+0.015	0.007
12.6	8	30	+0.026	0.013		22.6	9	30	+0.012	0.007
13.2	7	30	+0.010	0.016		23.4	8	29	+0.006	0.007
							262	898	+0ˢ010	±0ˢ008

Das erhebliche Vorwiegen der positiven Vorzeichen bei den Differenzen Δa_a deutet darauf hin, daß ein geringer Unterschied des Aequinox beider Kataloge vorhanden ist, der seine zwanglose Erklärung in dem Umstand finden könnte, daß der Katalog Oert₁ auf dem „vorläufig verbesserten" Katalog des Berliner Jahrbuches beruht, dessen Rektaszensionen überdies aus der Gesamtheit der an jedem Abend beobachteten Durchgänge abgeleitete Korrektionen zugefügt wurden (Ann. IV, S. (35)) wogegen dem Katalog Oert₂ der NFK unverändert zugrunde liegt.

Im Mittel aus allen 30 Gruppenmitteln, bezw. aus allen 262 Sternen, würde man erhalten

$$\Delta a_a = + 0\overset{s}{.}010 \pm 0\overset{s}{.}008.$$

Angesichts der geringen Sicherheit, welche sowohl diesem Gesamtmittel, wie auch den einzelnen Gruppenmittelwerten Δa_a nach Maßgabe ihrer durchgehends beigefügten mittleren Fehler zukommt, habe ich es vorgezogen, die Werte Δa_a durch einen möglichst einfach verlaufenden Kurvenzug auszugleichen, wobei sich die nachfolgenden Unterschiede ergaben:

$$\text{Oert}_2 \text{ minus Oert}_1 : \Delta a_a$$

0ʰ0	+0ˢ010	6ʰ0	+0ˢ003	12ʰ0	+0ˢ016	18ʰ0	+0ˢ005
1.0	+0.008	7.0	+0.008	13.0	+0.019	19.0	+0.006
2.0	+0.006	8.0	+0.010	14.0	+0.021	20.0	+0.011
3.0	+0.002	9.0	+0.008	15.0	+0.020	21.0	+0.014
4.0	0.000	10.0	+0.009	16.0	+0.017	22.0	+0.013
5.0	+0.001	11.0	+0.011	17.0	+0.012	23.0	+0.012

Die Quadratsumme der AR-Differenzen beider Kataloge beträgt ursprünglich

$$[\Delta_1 \Delta_1 p] = 0.5395,$$

durch Anbringung der aus der obigen Tabelle entnommenen Verbesserungen Δa_a wird sie herabgemindert auf

$$[\Delta_2 \Delta_2 p] = 0.4146.$$

2. Anordnung nach der Deklination. Die nach Anbringung der Reduktionen Δa_a übriggebliebenen Differenzen habe ich nunmehr nach der Deklination der Sterne geordnet, wieder in Gruppen gleichen Gewichts geteilt und Mittelwerte gebildet wie folgt:

δ	**	[p]	Δa_δ	M. F.	δ	**	[p]	Δa_δ	M. F.
64°.6	12	29	+0.007	±0.007	46°.5	8	29	+0.006	±0.005
59.5	8	29	+0.005	0.005	45.6	8	31	−0.014	0.008
58.5	9	31	+0.007	0.004	44.9	7	30	−0.005	0.007
57.5	10	29	+0.012	0.011	44.8	9	29	+0.002	0.007
56.9	9	31	+0.011	0.006	44.6	10	30	−0.010	0.013
56.4	9	30	+0.004	0.008	44.2	11	31	+0.004	0.008
55.6	8	29	−0.001	0.008	43.4	9	31	−0.008	0.005
55.4	8	30	−0.001	0.008	42.2	8	29	−0.014	0.007
54.8	8	31	+0.017	0.005	41.5	11	32	−0.012	0.008
53.5	7	29	+0 006	0.006	40.9	10	29	+0.005	0.006
52.4	7	30	+0.004	0.004	39.7	8	32	−0.004	0.004
51.4	9	30	+0.002	0.005	39.0	7	30	−0.004	0.007
49.8	7	31	−0.001	0.007	38.1	8	29	0.000	0.003
48.8	7	29	−0.005	0.008	36.6	8	29	−0.012	0.008
47.8	8	31	+0.009	0.004	12.0	14	29	−0.005	0.010
						262	898	0°.000	±0°.007

Das Gesamtmittel aller Differenzen Δa_δ ergibt sich gleich null. Der Verlauf der einzelnen Gruppenmittel ist sehr unruhig, ihre mittleren Fehler reichen in der Mehrzahl der Fälle an ihre eigene Größe heran oder überschreiten sie sogar. Ein Gang nach der Deklination erscheint also wenig wahrscheinlich. Immerhin herrschen nördlich vom Münchener Zenit die positiven, südlich desselben die negativen Werte vor. Ich habe daher die Differenzen Δa_δ der obigen Tabelle dennoch graphisch ausgeglichen und dabei folgende Reduktionen erhalten:

$$\text{Oert}_2 \text{ minus } \text{Oert}_1 : \Delta a_\delta$$

δ		δ		δ		δ	
75°	+0.004	53°	+0.006	43°	−0.006	25°	−0.006
70	+0.004	52	+0.004	42	−0.006	20	−0.006
65	+0.005	51	+0.003	41	−0.004	15	−0.005
60	+0.008	50	+0.001	40	−0.003	10	−0.005
59	+0.009	49	+0.002	39	−0.003	5	−0.005
58	+0.009	48	+0.003	38	−0.003	0	−0.004
57	+0.009	47	+0.004	37	−0.004	− 5	−0.004
56	+0.009	46	0.000	36	−0.006	−10	−0.004
55	+0.009	45	−0.005	35	−0.007		
54	+0.007	44	−0.006	30	−0.007		

Fügt man den Differenzen Δa_δ die aus dieser Tabelle zu entnehmenden Verbesserungen zu, so wird die Quadratsumme der hiernach noch übrigbleibenden Differenzen

$$[\Delta_\delta \Delta_\delta p] = 0.3750.$$

3. Anordnung nach der Sterngröße. Da die Durchgänge in beiden Katalogen mit dem unpersönlichen Mikrometer registriert sind, überdies auch in der überwiegenden Mehrzahl von dem nämlichen Beobachter herrühren, da ferner die Rektaszensionen der Fundamentalsterne beider Kataloge fast ganz die nämliche Helligkeitsgleichung des NFK ergaben (vgl. AN 5372, S. 336), so ist eine Abhängigkeit der Δa von der Sternhelligkeit von vornherein wenig wahrscheinlich. Immerhin bot es ein gewisses Interesse, die Vergleichung der ARen auch auf allenfallsige Helligkeitseinflüsse zu erstrecken, namentlich deshalb, weil eine erhebliche Anzahl der gemeinsamen Sterne geringere Helligkeit besitzt. Es ergab sich

Gr.	**	[p]	Δa_g	M. F.	Gr.	**	[p]	Δa_g	M. F.	Gr.	**	[p]	Δa_g	M. F.
1.3	7	30	− 0.001	± 0.005	4.0	8	29	− 0.004	± 0.006	5.6	8	30	+ 0.004	± 0.008
2.1	8	31	− 0.014	0.005	4.1	8	31	− 0.013	0.008	5.9	10	32	+ 0.001	0.004
2.6	8	31	− 0.004	0.006	4.3	9	30	+ 0.002	0.005	6.1	10	30	+ 0.004	0.006
3.0	7	30	− 0.007	0.008	4.5	8	30	+ 0.004	0.006	6.2	9	29	0.000	0.004
3.1	8	30	+ 0.001	0.007	4.6	8	30	− 0.007	0.006	6.4	10	30	− 0.007	0.014
3.3	8	29	− 0.006	0.005	4.8	8	30	+ 0.001	0.004	6.6	9	28	− 0.010	0.009
3.5	8	29	+ 0.003	0.009	5.0	7	28	+ 0.002	0.005	6.7	11	31	+ 0.003	0.009
3.7	9	29	+ 0.005	0.009	5.1	7	30	0.000	0.005	7.0	13	29	− 0.002	0.009
3.8	7	33	− 0.002	0.004	5.3	10	29	+ 0.018	0.007	7.4	11	30	− 0.015	0.008
3.9	7	30	− 0.004	0.004	5.5	9	30	+ 0.005	0.005	8.5	12	30	+ 0.007	0.009
										262	898		− 0.001	± 0.007

Im Mittel aus allen 30 Gruppenmitteln wird $\Delta a_g = - 0.001$; 15 Zeichenfolgen stehen 14 Zeichenwechsel gegenüber; für nahe gleiche Helligkeiten fallen die Werte von Δa_g zum Teil sehr verschieden aus. Die Mittelwerte Δa_g werden von ihren oben beigesetzten mittleren Fehlerbeträgen der Mehrzahl nach an Größe übertroffen. Den nachfolgenden, durch graphische Ausgleichung erhaltenen Verbesserungen dürfte also eine reelle Bedeutung kaum zuzumessen sein.

$$\text{Oert}_2 \text{ minus Oert}_1: \Delta a_g$$

Gr.	Δa_g	Gr.	Δa_g	Gr.	Δa_g
1.0	− 0.005	4.0	− 0.004	7.0	− 0.007
1.5	− 0.006	4.5	− 0.004	7.5	− 0.008
2.0	− 0.008	5.0	+ 0.004	8.0	− 0.005
2.5	− 0.007	5.5	+ 0.006	8.5	− 0.002
3.0	− 0.004	6.0	0.000	9.0	+ 0.003
3.5	0.000	6.5	− 0.003		

Die Quadratsumme der übrigbleibenden Differenzbeträge Δa wird nach Anbringung dieser Reduktionen lediglich vermindert auf

$$[\Delta_4 \Delta_4 \, p] = 0.3621.$$

Vergleichung der Deklinationen.

Die Anzahl der beiden Katalogen gemeinsamen Sterne wird hier durch das Hinzutreten der in beiden Kulminationen beobachteten Polsterne und einiger anderer, nur in Deklination beobachteter Sterne auf 284 erhöht.

1. Die Anordnung nach der Deklination liefert zunächst

δ	**	[p]	$\Delta \delta_\delta$	M. F.	δ	**	[p]	$\Delta \delta_\delta$	M. F.
97°.0	8	30	− 0.22	± 0.17	48°.2	8	32	− 0.02	± 0.08
89.1	8	29	+ 0.01	0.12	47.0	9	31	− 0.08	0.08
77.9	13	30	+ 0.05	0.14	45.7	10	33	+ 0.05	0.11
61.9	9	30	− 0.01	0.07	44.9	9	32	− 0.05	0.05
59.2	9	31	− 0.12	0.07	44.7	10	31	− 0.11	0.07
58.2	9	30	+ 0.07	0.07	44.5	9	30	0.00	0.08
57.2	11	32	− 0.06	0.07	44.0	11	32	+ 0.07	0.07
56.7	10	31	+ 0.03	0.07	43.1	10	32	+ 0.05	0.08
56.0	9	30	+ 0.12	0.11	42.0	8	29	+ 0.09	0.14
55.4	9	32	+ 0.08	0.08	41.3	11	30	− 0.01	0.07
54.9	10	33	− 0.10	0.08	40.4	10	30	− 0.01	0.07
53.4	8	30	+ 0.07	0.08	39.4	9	31	+ 0.12	0.08
52.2	8	30	+ 0.06	0.10	38.4	8	30	− 0.08	0.10
50.9	10	30	− 0 20	0.13	36.8	10	31	0.00	0.07
49.5	7	31	− 0.06	0.07	12.1	14	29	− 0.16	0.10
					284	928		− 0.01	± 0.09

Die graphische Ausgleichung dieser von ihren mittleren Fehlern wieder in der Mehrzahl der Fälle an Größe übertroffenen Gruppenmittel ergibt

Oert$_2$ minus Oert$_1$: $\varDelta\,\delta_\delta$

δ	$\varDelta\delta_\delta$	δ	$\varDelta\delta_\delta$	δ	$\varDelta\delta_\delta$	δ	$\varDelta\delta_\delta$	δ	$\varDelta\delta_\delta$
102°	−0″19	70°	+0″02	50°	−0″09	36°	+0″03	10°	−0″12
100	− 0.17	65	0.00	48	− 0.04	34	+ 0.02	5	− 0.12
95	− 0.10	60	− 0.03	46	− 0.01	32	0.00	0	− 0.11
90	− 0.04	58	+ 0.01	44	+ 0.01	30	− 0.03	− 5	− 0.11
85	+ 0.02	56	+ 0.03	42	+ 0.03	25	− 0.09	− 10	− 0.11
80	+ 0.04	54	+ 0.01	40	+ 0.04	20	− 0.12		
75	+ 0.04	52	− 0.07	38	+ 0.04	15	− 0.12		

Die Quadratsumme der Differenzen $\varDelta\,\delta$ betrug ursprünglich

$$[\varDelta_1\,\varDelta_1\,p] = 66.13$$

sie wird durch Anbringung der Reduktionen $\varDelta\,\delta_\delta$ nicht wesentlich verringert, nämlich auf

$$[\varDelta_2\,\varDelta_2\,p] = 62.86.$$

2. Anordnung nach der Rektaszension. Die wegen $\varDelta\,\delta_\delta$ verbesserten Deklinationsdifferenzen liefern nunmehr folgende Gruppenmittel:

AR	**	[p]	$\varDelta\delta_a$	M. F.		AR	**	[p]	$\varDelta\delta_a$	M. F.
0^{h}6	10	32	− 0″13	±0″10		13^{h}5	9	31	0″00	±0″09
1.3	11	29	+ 0.12	0 09		14.2	10	30	− 0.07	0.14
2.1	11	31	− 0.14	0.14		14.9	9	31	− 0.04	0.07
2 9	9	30	+ 0.07	0.10		15.8	8	30	− 0.12	0.07
3.6	9	33	− 0.07	0.07		16.7	9	32	− 0.02	0.08
4.5	10	30	− 0.17	0.11		17.4	10	31	− 0.06	0.07
5.5	9	31	+ 0.02	0.07		18.1	10	30	− 0.02	0.11
6.3	10	33	− 0.03	0.06		18.8	11	31	− 0.13	0.10
6.9	10	31	+ 0.11	0.07		19 3	10	30	− 0.12	0.08
8.1	9	32	+ 0.13	0.06		19.9	11	29	− 0.25	0.11
9.0	8	30	+ 0.32	0.15		20.7	9	32	+ 0.04	0.11
10.0	9	31	+ 0.03	0.06		21.3	10	32	+ 0.05	0.09
11.2	9	30	+ 0.02	0.07		21.9	10	29	− 0.08	0.06
12.3	8	31	+ 0.07	0.06		22.6	9	30	+ 0.05	0.07
13.1	8	31	0.00	0.10		23.4	9	29	+ 0.09	0.05
							284	922	− 0″01	±0″08

Durch graphische Ausgleichung wird gefunden

Oert$_2$ minus Oert$_1$: $\varDelta\,\delta_a$

AR	$\varDelta\delta_a$	AR	$\varDelta\delta_a$	AR	$\varDelta\,\delta_a$	AR	$\varDelta\delta_a$
0^{h}0	+0″03	6^{h}0	+0″01	12^{h}0	+0″04	18^{h}0	−0″08
1.0	0.00	7.0	+ 0.08	13.0	0.00	19.0	− 0.12
2.0	− 0.03	8.0	+ 0.13	14.0	− 0.03	20.0	− 0.10
3.0	− 0.05	9.0	+ 0.12	15.0	− 0.05	21.0	− 0.07
4.0	− 0.07	10.0	+ 0.10	16.0	− 0.06	22.0	0.00
5.0	− 0.05	11.0	+ 0.06	17.0	− 0.06	23.0	+ 0.03

Nach Anbringung dieser Verbesserungen wird

$$[\varDelta_3\,\varDelta_3\,p] = 57.41$$

sie erfährt also — dem prekären Charakter der Differenzen $\varDelta\,\delta_a$ durchaus entsprechend — abermals nur eine ziemlich geringfügige Verminderung,

3. **Anordnung nach der Sterngröße.** Da bei den Beobachtungen des Kataloges $Oert_1$ die Deklinationseinstellungen auf die Mitte zwischen den beiden Fäden, bei denen des Kataloges $Oert_2$ dagegen auf einen dieser Fäden erfolgte, so lag das Auftreten von systematischen Unterschieden, die von der Helligkeit abhängen, immerhin im Bereich der Möglichkeit. Die Gruppeneinteilung und Mittelbildung lieferte

Größe	* *	[p]	$\Delta\delta_g$	M. F.	Größe	* *	[p]	$\Delta\delta_g$	M. F.
1.3	7	29	+0.″03	±0.″10	4.7	9	30	+0.″12	±0.″10
2.1	9	32	+0.08	0.08	4.9	10	32	+0.13	0.11
2.5	8	31	+0.04	0.08	5.1	8	33	—0.03	0.09
2.9	8	31	+0.12	0.11	5.2	9	30	+0.09	0.09
3.1	9	31	—0.06	0.07	5.4	11	32	+0.02	0.06
3.3	9	29	+0.12	0.07	5.6	10	33	+0.09	0.08
3.5	9	31	—0.04	0.09	5.8	11	33	—0.01	0.05
3.7	10	31	—0.09	0.09	6.0	9	31	+0.15	0.10
3.8	7	29	+0.01	0.06	6.2	11	31	+0.05	0.05
3.9	7	30	+0.12	0.10	6.3	10	29	+0.01	0.08
4.0	9	31	—0.08	0.07	6.5	10	32	—0.01	0.06
4.1	8	31	+0.01	0.10	6.7	11	31	+0.11	0.11
4.3	8	29	—0.09	0.09	6.9	13	30	—0.13	0.06
4.3	8	30	—0.07	0.08	7.2	15	30	—0.11	0.09
4.5	9	30	+0.06	0.08	8.5	12	30	—0.14	0.12
						284	922	+0.″02	±0.″08

Gleicht man wieder graphisch aus, so kommt:

$$Oert_2 \text{ minus } Oert_1\colon \Delta\,\delta_g$$

1^{m}0	+0.″04	3^{m}0	+0.″04	5^{m}0	+0.″03	7^{m}0	—0.″01
1.5	+0.05	3.5	+0.01	5.5	+0.05	7.5	—0.05
2.0	+0.06	4.0	—0.01	6.0	+0.05	8.0	—0.08
2.5	+0.06	4.5	0.00	6.5	+0.04	8.5	—0.10
						9.0	—0.11

Die Anbringung dieser Reduktionen an die Deklinationsdifferenzen $\Delta\,\delta_g$ führt abermals nur zu einer geringfügigen Verkleinerung der Fehlerquadratsumme. Als solche bleibt nämlich schließlich übrig:

$$[\Delta_4\,\Delta_4\,p] = 55.45.$$

Insgesamt wird durch die graphische Ausgleichung und sukzessive Verbesserung die Quadratsumme der Differenzen $Oert_2$ minus $Oert_1$ in Rektaszension lediglich um 33 v. H. ihres ursprünglichen Betrages, jene der Differenzen in Deklination gar nur um 16 v. H desselben vermindert. Systematische Unterschiede zwischen den beiden Katalogen sind hiernach — abgesehen vielleicht von den Differenzen $\Delta\,a_\alpha$ — kaum nachweisbar.

KATALOG

Nr.	Stern	Gr.	α 1900.0	n	Ep.	Präz.	V.S.	μ_a	δ 1900.0	n	Ep.	Präz.	V.S.	μ_δ	BD.
1	Ll 47220	6ᵐ6	0ʰ 0ᵐ 1ˢ165	13	4.82	+3ˢ0724	+0ˢ0314	−0ˢ0019	+44°40'22"02	12	4.72	+20"047	−0"009	−0"018	44°4550
2	Ll 47251	6.8	0 55.238	10	4.74	3.0768	268	+0.0002	39 51 42.98	10	4.74	20.047	010	−0.006	39 5219
3	Σ 3062, pr.	8.4	1 1.787	24	4.86	3.0819	508	+0.0329	57 52 46.01	11	4.96	20.047	010	+0.038	⎫ 57 2865
4	Br 3210	7.8	1 1.864	23	4.95	3.0819	508	+0.0329	57 52 44.25	13	4.78	20.047	010	+0.038	⎭
5	Ll 47259	6.9	1 10.308	12	4.46	3.0781	274	....	40 20 31.05	12	4.46	20.047	011	...	40 5233
6	α Andromedae	2.1	0 3 13.108	7	6.92	+3.0825	+0.0185	+0.0106	+28 32 16.58	7	6.92	+20.045	−0.015	−0.161	28 4
7	WB 23ʰ 1382,84	7.6	3 39.514	17	5.01	3.0904	277	....	40 17 5.66	10	5.14	20.044	016	...	40 5
8	Ll 47335,36	6.7	3 39.529	13	4.35	3.0902	274	....	39 56 17.72	13	4.35	20.044	016	−0.020	39 11
9	β Cassiopejae	2.2	3 50.573	18	4.12	3.1090	542	+0.0674	58 35 52.94	13	4.11	20.044	017	−0.180	58 3
10	Ll 47348	7.0	3 52.048	21	4.77	3.0914	277	+0.0079	40 17 27.57	12	4.55	20.044	016	−0.132	40 7
11	A Oe 35	8.8	0 4 46.240	6	6.90	+3.1188	+0.0535	....	+59 6 46.84	6	6.90	+20.043	−0.018	...	58 9
12	22 Andromedae	5.2	5 7.245	13	4.75	3.1027	331	+0.0008	45 30 57.27	13	4.75	20.042	019	−0.003	45 17
13	Ll 2	6.8	5 15.089	11	4.66	3.1187	488	+0.0054	56 36 32.49	11	4.66	20.042	019	−0.001	56 11
14	Br 3221	7.1	5 19.372	14	4.82	3.1242	537	+0.0014	59 7 1.17	14	4.82	20.041	019	−0.018	58 11
15	Rü H 21	6.9	5 53.236	15	4.76	3.1252	498	....	57 1 52.56	15	4.76	20.040	020	...	56 14
16	Ll 77	6.6	0 7 20.282	16	4.65	+3.1138	+0.0321	+0.0071	+44 9 5.80	16	4.65	+20.037	−0.023	−0.039	43 20
17	Grb 15	7.0	7 22.489	14	4.59	3.1135	316	+0.0043	43 45 35.52	14	4.59	20.037	023	−0.006	43 22
18	γ Pegasi	2.7	8 5.148	4	6.93	3.0846	102	+0.0001	14 37 39.65	2	6.87	20.034	024	−0.014	14 14
19	23 Andromedae	5.9	8 19.077	16	4.55	3.1137	282	−0.0110	40 28 59.55	15	4.66	20.034	025	−0.150	40 29
20	WB 0ʰ 163	7.2	8 25.198	13	4.89	3.1171	303	....	42 23 35.80	13	4.89	20.033	025	...	42 30
21	Ll 154	6.9	0 9 19.934	15	4.63	+3.1187	+0.0286	+0.0031	+40 28 38.91	15	4.63	+20.030	−0.027	+0.012	40 34
22	Ll 164	8.9	9 33.810	14	4.74	3.1211	0297	+0.0221	41 12 17.46	14	4.74	20.029	028	−0.016	40 37
23	Br₄₅ 12	6.8	10 3.349	13	4.35	3.1282	0318	−0.0035	43 38 51.59	13	4.35	20.028	029	−0.014	43 33
24	Br 6	6.5	10 53.260	6	6.93	3.3265	1465	+0.0067	76 23 42.16	6	6.93	20.026	031	+0.002	76 5
25	Ll 209,247	6.2	11 6.330	15	4.37	3.1328	0314	+0.0070	43 2 23.83	15	4.37	20.023	031	−0.039	42 41
26	Ll 256	7.1	0 12 36.553	25	4.69	+3.1433	+0.0327	....	+44 1 20.81	13	4.44	+20.017	−0.034	−0.027	43 45
27	Ll 248	8.2	12 41.493	13	4.79	3.1423	369	+0.2629	43 27 23.70	13	4.79	20.016	038	+0.395	43 44
28	Ll 262	8.9	12 43.405	2	6.92	3.1224	234	0.000·	34 1 13.80	2	6.92	20.016	034	−0.01·	33 24
29	WB 0ʰ 283	7.0	13 3.636	14	4.89	3.1458	328	....	44 0 12.24	11	4.68	20.014	035	−0.033	43 47
30	WB 0ʰ 293	6.9	13 24.452	11	4.79	3.1480	328	....	44 4 29.91	11	4.79	20.013	035	...	43 49
31	26 Andromedae	6.0	0 13 25.743	13	4.82	+3.1459	+0.0323	+0.0026	+43 14 9.20	13	4.82	+20.012	−0.035	−0.004	42 48
32	ι Ceti	3.5	14 19.988	6	6.95	3.0585	−0.0022	−0.0015	−9 22 42.24	6	6.95	20.008	036	−0.032	−9 48
33	Br₄₅ 26	6.6	14 25.947	15	4.50	3.1433	0289	−0.0030	44 10 29.31	15	4.50	20.008	037	−0.013	39 56
34	Ll 346	6.9	15 10.705	17	4.49	3.2034	+0.0506	+0.0019	+56 0 8.20	17	4.49	20.003	038	−0.059	55 47
35	Ll 411	9.1	17 6.542	17	4.72	3.1621	+0.0314	+0.0090	+42 2 2.71	16	4.54	19.991	043	−0.083	41 46
36	Br₄₅ 38	7.3	0 17 44.294	17	4.61	+3.1720	+0.0335	+0.001·	+43 58 14.83	17	4.61	+19.986	−0.044	+0.01·	43 67
37	d'Ag 48—50	6.5	18 45.960	17	4.60	3.1768	332	0.0000	43 42 38.24	17	4.60	19.980	046	−0.015	43 72
38	Br 45 49	6.8	20 44.603	18	4.46	3.2530	526	−0.0053	56 13 36.00	18	4.46	19.965	051	−0.052	55 72
39	Br 28	6.7	21 10.994	18	4.47	3.2558	525	+0.006·	56 5 14.92	18	4.47	19.961	052	+0.012	55 74
40	Br₄₅ 55	5.6	22 51.142	23	4.78	3.2000	340	+0.0092	43 50 29.66	23	4.78	19.947	055	−0.018	43 92
41	Ll 655,57	6.1	0 24 44.966	15	4.64	+3.3161	+0.0615	+0.0042	+59 25 29.40	15	4.64	+19.930	−0.061	−0.034	59 68
42	Ll 684	7.7	25 31.465	14	4.76	3.2994	553	....	56 48 46.18	14	4.76	19.923	062	...	56 71
43	Ll 683	6.9	25 31.725	13	4.89	3.2856	517	....	55 9 8.65	13	4.89	19.923	062	...	54 88
44	d'Ag 72—3	6.8	25 49.678	13	4.90	3.2144	339	+0.0005	43 23 39.67	13	4.90	19.920	061	−0.019	43 97
45	d'Ag 78	6.6	27 3.042	15	4.61	3.2187	336	+0.0016	42 56 34.89	15	4.61	19.907	064	−0.012	42 99

Nr.	Stern	Gr.	a 1900.0	n	Ep.	Präz.	V. S.	μ_a	δ 1900.0	n	Ep.	Präz.	V. S.	μ_δ	BD.	
					1900+						1900+					
46	**ϰ Cassiopejae**	4ᵐ2	0ʰ27ᵐ 18ˢ709	39	4.84	+3ˢ3760	+0ˢ0712	+0ˢ0011	+62°22′47″77	37	4.94	+19″905	−0″067	+0″003	62°	102
47	Ll 839,41	7.9	29 37.783	20	4.52	3.2283	326	− 0.0199	42 8 43.97	20	4.52	19.880	069	− 0.088	41	87
48	Ll 842	8.7	29 57.643	11	6.14	3.3710	639	− 0.0037	59 44 41.43	7	6.22	19.876	072	− 0.007	59	83
49	Br₄₅ 90	6.0	30 46.091	13	4 60	3.3794	644	0.0000	59 46 31.62	13	4.60	19.867	074	− 0.001	59	84
50	Ll 850,90	7.2	30 53.653	12	4.41	3.2463	355	+ 0.0048	44 5 18.01	12	4.41	19.865	072	0.000	43	110
51	d'Ag 92	5.5	0 31 20.178	12	4.72	+3.2478	+0.0353	− 0.0021	+43 56 13.67	12	4.72	+19.860	−0.073	+0.026	43	113
52	**ζ Cassiopejae**	3.8	31 23.806	13	5.03	3.3176	497	+ 0.0023	53 20 47.67	9	5.27	19.859	075	− 0.007	53	105
53	RC 159	7.2	31 37.241	13	4.73	3.3604	585	. . . .	57 27 56.85	13	4.73	19.856	076	− 0.039	57	113
54	Ll 930	6.9	32 2.247	13	4.58	3.2273	307	. . . .	39 46 55.64	13	4.58	19.851	074	− 0.006	39	138
55	Ll 955	7 0	32 50.153	16	4.55	3.3998	651	+ 0.0014	59 46 29.10	16	4.55	19.841	079	− 0.008	59	91
56	Ll 960	6.6	0 33 6.157	15	4.68	+3.3959	+0.0638	. . . .	+59 16 34.77	15	4.68	+19 838	−0.080	. . . .	59	92
57	Ll 1008	7.0	34 35.861	27	4.69	3.4057	632	. . . .	58 54 56.82	14	4.73	19.819	083	. . . .	58	88
58	Ll 1015	7.2	34 40.865	21	5.11	3.4071	634	. . . .	58 57 52.07	13	4.74	19.818	083	. . . .	58	89
59	Str I,10	9.0	34 42.254	11	5.34	3.3711	559	+ 0.0001	55 59 31.21	8	5.59	19.818	083	− 0.006	55	138
60	**α Cassiopejae**	(2.2)	34 49.763	30	4.74	3.3722	561	+ 0.0060	55 59 20.36	22	4.43	19.816	083	− 0.029	55	139
61	Br 64	7.0	0 36 34.781	15	4.71	+3.2514	+0.0316	− 0.0028	+40 8 28.82	15	4.71	+19.792	−0.084	− 0.060	39	158
62	Br 63	6.6	36 45.858	14	4.61	3.4166	+0.0619	+ 0.0026	+58 12 18.62	14	4.61	19.789	088	− 0.027	57	132
63	Ll 1099—1101	7.2	36 52.558	15	4.71	3.2747	+0.0355	+ 0.0005	+43 23 22.89	15	4.71	19.788	085	− 0.043	43	135
64	**β Ceti**	2.2	38 34.345	5	6.98	2.9973	−0.0055	+ 0.0160	−18 32 7.05	5	6.98	19.764	082	+ 0.039	−18	115
65	Ll 1154	8.4	38 48.855	20	4.77	3.2623	+0.0318	− 0.0005	+40 8 16.97	17	4.62	19.760	089	− 0.026	39	166
66	**o Cassiopejae**	4.7	0 39 8.997	20	4.50	+3.3223	+0.0416	+ 0.0022	+47 44 13.68	19	4.59	+19.755	+0.091	− 0.008	47	183
67	Ll 1167	7.0	39 9.117	12	4.23	3.2638	318	+ 0.0004	40 7 56.41	12	4.23	19.755	090	− 0.007	39	167
68	Br₄₅ 133	6.4	40 38.476	19	4.77	3.3025	370	+ 0.0044	44 18 53.55	19	4.77	19.732	093	− 0.028	44	160
69	Ll 1210	6.6	40 52.453	18	4.65	3.4673	655	+ 0.0028	59 1 40.52	18	4.65	19.729	098	− 0.009	58	101
70	**ξ Andromedae**	4.1	42 2.147	6	7.00	3.1795	179	− 0.0075	23 43 22.62	6	7.00	19.711	092	− 0.079	23	106
71	Be C 31	8.5	0 43 3.107	32	4.71	+3.4607	+0.0648	+ 0.1390	+57 17 1.15	10	4.78	+19.694	−0.110	− 0.522	}	57 150
72	η Cassiopejae	3.6	43 3.657	43	4.60	3.4608	648	+ 0.1390	57 17 4.89	22	4.28	19.694	110	− 0.522		
73	Br 84a (3223)	7.2	43 45.624	17	5.09	3.2892	328	+ 0.0013	40 32 13.48	13	5.13	19.682	099	+ 0.002	40	167
74	ν Andromedae	4.8	44 17.808	14	4.63	3.2918	329	+ 0.0017	40 32 3.82	14	4.63	19.674	100	− 0.021	40	171
75	**Br 82**	5.7	44 39.311	18	4.88	3.5960	838	+ 0.0059	63 42 11.40	18	4.88	19.668	110	− 0.005	63	99
76	Br₄₅ 157	6.8	0 44 43.126	16	4.73	+3.3265	+0.0377	+ 0.0065	+44 27 26.36	16	4.73	+19.666	−0.102	− 0.003	44	176
77	Ll 1462—3	7.3	48 3.282	21	4.73	3.3301	364	+ 0.0272	42 49 25.43	21	4.73	19.608	112	− 0.112	42	195
78	ν¹ Cassiopejae	5.1	49 3.717	20	4.54	3.5343	661	− 0.0038	58 25 52.72	20	4.54	19.589	119	− 0.044	58	134
79	AOe 881	6.8	50 16.410	14	4.62	3.5280	636	. . . .	57 27 18.71	14	4.62	19.567	120	. . . .	57	172
80	**γ Cassiopejae**	2.0	50 40.147	23	5.20	3.5836	723	+ 0.0037	60 10 31.19	9	5.17	19.559	123	− 0.004	59	144
81	ν² Cassiopejae	5.1	0 50 42.242	14	4.85	+3.5535	+0.0672	− 0.0116	+58 38 26.39	14	4.85	+19.558	−0.122	− 0.042	58	138
82	Br₄₅ 181	6.4	50 45.290	13	4.91	3.5771	711	+ 0.0052	59 49 17.26	13	4.91	19.557	123	0.000	59	146
83	Ll 1566—7	6.6	50 54.760	13	4.67	3.3415	359	− 0.0029	42 26 15.17	13	4.67	19.554	116	− 0.015	42	205
84	**μ Andromedae**	3.9	51 12.096	11	4.82	3.3033	309	+ 0.0129	37 57 25.71	12	4.93	19.549	116	+ 0.036	37	175
85	Str 65	7.4	54 23.551	27	5.15	3.3776	385	. . . .	44 10 20.57	16	5.23	19.485	123	. . . .	43	193
86	d'Ag 189—90	6.5	0 54 23.716	29	5.21	+3.3776	+0.0385	+ 0.0028	+44 10 28.03	14	5.11	+19.485	−0.123	− 0.019		
87	Ll 1679	7.2	54 32.057	13	4.76	3.5730	658	− 0.0003	57 49 29.80	13	4.76	19.482	131	− 0.022	57	179
88	**43 Hev. Cephei**	4.3	55 1.5. . .	. .	. . . .	. . . .	. . . .	. . . .	85 43 14.49	108	5.01	19.472	267	− 0.001	85	19
89	Ll 1724	6.8	55 45.141	14	4.53	3.5733	645	. . . .	57 16 41.71	14	4.53	19.457	134	. . . .	57	180
90	39 Andromedae	6.2	57 16.943	14	4.27	3.3577	345	− 0.0019	40 48 27.73	15	4.44	19.424	129	− 0 010	40	209

Nr.	Stern	Gr.	α 1900.0	n	Ep.	Präz.	V. S.	μα	δ 1900.0	n	Ep.	Präz.	V. S.	μδ	BD.
						190c+						1900+			
91	Ll 1781	6ᵐ7	0ʰ 57ᵐ 32ˢ029	13	4.13	+ 3ˢ6113	+ 0ˢ0682	+ 0ˢ0045	+ 58°22′19″65	13	4.13	+ 19″418	− 0″139	− 0″011	58° 162
92	ε Piscium	4.2	57 45.094	3	7.03	3.1153	088	− 0.0055	7 21 6.18	3	7.03	19.414	121	+ 0.030	7 153
93	Ll 1870—1	7.2	59 59.643	19	4.55	3.6094	654	. . . .	57 13 14.78	19	4.55	19.364	144	. . .	56 191
94	Ll 1891	6.6	1 0 55.732	14	4.57	3.6008	633	. . . .	56 24 9.72	14	4.57	19.343	146	. . .	56 196
95	μ Cassiopejae	5.6	1 38.754	13	4.92	3.5686	667	+ 0.3921	54 25 39.66	12	4.83	19.327	176	− 1.556	54 223
96	Ll 1933	6.9	1 1 48.128	11	4.62	+ 3.3788	+ 0.0348	+ 0.0088	+ 40 43 32.67	11	4.62	+ 19.322	− 0.139	− 0.061	40 222
97	Ll 1953	6.8	2 6.693	11	4.78	3.3831	352	− 0.0006	40 58 44.83	11	4.78	19.315	140	− 0.017	40 224
98	41 Andromedae	5.4	2 16.307	12	4.52	3.4117	383	+ 0.0152	43 24 33.92	12	4.52	19.311	142	− 0.057	43 234
99	Ll 1959	7.6	2 24 079	11	4.64	3.3995	368	0.000.	42 18 48.68	11	4.64	19.308	141	+ 0.03.	42 240
100	Ll 1944—5	6.5	2 25.611	11	4.60	3.6417	674	+ 0.0023	57 43 46.58	11	4.60	19.308	151	− 0.004	57 200
101	Ll 1983	6 8	1 3 29.308	15	4.51	+ 3.6313	+ 0.0650	− 0.011.	+ 56 49 3.09	15	4.51	+ 19.282	− 0.153	− 0.04.	56 207
102	44 Hev. Cephei	5.7	3 37.480	4	7.03	4.9817	3436	+ 0.0329	79 8 30.02	4	7.03	19.279	210	+ 0.009	78 34
103	β Andromedae	2.1	4 7.913	27	4.51	3.3317	0289	+ 0.0151	35 5 25.59	18	4.96	19.267	144	− 0.112	34 198
104	44 Andromedae	6.2	4 37.871	14	4.62	3.4019	0358	− 0.0122	41 32 59.51	14	4.62	19.255	145	− 0.046	41 219
105	Ll 2062	7.9	4 59.975	14	4.42	3.4139	0368	− 0.0144	42 24 16.59	14	4.42	19.246	147	− 0.207	42 249
106	Ll 2076	7.8	1 5 32.814	15	4.71	+ 3.3965	+ 0.0351	. . . .	+ 40 41 24.25	15	4.71	+ 19.233	− 0.148	. . .	40 235
107	WB 1ʰ 49	8.4	6 21.793	6	6.13	3.4052	356	. . . .	41 5 49.21	6	6.13	19.212	150	. . .	40 240
108	d'Ag 235—7	6.5	6 46.422	14	4.50	3.4536	408	+ p.0033	44 48 21.04	14	4.50	19.202	152	+ 0.023	44 261
109	Hels 1023	9.3	6 53.799	12	6.63	3.6259	612	. . . .	55 12 40.13	12	4.63	19.199	160	− 0.057	54 241
110	WB 1ʰ 67	7.2	7 20.537	18	4.72	3.4102	358	+ 0.0263	41 7 28.48	18	4.72	19.188	152	− 0.057	40 248
111	Ll 2185	8 6	1 8 56.219	3	7.02	+ 3.4337	+ 0.0375	. . . .	+ 42 23 14.58	3	7.02	+ 19.146	− 0.156	. . .	42 262
112	Kam₁ 255	8.2	9 11.219	21	4.56	3.7603	770	+ 0.0127	59 59 24.52	21	4.56	19.140	172	+ 0.044	59 220
113	Ll 2241—2	6.9	10 43.995	16	4.43	3.4431	377	− 0.0088	42 24 43.19	16	4.42	19.099	160	− 0.037	42 271
114	Ll 2263	6.4	11 15.643	17	4.65	3.4723	404	+ 0.0016	44 22 31.08	17	4.65	19.086	163	− 0.059	44 271
115	Ll 2287	6.9	11 52.497	13	4.38	3.4719	403	− 0.0005	44 6 16.93	13	4.38	19.069	164	− 0.003	43 262
116	Ll 2277	6.9	1 11 59.016	15	4.79	+ 3.7148	+ 0.0681	. . . .	+ 57 16 33.65	15	4.79	+ 19.066	− 0.175	. . .	57 237
117	Anonyma	10.	12 28.787	1	4.05	3.7292	695	. . . .	57 40 30.52	1	4.05	19.053	177	. . .	— —
118	Ll 2326	7.2	13 34.293	25	4.67	3.7389	696	− 0.0008	57 40 56.19	13	5.05	19.022	180	+ 0.001	57 257
119	φ Cassiopejae	6.0	13 47.224	25	4.80	3.7413	698	+ 0.0012	57 42 21.46	16	4.58	19.017	180	+ 0.005	57 260
120	Ll 2364	7.0	14 18.140	13	4.51	3.4482	367	+ 0.0026	41 26 48.12	13	4.51	19.003	168	− 0.063	41 252
121	Ll 2370—1	6.7	1 14 28.958	16	4.71	+ 3.4700	+ 0.0388	+ 0.0015	+ 42 29 4.45	16	4.71	+ 18.997	− 0.170	− 0.001	42 281
122	d'Ag 267	6.6	16 22.487	17	4.35	3.4808	391	+ 0.0004	43 3 38.43	17	4.35	18.944	174	− 0.003	42 288
123	Ll 2433	8.1	16 59.426	31	4.67	3.7671	705	+ 0.0149	57 37 20.94	16	4.49	18.926	191	− 0.102	57 274
124	Σ 115, seq	8.1	16 59.631	31	4.67	3.7669	705	+ 0.0149	57 37 19.75	16	4.80	18.926	191	− 0.102	57 274
125	d'Ag 274—5	6.7	18 28.218	16	4.49	3.4852	386	− 0.0001	42 37 13.25	16	4.49	18.883	179	+ 0.011	42 293
126	ψ Cassiopejae	5.0	1 18 51.871	4	7.03	+ 4.1666	+ 0.1230	+ 0.0134	+ 67 36 29.85	4	7.03	+ 18.872	− 0.214	+ 0.033	67 123
127	δ Cassiopejae	2.7	19 16.343	36	4.31	3.8482	0792	+ 0.0397	59 42 56.02	31	4.20	18.860	202	− 0.043	59 248
128	Ll 2517—8	8.8	19 20.946	7	5.98	3.4917	0389	. . . .	42 45 51.43	7	5.98	18.857	181	. . .	42 299
129	Ll 2569—70	6.2	20 25.726	14	4.63	3.4998	0392	+ 0.0075	42 56 20.47	14	4.63	18.825	183	− 0.077	42 302
130	Ll 2583—4	7.0	20 49.378	15	4.87	3.5054	0396	+ 0.0133	43 10 22.70	15	4.87	18.813	184	− 0.044	42 305
131	WB 1ʰ, 406—7	6.2	1 21 37.605	14	4.72	+ 3.4714	+ 0.0361	. . . .	+ 40 34 52.54	14	4.72	+ 18.789	− 0.184	. . .	40 289
132	Ll 2615	6.7	21 58.835	13	4.79	3.4624	352	+ 0.0021	39 49 1.49	13	4.79	18.778	185	− 0.019	39 334
133	Ll 2624	6.6	22 18.468	14	4.72	3.5185	402	+ 0.0021	43 31 51.13	14	4.72	18.768	188	− 0.019	43 302
134	α Ursae minor.	2.0	22 33.2.	.	. . .	. . . .	. . . .	. . . .	88 46 26.45	46	4.94	18.760	− 1.310	+ 0.003	88 8
135	Ll 2643	7.0	22 42.656	13	4.91	3.4935	378	. . . .	41 45 7.18	13	4.91	18.756	− 0.188	. . .	41 283

Nr.	Stern	Gr.	α 1900.0	n	Ep.	Präz.	V. S.	μ_a	δ 1900.0	n	Fp.	Präz.	V. S.	μ_δ	BD.
136	Ll 2668—9	7ᵐ2	1ʰ23ᵐ33ˢ539	12	5.67	+3ˢ4978	+0ˢ0378	+0ˢ0078	+41°45'57"52	12	5.67	+18"729	−0"190	−0"057	41° 288
137	**η Piscium**	3.6	26 7.881	25	5.21	3.2022	142	+0.0015	14 49 49.29	17	4.96	18.648	179	−0.007	14 231
138	Ll 2757	6.5	26 56.079	14	4.63	3.8585	725		57 48 47.77	14	4.63	18.622	216		57 320
139	χ Cassiopejae	6.0	27 23.426	18	4.45	3.8909	757	− 0.0044	58 43 7.94	18	4.45	18.607	218	− 0.016	58 260
140	Br₄₅ 323	6.8	29 58.490	20	4.50	3.5100	365	+0.0110	40 33 53.71	20	4.50	18.522	203	− 0.002	40 328
141	**40 Cassiopejae**	5.5	1 30 30.990	2	7.06	+4.7062	+0.1864	− 0.0019	+72 31 50.06	2	7.06	+18.504	− 0.272	− 0.006	72 86
142	υ Andromedae	4.4	30 55.448	19	4.58	3.5197	0365	− 0.0158	40 54 18.03	13	4.46	18.490	204	− 0.378	40 332
143	Kam₁ III, 30	6.0	31 35.094	17	4.71	3.8875	0722	− 0.0003	57 28 4.94	17	4.71	18.467	228	− 0.004	57 349
144	**υ Persei**	3.6	31 51.087	30	4.44	3.6539	0486	+0.0064	48 7 17.73	24	4.59	18.458	216	− 0.113	47 467
145	Ll 2954	7.0	32 30.272	15	4.67	3.5952	0429	....	44 53 26.67	15	4.67	18.436	214	+0.003	44 341
146	χ Andromedae	5.2	1 33 20.960	13	4.46	+3.5814	+0.0415	− 0.0016	+43 52 39.62	13	4.46	+18.407	− 0.215	+0.009	43 343
147	WB 1ʰ 705—8	7.1	34 2.021	13	4.63	3.5383	376		41 9 33.13	13	4.63	18.383	214	. . .	40 344
148	d'Ag 328—9	6.8	34 10.776	13	4 78	3.5231	363	− 0.0062	40 10 37.29	13	4.78	18.378	213	− 0.030	39 376
149	d'Ag 332	6.1	34 39.764	12	4.85	3.5689	399	+0.0122	42 47 30.50	13	4.78	18.361	217	− 0.038	42 345
150	τ Andromedae	5.5	34 40.484	12	4.54	3.5236	362	+0.0012	40 4 14.57	12	4.54	18.360	214	− 0.025	39 378
151	Br 222	6.8	1 35 39.373	11	4.64	+3.9434	+0.0753	+0.0096	+58 7 20.09	11	4.64	+18.326	− 0.242	− 0.02.	57 370
152	d'Ag 335	5.5	35 41.962	12	4.54	3.5622	401	+0.0725	42 6 41.96	12	4.54	18.324	227	− 0.142	41 328
153	Pi 1ʰ 139	7.0	35 51.114	18	4.84	4.0141	827	+0.0004	60 2 34.73	12	4.77	18.319	245	− 0.007	59 306
154	44 Cassiopejae	6.2	36 33.252	11	4.54	4.0207	828	+0.0032	60 2 49.40	9	4.88	18.294	248	− 0.013	59 307
155	AOe 1865	6.8	36 37.592	10	4.71	3 9871	791	....	59 7 46.44	10	4.71	18.292	246	. . .	58 282
156	Ll 3114	6.7	1 37 11.189	9	4.58	+3.6187	+0.0431	+0.0138	+44 49 5.65	10	4.53	+18.271	− 0.225	− 0.007	44 354
157	Ll 3101,03	7.2	37 16.979	12	4.85	3.8694	662	+0.0003	55 22 26.76	12	4.85	18.268	240	− 0.034	55 391
158	**φ Persei**	4.1	37 23.363	12	4.13	3.7333	532	+0.0026	50 11 6.12	10	4.56	18.264	232	− 0.015	49 444
159	Br 226	6.5	37 41.358	12	4.59	3.9243	717	+0.0045	57 2 1.50	12	4.59	18.253	244	− 0.027	56 330
160	Br₄₅ 350	6.4	38 11.018	13	4.47	3.9138	702	+0.002.	56 35 9.80	13	4.47	18.235	245	− 0.01.	56 334
161	Bo VI, 57° 385	9.5	1 39 24.807	6	6.38	+3.9540	+0.0734	....	+57 30 8.43	6	6.38	+18.190	− 0.250	. . .	57 385
162	Bo VI, 58° 297	7.3	40 4.068	17	4.41	4.0003	776	....	58 39 23.31	17	4.41	18.166	254	. . .	58 297
163	Hels 1573	9.1	40 6.665	8	6.26	3.9602	735	....	57 30 53.49	8	6.26	18.165	252	. . .	57 389
164	**o Piscium**	4.3	40 6.740	1	6.97	3.1584	112	+0.0047	8 39 16.54	1	6.97	18.164	203	+0.050	8 273
165	Ll 3191	7.2	40 37.578	20	4.61	3.9648	737	....	57 31 15.59	21	4.68	18.145	253	. . .	57 392
166	Ll 3392	6.7	1 47 10.950	16	4.58	+3.9361	+0.0665	+0.0030	+55 6 17.14	16	4.58	+17.895	− 0.266	+0.016	54 408
167	**ε Cassiopejae**	3.3	47 11.738	33	4.27	4.2640	1003	+0.0050	63 10 39.87	19	4.46	17.894	288	− 0.015	62 320
168	55 Andromedae	6.1	47 17.299	12	4.53	3.5825	0369	0.0000	40 14 11.46	12	4.53	17.890	243	− 0.009	40 394
169	**α Trianguli**	3.5	47 22.722	4	7.01	3.4081	0248	+0.0012	29 5 28.27	4	7.01	17.887	232	− 0.233	28 312
170	Anonyma	9.6	48 14.427	2	6.04	3.5858	0368	....	40 11 20.95	1	6.06	17.852	245	. . .	— —
171	Bo VI 55° 437	7.0	1 48 15.124	14	4.45	+3.9768	+0.0696	....	+56 5 25.78	14	4.45	+17.852	− 0.271	0.000	55 437
172	Lu 844	8.8	48 20.155	5	6.01	3.5866	369	....	40 12 20.32	2	5.97	17.849	246	. . .	39 430
173	Ll 3455	7.3	48 37.336	5	6.02	3.5871	368	− 0.0003	40 9 52.04	3	6.02	17.837	246	+0.013	39 431
174	Br 250	6.7	48 52.614	22	4.74	3.5891	370	+0.0038	40 12 44.10	17	4.31	17.827	247	− 0.072	39 434
175	Anonyma	9.3	48 57.196	4	6.30	3.5898	371	....	40 13 53.15	5	6.25	17.824	247	. . .	— —
176	Ll 3529—30	7.2	1 50 28.392	17	4.59	+3.6185	+0.0386	− 0.0004	+41 24 8.81	17	4.59	+17.763	− 0.252	+0.004	41 374
177	Hels 1727	9.5	51 18.715	3	6.07	4.1158	809	....	59 7 43.95	2	6.07	17.728	287	. . .	58 340
178	Ll 3536	7.1	51 22.274	17	4.72	4.1168	810	+0.0108	59 8 17.54	15	4.54	17.726	288	− 0.019	58 341
179	Ll 3573	7.0	51 52.226	17	4.49	3.6034	371	+0.0090	40 16 29.23	17	4.49	17.706	254	− 0.084	40 408
180	d'Ag 390	7.0	51 52.292	14	4.67	3.6210	385	+0.0016	41 12 23.64	14	4.67	17.706	255	− 0.014	40 407

Nr.	Stern	Gr.	α 1900.0	n	Ep.	Präz.	V. S.	μα	δ 1900.0	n	Ep.	Präz.	V. S.	μδ	BD.
						1900+						1900+			
181	Ll 3626	7ᵐ3	1ʰ53ᵐ39ˢ155	12	4.59	+3ˢ6224	+0ˢ0378	....	+40°51'51.31	12	4.59	+17.632	−0.259	...	40° 415
182	Ll 3606—07	7.0	53 48.517	13	4.79	4.1521	827	+0.0095	59 28 28.83	13	4.79	17.626	296	−0.048	59 376
183	WB 1ʰ 1211	9.7	53 59.870	1	6.08	3.6874	428	0.000.	43 57 54.65	1	6.08	17.618	264	−0.073	43 405
184	WB 1ʰ 1212	9.4	54 0.056	12	5.52	3.6874	428	0.000.	43 57 57.44	8	6.01	17.617	264	−0.073	43 405
185	Ll 3639	7.0	54 3.939	22	4.80	3.6870	427	+0.0008	43 56 7.85	18	4.53	17.615	264	−0.038	43 406
186	**50 Cassiopejae**	*4.0*	1 54 53.093	3	7.03	+5.0416	+0.1894	−0.0091	+71 56 14.94	3	7.03	+17.580	−0.359	+0.025	71 117
187	Ll 3672	7.0	55 8.961	17	4.49	3.6264	0377	....	40 43 40.13	17	4.49	17.569	262	...	40 423
188	**γ Andromedae**	*2.1*	57 45.516	60	4.50	3.6607	0394	+0.0043	41 50 59.98	37	4.55	17.458	270	−0.054	41 395
189	Ll 3767	6.6	57 46.340	57	4.60	3.6607	0394	+0.0041	41 51 4.51	29	4.68	17.458	270	−0.055	41 395
190	**α Arietis**	*2.0*	2 1 32.178	4	7.01	3.3591	0204	+0.0137	22 59 21.22	4	7.01	17.294	257	−0.143	22 306
191	Br 283	6.5	2 1 41.354	23	4.36	+4.1531	+0.0771	−0.0006	+57 56 52.26	23	4.36	+17.287	−0.314	+0.008	57 494
192	Ll 3883	6.9	2 18.414	21	4.50	3.7284	426	+0.0013	43 59 7.34	21	4.50	17.259	284	−0.077	43 431
193	Bo VI 59° 422	7.0	3 17.157	18	4.47	4.2351	836	+0.007.	59 30 28.18	18	4.47	17.216	323	−0.05.	59 422
194	**β Trianguli**	*3.0*	3 35.532	5	7.02	3.5443	305	+0.0122	34 30 51.39	5	7.02	17.202	274	−0.040	34 381
195	Ll 3929	7.7	4 6.170	16	4.52	3.9103	554	+0.002.	50 34 55.05	16	4.52	17.179	301	0.00.	50 466
196	5 Persei	6.6	2 4 31.084	17	4.38	+4.1433	+0.0742	−0.0011	+57 10 24.10	17	4.38	+17.160	−0.318	+0.010	56 438
197	AOe 2449	8.4	5 51.896	18	5.39	4.1366	730	+0.0149	56 45 19.24	10	5.22	17.099	322	0.000	56 446
198	Ll 3972	7.1	5 55.566	26	4.86	4.1364	734	+0.0324	56 44 23.51	15	4.81	17.096	327	−0.200	56 449
199	Ll 3996	6.8	6 37.784	14	4.74	4.1989	779	−0.0019	58 5 28.69	14	4.74	17.064	329	−0.016	57 519
200	*b* Andromedae	5.3	6 56.816	13	4.43	3.7455	424	−0.0014	43 45 45.62	13	4.43	17.049	294	−0.007	43 447
201	**6 Persei**	*5.7*	2 6 57.224	15	4.53	+3.9282	+0.0559	+0.0367	+50 36 4.10	11	4.72	+17.049	−0.314	−0.168	50 481
202	Ll 4040	7.2	7 4.634	14	4.72	3.6636	370	....	40 2 26.84	14	4.72	17.043	288	−0.091	39 498
203	Pi 2ʰ 21	7.2	9 46.879	24	4.71	4.1582	724	+0.0007	56 33 51.24	12	4.75	16.918	332	−0.009	56 470
204	Pi 2ʰ 22	6.6	9 52.039	24	4.71	4.1599	724	+0.0018	56 35 24.66	12	4.67	16.914	333	0.000	56 471
205	8 Persei	6.3	10 54.929	12	4.63	4.2037	757	+0.0087	57 26 9.86	12	4.63	16.865	339	+0.020	57 535
206	7 Persei	6.6	2 11 2.159	11	4.88	+4.1881	+0.0742	−0.0009	+57 3 10.45	11	4.88	+16.859	−0.338	+0.001	56 486
207	Q 867	8.5	11 21.974	10	4.81	4.1510	715	+0.042.	56 6 9 86	10	4.81	16.843	342	−0.21.	55 570
208	Hels 2074	8.5	11 28.465	1	6.04	4.1760	729	−0.0007	56 41	...	...	16.838	338	+0.012	56 501
209	Ll 4200	6.9	11 45.093	9	4.90	3.7367	404	−0.0006	42 26 17.51	9	4.90	16.824	303	+0.032	42 489
210	Br 316	6.7	12 2.789	11	4.67	4.1796	728	+0.0012	56 40 24.25	6	4.38	16.811	339	−0.009	56 522
211	RC 667	8.6	2 12 8.753	6	5.54	+4.1801	+0.0728	+0.0008	+56 40	...	...	+16.807	−0.340	−0.005	56 527
212	Pi 2ʰ 36	6.8	12 12.013	9	4.71	4.1822	729	−0.0009	56 42 26.37	7	4.75	16.803	340	+0.010	56 530
213	Ll 4220	8.2	12 25.624	11	5.57	3.6809	367	....	39 49 4.82	5	5.42	16.792	300	....	39 517
214	Ll 4184	7.0	12 25.921	15	4.77	4.3142	842	....	59 33 6.65	9	4.69	16.792	351	...	59 466
215	Ll 4221	6.8	12 26.545	13	5.33	3.6809	366	−0.0030	39 49 0.80	8	5.27	16.792	300	−0.026	39 517
216	Ll 4187	7.0	2 12 28.785	14	4.89	+4.3154	+0.0842	0.000.	+59 34 6.28	8	5.18	+16.790	−0.351	+0.01.	59 467
217	AOe 2622	9.4	13 16.768	8	5.87	4.1391	688	....	55 27 58.18	4	6.02	16.751	338	...	55 583
218	AOe 2634	6.8	13 45.280	11	4.56	4.1417	687	−0.0054	55 26 57.54	11	4.56	16.729	340	+0.025	55 588
219	Ll 4304	7.1	14 45.466	12	4.69	3.7512	407	....	42 29 7.60	12	4.69	16.680	310	...	42 502
220	Br 323	6.7	14 51.202	13	5.04	4.2052	734	−0.0002	56 47 4.98	11	4.67	16.676	347	−0.011	56 568
221	RC 688	9.1	2 15 12.258	3	7.03	+4.2091	+0.0735	+0.0001	+56 48 51.05	2	7.07	+16.658	−0.348	+0.008	56 577
222	Σ 249, pr	9.6	15 14.162	14	5.02	3.7939	430	....	44 8 29.08	8	4.90	16.657	315	...	43 474
223	Ll 4313	6.8	15 14.261	19	4.87	3.7940	430	....	44 8 30.98	12	4.69	16.657	315	....	43 474
224	Br 328	7.0	15 54.761	11	4.40	4.2194	738	+0.0011	56 55 49.11	11	4.40	16.624	351	+0.001	56 593
225	BD 55° 605	9.3	16 32.891	2	7.07	4.1891	710	+0.0006	56 7 6.79	2	7.07	16.593	350	−0.009	55 605

Nr	Stern	Gr.	a 1900.0	n	Ep.	Präz.	V. S.	μa	δ 1900.0	n	Ep.	Präz	V. S.	μδ	BD.
					1900+						1900+				
226	d'Ag 465	6ᵐ3	2ʰ 16ᵐ 36ˢ700	15	4.70	+ 3ˢ7232	+ 0ˢ0382	— 0ˢ0076	+ 40°56'33"14	15	4.70	+ 16"589	— 0"312	— 0"094	40° 500
227	AOe 2691	9.4	17 9.183	7	6.20	4.1944	711	— 0.0018	56 8 22.66	6	6.23	16.563	352	+ 0.028	55 607
228	Ll 4381	6.9	17 46.350	14	4.57	3.7445	391	— 0.012.	41 38 51.53	14	4.57	16.532	316	— 0.01.	41 453
229	10 Persei	6.4	18 12.166	14	4.41	4.2027	711	— 0.0005	56 9 22.62	14	4.41	16.511	355	+ 0.011	55 612
230	Ll 4395	7.3	19 11.101	14	5.02	4.2367	732	+ 0.0011	56 46 34.26	14	5.02	16.462	360	— 0.003	56 621
231	Bo VI, 59° 486	7.0	2 19 13.146	15	4.77	+ 4.3523	+ 0.0829	+ 0.0140	+ 59 12 27.48	15	4.77	+ 16.461	— 0.369	— 0.034	59 486
232	Ll 4408	7.1	19 35.888	14	4.67	4.2601	0749		57 13 39.60	14	4.67	16.441	362	. . .	57 568
233	Str 196	8.4	20 48.753	15	4.94	4.8832	1322	. . . .	66 57 10.37	8	5.07	16.381	417	. . .	
234	ι Cassiopejae	4.8	20 49.202	41	4.91	4.8832	1322	— 0.0006	66 57 11.12	21	4.68	16.380	417	+ 0.014	66 213
235	Str 198	8.8	20 50.394	16	5 05	4.8835	1322	. . . .	66 57 8.33	7	5.32	16.379	417	. . .	
236	Ll 4490	7.0	2 22 22.497	16	5.47	+ 4.1869	+ 0.0675	+ 0.0042	+ 55 5 19.98	9	5.04	+ 16.302	— 0.362	— 0.004	54 557
237	Oertι 193	9.2	22 22.781	11	5.85	4.1869	675	. . . .	55 5 17.96	7	5.89	16.301	362	. . .	
238	Ll 4500—1	7.1	22 45.710	12	4.60	4.2902	754	. . . .	57 22 25.46	12	4.60	16.282	372	. . .	57 576
239	Ll 4535	6.7	23 16.404	11	4.75	3.8706	452	. . . .	45 35 13.62	11	4.75	16.256	337	— 0.049	45 614
240	AOe 2810	9.7	23 44.531	8	5.57	4.1969	676	. . . .	55 6 30.85	6	5.73	16.232	366	. . .	
															54 561
241	Ll 4534	6.7	2 23 46.608	17	4.99	+ 4.1970	+ 0.0676	+ 0.0071	+ 55 6 19.16	11	4.55	+ 16.230	— 0.366	— 0.123	
242	Ll 4543,45	6.6	24 12.377	8	4.66	4.3107	761	. . . .	57 34 48.34	8	4.66	16.208	377	. .	57 580
243	Ll 4556,91	7.1	24 37.722	11	4.66	4.2906	742	. . . .	57 5 10.73	11	4.66	16.186	376	. . .	56 644
244	Ll 4558,93	6.9	24 39.750	11	4.68	4.2986	751	. . . .	57 15 12.19	11	4.68	16.184	377	0.00.	57 582
245	Ll 4580	6.6	25 7.011	10	4.73	4.2021	675	+ 0.0112	55 0 55.77	10	4.73	16.162	371	— 0.020	54 567
246	Ll 4640	7.0	2 26 6.948	13	4.95	+ 3.7358	+ 0.0364	. . . .	+ 39 49 48.78	13	4.88	+ 16.107	— 0.331	— 0.015	39 560
247	Ll 4614	6.9	26 35.732	23	4.78	4.3880	0809	. . . .	58 46 16.91	12	4.46	16.084	389	. . .	58 485
248	Ll 4619	8.0	26 37.377	17	5.15	4.3867	0808	. . . .	58 44 27.81	11	5.13	16.082	389	. . .	58 486
249	WB 2ʰ 572	7.0	26 48.406	11	4.83	3.8031	0401	— 0.012.	42 27 22.14	11	4.83	16.072	338	— 0.08.	42 546
250	**36 H. Cassiop.**	5.4	28 30.908	33	5.42	5.6124	2058	— 0.0060	72 22 52.36	28	5.23	15.983	500	+ 0 021	72 140
251	Ll 4715	7.5	2 29 26.312	16	4.85	+ 4.4462	+ 0.0837	— 0.0016	+ 59 26 49.06	16	4.85	+ 15.934	— 0.400	— 0 049	59 519
252	Ll 4729	7.0	29 55.700	16	4.66	4.4613	846	+ 0.0036	59 39 8.03	16	4.66	15.908	403	+ 0.013	59 521
253	Ll 4839	7.0	33 21.921	15	4 64	4.3431	734	. . . .	56 52 44.96	15	4.64	15.723	399	. .	56 683
254	Ll 4894	7.1	34 8.085	15	4.84	3.8668	417	. . . .	43 39 39.70	15	4.84	15.682	358	— 0.022	43 551
255	Ll 4862	7.2	34 12.943	13	4.74	4.4341	796	+ 0.0028	58 32 52.38	13	4.74	15.677	410	— 0.037	58 504
256	**δ Ceti**	3.9	2 34 21.388	10	5.20	+ 3.0708	+ 0.0081	+ 0.0007	— 0 6 10.03	10	5.20	+ 15.669	— 0.286	— 0.002	— 0 406
257	12 Persei	4.9	35 56.050	19	4.88	3.7721	361	— 0.0012	+ 39 46 15.56	19	4.88	15.583	353	— 0.191	39 610
258	RC 775	6.7	37 6.198	16	4.86	3.8643	407	+ 0.0056	43 6 45.80	16	4.86	15.519	363	— 0.040	42 614
259	**ϑ Persei**	4.1	37 22.139	30	4.86	4.0403	513	+ 0.0346	48 48 20.05	21	4.83	15.504	386	— 0.088	48 746
260	14 Persei	5.6	37 34.244	16	4.74	3.8877	418	0.0000	43 52 19.38	16	4.74	15.493	366	— 0.004	43 566
261	**π Ceti**	4.0	2 39 21.793	3	7.03	+ 2.8544	— 0.0033	— 0.0008	— 14 16 55.83	3	7.03	+ 15.392	— 0.273	— 0.009	— 14 519
262	Ll 5014	6.4	39 28.777	18	4.70	4.5652	864	— 0.002.	+ 60 8 58.10	18	4.70	15.386	424	— 0.05.	59 541
263	Hels 2502	9.5	39 52.698	2	7.02	4.5591	857	. . . .	59 59 43.51	2	7.02	15.363	433	. . .	59 542
264	Ll 5062	7.8	40 0.822	15	4.71	3.8831	409	+ 0 0092	43 20 39.45	15	4.71	15.356	370	— 0.018	43 574
265	Ll 5092	6.5	40 58.882	16	4.72	3.9018	417	— 0.0016	43 51 9.64	16	4.72	15.301	374	+ 0.002	43 576
266	Ll 5095	6.7	2 41 51.710	7	6.22	+ 4.3885	+ 0.0717	+ 0.0024	+ 56 36 56.48	6	6.25	+ 15.252	— 0.422	— 0.008	56 717
267	Ll 5109	6.5	42 7.805	18	4.94	4.3930	719	+ 0.0009	56 40 1.86	15	4.65	15.236	423	— 0.001	56 718
268	Rü H 2037	9.3	42 52.429	10	5.82	4.5814	854	. . . .	59 59 9.57	5	5.45	15.194	442	. . .	59 549
269	Str II 26ᵃ	8.8	43 21.013	16	4.92	4.3431	678	+ 0.0027	55 29 4.71	9	4.84	15.167	420	— 0.017	55 712
270	**η Persei**	3.8	43 23.888	30	4.56	4.3433	678	+ 0.0028	55 28 50.41	17	4.60	15.164	421	— 0.011	55 714

Nr.	Stern	Gr.	α 1900.0	n	Ep.	Präz.	V. S.	μα	δ 1900.0	n	Ep.	Präz.	V. S.	μδ	BD.
			1900+						1900+						
271	Ll 5135	7ᵐ0	2ʰ43ᵐ24ˢ967	21	5.28	+4ˢ5867	+0ˢ0854	. . . .	+60° 0′10″18	12	5.13	+15″163	−0″444	. . .	} 59° 552
272	Σ 306, seq	9.3	43 25.315	15	5.58	4.5867	854	. . . .	60 0 10.06	6	5.24	15.162	444	. . .	
273	Ll 5137	8.2	43 31.566	14	5.67	4.5856	852	. . . .	59 58 16.56	4	6.01	15.157	444	. . .	59 553
274	Ll 5172	6.4	44 15.250	14	4.70	4.4719	763	− 0ˢ. . .	57 54 2.10	14	4.70	15.115	435	. . .	57 651
275	Ll 5231	6.8	45 16.819	18	4.80	3.9388	424	−0ˢ0004	44 28 54.59	18	4.80	15.056	385	−0″019	44 593
276	τ Persei	4.0	2 47 9.833	43	4.60	+4.2269	+0.0584	+0.0003	+52 21 11.94	34	4.80	+14.947	−0.417	−0.002	52 641
277	Ll 5302	6.9	47 42.262	17	4.75	3.8814	386	+0.0160	42 10 55.60	17	4.75	14.915	387	−0.110	42 646
278	Ll 5344—5	7.9	49 26.770	24	4.82	3.8662	374	+0.0037	41 24 5.10	24	4.82	14.813	386	−0.019	41 570
279	Ll 5428	6.6	52 14.825	13	4.65	3.9221	395	+0.0027	42 57 51.47	13	4.65	14.647	397	−0.040	42 667
280	AOe 3336	8.2	53 1.034	24	5.06	4.6119	809	. . . .	59 15 16.02	14	5.06	14.600	467	. . .	59 581
281	AOe 3337	7.4	2 53 8.326	26	4.91	+4.6136	+0.0809	+0.0020	+59 16 3.34	14	4.77	+14.593	−0.468	−0.006	59 582
282	Ll 5461	6.4	53 12.055	16	4.93	3.8588	362	+0.0019	40 38 4.23	16	4.93	14.590	392	−0.055	40 639
283	Pu Mo 277	7.0	55 57.413	27	5.08	4.6747	835	. . . .	59 55 7.64	27	5.08	14.423	480	. . .	59 588
284	γ Persei	3.0	57 33.000	50	4.76	4.3181	593	+0.0002	53 6 54.01	21	4.91	14.326	446	−0.004	52 654
285	Ll 5601	6.9	58 0.491	11	4.51	3.8556	350	. . . .	39 54 6.77	11	4.51	14.298	400	−0.022	39 699
286	k Persei	5.1	2 58 1.328	12	4.67	+4.4777	+0.0690	−0.0005	+56 18 48.23	12	4.67	+14.297	−0.464	+0.071	56 767
287	Bo VI 55° 738	6.4	58 12.036	11	4.61	4.4457	669	. . . .	55 40 45.38	11	4.61	14.286	461	. . .	55 738
288	ϱ Persei	(3.8)	58 46.037	10	5.67	3.8187	331	+0.0114	38 27 10.10	9	5.64	14.251	400	−0.103	38 630
289	Ll 5633	6.5	58 52.803	12	4.84	3.8668	353	−0.007.	40 11 32.50	12	4.84	14.244	403	+0.01.	40 664
290	Ll 5636	7.1	59 8.438	14	4.68	3.9599	395	. . . .	43 18 47.78	14	4.68	14.228	413	. . .	43 628
291	Ll 5629	6.7	3 0 49.513	17	4.76	+4.5122	+0.0696	+0.017.	+56 37 48.46	17	4.76	+14.125	−0.473	0.10.	56 778
292	β Persei	(2.2)	1 39.586	38	4.73	3.8873	355	+0.0007	40 34 14.17	19	4.71	14.072	410	−0.001	40 673
293	ι Persei	4.1	1 51.453	18	4.98	4.1772	515	+0.1294	49 13 52.80	17	5.15	14.061	468	−0.079	49 857
294	WB 2ʰ 1425	8.5	2 39.088	13	4.68	4.0282	418		45 0 2.16	13	4.68	14.010	426		44 630
295	x Persei	4.6	2 44.976	18	4.84	4.0113	409	+0.0170	44 28 42.70	18	4.84	14.004	427	−0.157	44 631
296	d'Ag 596	6.5	3 5 33.192	26	4.78	+3.9435	+0.0371	+0.0032	+41 59 54.00	26	4.78	+13.828	−0.422	−0.010	41 631
297	δ Arietis	4.3	5 54.663	5	7.12	3.4126	0171	+0.0106	19 20 54.41	5	7.12	13.805	369	−0.004	19 477
298	48 Hev. Cephei	5.9	7 37.277	6	7.11	7.4266	3557	+0.0183	77 22 2.29	6	7.11	13.696	800	−0.044	77 115
299	Ll 5896,99	6.1	8 8.009	18	4.45	4.5649	0688	+0.0001	56 46 5.13	18	4.45	13.663	493	+0.004	56 798
300	Ll 5933	6.6	8 18.439	19	4.32	3.9575	0369	+0.0056	42 7 49.07	19	4.32	13.652	428	+0.015	41 638
301	Σ 369, pr	7.0	3 10 39.137	28	4.63	+3.9046	+0.0341	. . . .	+40 6 53.81	16	4.86	+13.501	−0.427	. . .	} 39 743
302	Σ 369, seq	8.2	10 39.316	26	4.64	3.9046	341	. . . .	40 6 56.94	15	4.67	13.501	427	. . .	
303	30 Persei	6.0	11 3.516	17	4.77	4.0164	388	+0.0025	43 39 27.39	17	4.77	13.475	439	−0.027	43 674
304	AOe 3688	8.9	14 39.607	3	7.08	4.3558	529	−0.036.	51 58 38.73	3	7.08	13.329	475	−0.26.	51 722
305	l Persei	5.5	14 44.489	17	4.71	4.0073	374	−0.0052	42 58 6.15	17	4.71	13.235	444	−0.010	42 750
306	AOe 3697	7.8	3 15 24.207	27	4.40	+4.7063	+0.0734	. . . .	+58 22 16.31	13	4.38	+13.191	−0.522	. . .	58 594
307	AOe 3703	6.4	15 38.344	28	4.57	4.7072	734	. . . .	58 21 49.89	15	4.60	13.176	523	. . .	58 596
308	α Persei	1.9	17 10.834	55	4.69	4.2588	482	+0.0029	49 30 19.48	44	5.03	13.074	477	−0.026	49 917
309	Ll 6235	6.6	18 32.282	15	4.52	3.9544	343	+0.0018	40 54 10.27	15	4.52	12.983	445	−0.048	40 736
310	Ll 6238	7.3	18 43.253	12	4.39	3.9456	337	. . . .	40 35 58.75	13	4.21	12.971	444	.	40 737
311	BD 43° 718	9.5	3 19 52.933	6	6.40	+4.0630	+0.0385	. . . .	+44 4 18.89	3	6.42	+12.894	−0.459	. . .	43 718
312	Bo VI 43° 719	9.1	20 4.388	6	6.41	4.0616	383	. . . .	44 0 48.93	4	6.58	12.881	459	. . .	43 719
313	Br45 640	6.8	20 15.292	14	4.41	4.8406	787	. . . .	59 54 23.38	14	4.41	12.869	546	. . .	59 657
314	Σ 384, pr	9.1	20 23.195	16	4.94	4.8167	772	. . . .	59 33 25.94	9	4.84	12.860	544	. . .	} 59 658
315	Σ 384, seq	8.3	20 23.518	19	4.76	4.8167	772	. . . .	59 33 25.76	10	4.87	12.860	544	. . .	

Nr.	Stern	Gr.	α 1900.0	n	Ep.	Präz.	V. S.	μ_α	δ 1900.0	n	Ep.	Präz.	V. S.	μ_δ	BD.
						1900+						1900+			
316	BD 43° 725	9ᵐ3	3ʰ20ᵐ38ˢ702	1	6.06	+4ˢ0628	+0ˢ0382	....	+43°59'14".47	1	6.06	+12".842	−0".460	...	43° 725
317	**2 H. Camelop.**	4.4	20 58.010	18	4.88	4.8229	771	−0ˢ0001	59 35 30.93	14	5.32	12.821	546	+0".007	59 660
318	Ll 6304	8.5	21 14.067	8	4.96	4.0668	381	+0.0040	44 2 31.41	4	4.58	12.803	462	−0.065	43 728
319	Grb 673	9 0	21 14.727	4	6.07	4.0651	381	+0.0040	43 59 28.91	1	6.07	12.803	461	−0.048	43 729
320	Ll 6309	7.0	21 29.708	14	4.57	4.0673	381	+0.0001	44 1 43.94	10	4.36	12.785	462	−0.010	43 730
321	Ll 6331	6.9	3 21 55.265	11	5.43	+3.9319	+0.0326	....	+39 49 25.08	9	4.50	+12.757	−0.448	−0.031	39 789
322	Br₄₅ 649	5.0	21 55.459	14	5.11	4.7567	725	+0.0014	58 31 55.03	14	5.11	12.756	540	0.000	58 607
323	Anonyma	9.7	21 59.229	2	7.10	3.9316	326	....	39 48 10.98	2	7.10	12.752	448	...	— —
324	Br₄₅ 650	6.7	22 7.942	17	4.72	4.7908	744	....	59 1 15.79	9	4.06	12.742	545	...	} 58 608
325	Σ 389, seq	8.4	22 8.313	15	5.01	4.7908	744	....	59 1 16.36	8	5.45	12.742	545	...	
326	Ll 6347	8.	3 22 21.888	1	7.05	+3.9338	+0.0326	....	+39 50 21.10	1	7.05	+12.727	−0.448	−0.002	39 790
327	Pi 3ʰ 61	7.8	22 46.969	9	4.76	4.2058	438	....	47 37 53.73	4	4.61	12.698	480	...	47 840
328	**σ Persei**	4.8	23 31.271	23	4.87	4.2098	438	+0.0009	47 39 0.78	19	5.31	12.648	482	+0.023	47 843
329	Ll 6392	6.9	24 2.281	13	4.54	4.0029	348	....	41 51 32.87	13	4.54	12.614	459	...	41 693
330	Nova Persei 1901¹)	(7.1)	24 24.083	6	1.97	4.0614	371	....	43 33 42.13	6	1.97	12.589	466	...	— —
331	Ll 6413	6.5	3 24 52.482	9	4.74	+3.9596	+0.0330	+0.0015	+40 25 7.64	9	4.74	+12.556	−0.455	−0.019	40 772
332	Bo 2970	9.2	25 12.369	3	6.43	4.0962	383	....	44 28 18.27	2	6.60	12.534	471	...	44 730
333	Ll 6423	7.4	25 24.694	13	5.47	4.0980	383	+0.0012	44 29 58.95	6	5.75	12.520	472	+0.002	44 732
334	AOe 3859	8.3	25 28.955	16	4.51	4.7710	713	+0.007.	58 25 26.33	10	4.69	12.515	549	−0.05.	58 618
335	Str PM 343	7.0	25 31.300	17	4.67	4.7713	713	....	58 25 35.54	8	4.95	12.512	549	...	58 619
336	Par₁ 4142	6.9	3 25 46.308	9	4.50	+4.7146	+0.0681	....	+57 31 41.80	9	4.50	+12.495	−0.543	+0.031	57 730
337	Ll 6437	6.6	25 47.070	12	5.01	4.0999	383	+0.0025	44 30 56.18	11	4.92	12.494	473	−0.018	44 734
338	Ll 6430	7.0	26 50.701	15	4.78	4.8676	761	....	59 42 13.10	15	4.78	12.422	562	...	59 675
339	AOe 3912	7.0	28 37.672	15	4.87	4.6110	611	....	55 33 11.20	15	4.87	12.299	536	...	55 801
340	Ll 6533	7.5	28 48.570	24	4.86	4.0419	351	+0.0127	42 33 25.20	13	4.51	12.287	473	−0.136	42 787
341	Ll 6548	8.2	3 29 6.135	20	5.18	+4 0427	+0.0351	+0.0004	+42 33 12.10	13	4.94	+12.266	−0.471	−0.014	42 789
342	Ll 6536	6.7	29 54.184	14	4.85	4.6681	633	....	56 24 28.32	14	4.85	12.210	545	...	56 824
343	Ll 6561	6.6	30 27.918	15	4.67	4.6829	637	....	56 36 11.39	15	4.67	12.171	548	−0.062	56 826
344	Ll 6613	6.7	31 14.341	14	4.49	4.0395	344	+0.0050	42 15 13.07	14	4.49	12.118	474	−0.025	42 795
345	Ll 6605	7.0	31 56.098	15	4.74	4.6576	617	....	56 3 19.96	15	4.74	12.069	547	...	55 803
346	Ll 6644	8.8	3 32 11.317	13	4.68	+4.1237	+0.0374	−0.0123	+44 33 2.42	13	4.68	+12.051	−0.486	+0.141	44 763
347	Bo VI 58° 637	6.7	33 5.778	14	4.78	4.8215	697	....	58 31 17.92	14	4.78	11.988	569	...	58 637
348	**Grb 716**	5.4	33 28.336	20	5.07	5.1675	895	−0.0021	62 53 33.42	18	5.18	11.961	609	+0.022	62 597
349	Ll 6691	7.1	34 14.495	14	4.64	4.0024	324	−0.0033	40 51 44.70	14	4.64	11.907	474	+0.084	40 813
350	Br₄₅ 678	6.0	34 28.065	26	4.78	4.9097	738	0.0000	59 38 50.09	14	4.52	11.892	581	+0.002	59 699
351	Grb 720	9.4	3 34 32.274	15	5.21	+4.9111	+0.0738	+0.0022	+59 39 34.67	12	5.16	+11.886	−0.582	+0.013	59 700
352	**δ Persei**	3.0	35 48.155	41	5.00	4.2502	413	+0.0033	47 28 4.46	34	5.19	11.797	507	−0.035	47 876
353	Ll 6772	7.6	36 56.985	15	4.53	4.0588	336	+0.0313	42 17 29.83	15	4.53	11.716	492	−0.229	42 812
354	**o Persei**	3.9	38 2.763	8	7.13	3.7516	233	+0.0008	31 58 17.66	8	7.13	11.638	450	−0.017	31 642
355	**ν Persei**	3.9	38 23.862	42	4.54	4.0623	334	− 0.0006	42 15 46.29	39	4.63	11.613	488	−0.005	42 815
356	Ll 6842, 44	6.6	3 39 41.857	13	4.70	+4.6702	−0.0585	....	+55 36 39.10	13	4.70	+11.520	−0.562	...	55 824
357	Ll 6888—9	8.2	40 12.502	21	4.74	4.0295	290	+0.0532	41 8 53.46	11	4.71	11.484	474	−1.252	} 41 750
358	Str 276	8.6	40 13.073	21	4.74	4.0297	290	+0.0532	41 8 58.85	10	4.78	11.483	474	− 1.252	
359	Ll 6893—4	7.2	40 21.951	11	4.82	4.1219	350	+0.0013	43 45 46.87	11	4.82	11.472	498	−0.026	43 809
360	Ll 6890	6.6	41 21.031	24	5.12	4.7528	616	+0.0019	56 48 36.97	13	4.96	11.401	575	−0.036	56 846

¹) Die beiden als Oert₁ 263 in Ann. IV aufgeführten Beobb. sind hier mit eingerechnet.

Nr.	Stern	Gr.	α 1900.0	n	Ep.	Präz.	V. S.	μ_a	δ 1900.0	n	Ep.	Präz.	V. S.	μ_δ	BD.
						1900+						1900+			
361	Ll 6898	7ᵐ7	3ʰ41ᵐ27ˢ921	21	5.04	+4ˢ7536	+0ˢ0615	....	+56°48'51".99	13	5.32	+11ˢ393	—0ˢ575	....	56° 847
362	Ll 6958—9	6.2	42 14.071	17	4.73	4.1239	346	+0ˢ0005	43 39 16.60	17	4.73	11.338	501	+0ˢ016	43 818
363	Ll 7019	6.1	45 35.965	20	4.82	4.8317	631	+0.0118	57 40 40.05	20	4.82	11.094	591	—0.079	57 752
364	Ll 7100	7.1	47 45.846	13	4.68	4.7726	592	+0.0019	56 37 27.75	13	4.68	10.936	587	+0.013	56 857
365	ζ Persei	2.9	47 50.673	8	7.13	3.7612	220	+0.0011	31 35 12.01	8	7.13	10.930	464	—0.011	31 666
366	Ll 7097	7.0	3 47 55.170	13	4.55	+4.9628	+0.0684	—0.0396	+59 20 32.85	13	4.55	+10.924	—0.601	+0.148	59 736
367	9 H. Camelop.	5.5	48 36.389	17	5.35	5.0826	738	—0.0003	60 48 57.70	15	5.45	10.874	627	—0.016	60 768
368	Ll 7209	7.0	50 27.496	15	4.95	4.0741	308	+0.0001	41 35 23.34	15	4.95	10.737	506	—0.007	41 779
369	Ll 7180—1	7.1	50 44.263	14	4.93	4.8223	599	....	57 9 45.43	14	4.93	10.717	599	....	57 760
370	ε Persei	3.0	51 8.473	26	5.36	4.0118	286	+0.0023	39 43 16.13	17	5.67	10.687	500	—0.029	} 39 895
371	ε Persei, seq	8.9	3 51 8.607	13	5.03	+4.0118	+0.0286	....	+39 43 24.55	9	4.78	+10.687	—0.500	....	
372	ξ Persei	4.0	52 28.483	53	5.12	3.8819	245	+0.0010	35 30 13.66	53	5.12	10.588	485	—0.008	35 775
373	Chr M 72	7.2	54 32.409	24	4.95	4.0235	281		39 48 48.77	24	4.95	10.434	505	—0.070	39 909
374	Br₄₅ 751	5.3	56 6.998	26	5.08	4.9703	637	+0.0001	58 52 39.81	26	5.08	10.316	626	+0.007	58 690
375	ν Tauri	3.9	57 50.158	47	5.38	3.1875	091	+0.0005	5 42 43.09	47	5.38	10.187	405	—0.010	5 581
376	Ll 7494	6.6	4 0 59.096	14	4.94	+5.0532	+0.0645	—0.0007	+59 38 27.14	14	4.94	+9.948	—0.645	—0.003	59 759
377	Ll 7560	6.8	1 4.593	29	5.00	4.1512	305	+0.0058	42 54 47.17	14	5.03	9.944	530	—0.092	42 896
378	Ll 7568—9	6.6	1 16.300	29	5.00	4.1521	305	—0.0006	42 55 24.04	15	4.96	9.927	530	—0.025	42 897
379	c Persei	4.0	1 23.954	14	5.78	4.3374	362	+0.0033	47 26 44.41	12	5.73	9.917	555	—0.032	47 939
380	Ll 7612	7.1	2 6.263	15	5.09	4.9922	285	....	41 14 14.74	15	5.09	9.864	524	....	41 818
381	Ll 7627	7.8	4 2 24.571	15	5.01	+4.0458	+0.0270	—0.0037	+39 53 54.66	15	5.01	+9.840	—0.518	—0.109	39 937
382	Ll 7683	7.0	2 20.848	14	4.80	4.1069	283	....	41 29 14.95	14	4.80	9.692	528	....	41 826
383	Ll 7697	7.2	4 37.634	16	5.07	4.0775	274	....	40 39 9.80	16	5.07	9.671	525	....	40 903
384	Grb 750	6.8	5 5.7.	...		....	...		85 17 28.62	46	5.04	9.635	2.220	+0.033	85 63
385	Ll 7721—2	6.4	6 49.247	15	4.68	4.8986	546	—0.0043	57 12 19.02	15	4.68	9.502	633	+0.009	57 785
386	f Persei	4.9	4 8 4.863	21	5.26	+4.0707	+0.0263	+0.0014	+40 13 50.54	21	5.26	+9.405	—0.528	—0.026	40 912
387	Ll 7797	6.1	8 51.444	20	5.35	4.9362	550	+0.0054	57 36 38.90	20	5.35	9.345	641	—0.031	57 787
388	Ll 7915	7.6	11 0.044	25	5.11	4.1973	291	....	43 26 13.47	15	4.90	9.179	548	....	43 935
389	Ll 7922	6.4	11 12.694	16	5.30	4.1389	274	+0.0026	41 53 42.79	15	5.45	9.163	541	—0.024	41 844
390	Ll 7929	7.1	11 29.181	14	5.59	4.2002	290	....	43 28 53.36	14	5.59	9.141	549	....	43 938
391	Ll 8004	6.4	4 13 19.840	19	5.21	+4.1314	+0.0267	0.0000	+41 33 59.66	19	5.21	+8.997	—0.542	—0.009	41 852
392	Ll 7975	6.3	13 43.277	17	4.88	4.8623	496	....	56 15 57.84	17	4.88	8.967	638	+0.015	56 905
393	Ll 7983—4	6.5	14 25.137	26	5.49	5.0950	581	....	59 22 45.16	17	5.00	8.912	669	....	59 793
394	Bo VI 59° 793a	9.5	14 28.820	13	6.48	5.0957	581	....	59 23 1.59	10	6.39	8.907	669	....	59 793a
395	Ll 8103	6.6	16 38.059	20	5.06	4.1627	267	+0.0030	42 11 37.74	20	5.06	8.738	550	—0.032	42 946
396	Ll 8148	7.1	4 17 32.363	16	4.97	+4.1384	+0.0258	+0.0004	+41 29 51.67	16	4.97	+8.667	—0.548	—0.041	41 861
397	Ll 8150	7.2	18 41.663	18	5.16	4.8243	458	—0.0007	55 24 52.17	18	5.16	8.576	640	—0.020	55 881
398	Ll 8139—40	6.8	18 42.472	17	5.16	4.9581	505	+0.0021	57 21 23.94	17	5.16	8.575	657	—0.008	57 800
399	Ll 8247	7.9	19 48.097	19	4.99	4.1890	264	+0.0125	42 41 10.42	19	4.99	8.488	560	—0.151	42 964
400	Ll 8279	6.9	23 44.946	11	4.82	4.2671	274	....	44 23 6.90	11	4.82	8.174	571	....	44 964
401	1 Camelop., pr.	7.3	4 24 5.471	28	5.62	+4.7343	+0.0404	....	+53 41 43.39	9	5.57	+8.146	—0.634	....	} 53 779
402	1 Camelop., sq.	6.3	24 6.418	32	5.53	4.7344	404	+0.0007	53 41 37.03	13	5.30	8.145	634	0.000	
403	Ll 8417	7.0	24 33.935	19	5.11	4.0904	230	....	39 47 34.86	10	5.00	8.108	549	—0.034	} 39 1013
404	Ll 8433	7.5	24 34.656	19	5.11	4.0904	230	....	39 47 31.07	10	5.42	8.108	549	—0.034	
405	Ll 8430	7.4	25 23.108	17	5.46	4.2832	273	....	44 41 14.58	11	5.02	8.043	576	....	44 971

Nr.	Stern	Gr.	α 1900.0	n	Ep.	Präz.	V.S.	μα	δ 1900.0	n	Ep.	Präz.	V.S.	μδ	BD.
					1900+						1900+				
406	Ll 8451	7ᵐ2	4ʰ25ᵐ53ˢ647	10	5.11	+4ˢ2854	+0ˢ0272	....	+44°42'49″03	10	5.11	+8″002	−0″576	...	44° 973
407	Br 616	7.0	26 19.278	19	5.10	4.2088	252	+0ˢ0017	42 49 12.29	12	5.52	7.968	566	−0″062	42 989
408	m Persei	6.5	26 22.605	22	5.29	4.2100	253	+0.0006	42 51 1.82	14	5.39	7.963	567	+0.001	42 990
409	Ll 8438—9	6.6	26 44.673	12	5.11	4.9778	469	....	57 12 43.75	12	5.11	7.934	670	...	57 817
410	Ll 8514, 45	7.3	28 32.867	18	5.17	4.3041	269	....	45 0 24.15	18	5.17	7.789	581	...	44 991
411	Grb 849	8.0	4 29 43.953	17	5.15	+4.1402	+0.0229	−0.0010	+40 52 16.42	17	5.15	+7.693	−0.561	+0.016	40 999
412	e Persei	5.0	29 45.599	19	4.96	4.1474	230	−0.0005	41 3 34.31	19	4.96	7.691	562	−0.024	40 1000
413	Σ 565, pr	7.5	31 7.245	14	6.60	4.1830	234	+0.0036	41 54 57.93	8	6.21	7.581	568	−0.048	41 920
414	Σ 565, seq	9.7	31 7.284	7	7.12	4.1829	234	....	41 54 56.65	6	7.13	7.581	568	...	41 927
415	Ll 8657	6.9	31 53.281	15	4.69	4.1894	233	−0.0012	42 2 24.28	15	4.69	7.519	570	−0.033	41 927
416	Ll 8704	6.7	4 33 16.863	16	4.87	+4.1364	+0.0219	−0.0056	+40 35 30.61	16	4.82	+7.405	−0.563	−0.024	40 1017
417	Hels 3690	8.8	34 5.431	12	5.10	5.1663	489	....	59 17 39.26	11	5.28	7.340	704	...	59 825
418	Ll 8735	7.3	34 31.619	14	5.18	4.1904	218	+0.0492	41 56 4.67	14	5.18	7.304	586	−0.418	41 931
419	Ll 8687	6.8	34 38.153	13	4.95	5.1713	487	....	59 19 46.16	13	4.95	7.296	705	...	59 826
420	59 Persei	5.8	35 48.581	21	5.07	4.2426	232	+0.0041	43 10 28.99	21	5.07	7.200	581	−0.050	43 1043
421	WB 4ʰ 736—7	6.3	4 37 17.493	18	4.95	+4.1440	+0.0211	+0.0014	+40 35 54.67	18	4.95	+7.079	−0.568	−0.006	40 1032
422	Ll 8814	7.5	37 23.363	18	5.16	4.3047	244	....	44 34 47.88	18	5.16	7.070	590	...	44 1013
423	Ll 8881	6.7	39 25.013	14	5.24	4.2085	218	....	42 9 47.39	14	5.24	6.904	579	...	42 1045
424	4 Camelop.	5.5	39 40.283	34	5.13	4.9745	395	+0.0061	56 34 46.23	18	5.45	6.884	686	−0.146	56 973
425	Ll 8892	6.4	39 50.362	12	5.11	4.1307	202	....	40 7 50.88	12	5.11	6.870	569	−0.022	40 1045
426	Ll 8894	7.1	4 40 4.210	14	5.11	+4.1688	+0.0208	+0.0023	+41 7 23.01	13	5.03	+6.851	−0.574	−0.028	41 956
427	WB 4ʰ 819—20	8.3	40 28.311	3	7.15	4.2095	215	....	42 8 19.64	3	7.15	6.817	580	...	42 1050
428	9 Camelop.	4.3	44 6.295	53	5.34	5.9342	677	+0.0005	66 10 23.13	37	5.34	6.518	821	+0.010	66 358
429	Ll 9015	7.5	44 24.693	16	5.16	4.2682	216	....	43 24 22.58	16	5.16	6.493	592	...	43 1096
430	Ll 9049	6.2	45 43.852	19	4.95	4.2299	206	+0.0011	42 25 3.35	19	4.95	6.383	587	−0.006	42 1081
431	WB 4ʰ 971, 73	8.7	4 47 1.594	4	7.15	+4.2626	+0.0208	....	+43 9 34.41	3	7.15	+6.276	−0.593	...	43 1111
432	BD 43° 1115	9.4	47 28.726	4	7.14	4.2648	207	....	43 11 45.62	4	7.14	6.238	594	...	43 1115
433	Ll 9106	6.3	47 40.520	15	4.95	4.2948	212	+0.0015	43 53 52.77	15	4.95	6.222	598	−0.053	43 1116
434	WB 4ʰ 989—90	8.5	47 45.916	19	5.26	4.2665	207	....	43 13 23.55	9	5.67	6.214	594	...	43 1117
435	WB 4ʰ 998—1000	7.1	48 6.956	19	5.32	4.2683	207	....	43 15 14.85	14	4.83	6.185	595	...	43 1124
436	Ll 9085	7.0	4 48 29.017	13	5.04	+5.1861	+0.0409	....	+58 57 36.25	13	5.04	+6.155	−0.722	+0.029	58 788
437	ι Aurigae	2.7	50 28.822	56	5.38	3.9009	141	+0.0010	33 0 28.46	56	5.38	5.988	546	−0.020	32 855
438	Ll 9258	7.6	54 25.970	32	5.27	5.3179	408	....	60 16 34.75	12	5.03	5.657	746	...	60 855
439	10 Camelop.	4.1	54 31.132	45	5.07	5.3201	407	−0.0001	60 17 46.32	18	4.71	5.650	746	−0.012	60 856
440	ε Aurigae	(3.2)	54 47.488	18	5.12	4.2971	192	+0.0006	43 40 32.40	17	5.24	5.627	604	−0.014	43 1166
441	ζ Aurigae	3.8	4 55 29.204	18	4.85	+4.1856	+0.0172	+0.0010	+40 55 48.07	18	4.85	+5.569	−0.589	−0.030	40 1142
442	TM 193	6.5	56 17.676	17	5.10	4.2012	173	+0.0008	41 17 50.15	17	5.10	5.501	591	−0.011	41 1044
443	11 Camelop.	6.0	57 26.775	31	5.45	5.2001	360	−0.0003	58 49 57.92	18	5.13	5.404	733	−0.007	58 804
444	12 Camelop.	6.7	57 29.972	32	5.44	5.2044	361	+0.0012	58 52 56.06	19	5.14	5.399	733	−0.038	58 805
445	η Aurigae	3.3	59 30.061	43	4.91	4.1978	163	+0.0033	41 5 57.66	42	4.96	5.231	594	−0.071	41 1058
446	Ll 9501	6.8	4 59 41.020	17	4.76	+4.2772	+0.0175	+0.0007	+43 2 18.03	16	4.68	+5.216	−0.604	−0.001	42 1170
447	β Eridani	2.7	5 2 55.961	44	5.42	2.9541	043	−0.0059	− 5 12 56.57	44	5.42	4.940	418	−0.079	− 5 1162
448	Ll 9703	7.5	5 52.606	16	4.86	4.3467	168	....	+44 26 43.65	16	4.86	4.690	618	...	44 1128
449	Br₄₅ 983	6.6	6 23.534	18	4.81	5.2608	321	....	59 17 14.81	18	4.81	4.646	748	...	59 857
450	μ Aurigae	5.1	6 35.048	25	4.92	4.1017	133	−0.0013	38 21 58.03	25	4.92	4.630	583	−0.079	38 1063

Nr.	Stern	Gr.	α 1900.0	n	Ep.	Präz.	V.S.	μα	δ 1900.0	n	Ep.	Präz.	V.S.	μδ	BD.
						1900+						1900+			
451	Br 729	6.7	5ʰ 8ᵐ44ˢ801	11	6.30	+2ˢ8830	+0ˢ0039	+0ˢ0003	— 8°15′55″75	10	6.64	+4″446	—0″412	—0″010	— 8° 1059
452	α Aurigae	1	9 18.088	41	4.55	4.4177	157	+0.0086	+45 53 45.77	41	4.55	4.399	633	—0.427	45 1077
453	β Orionis	1	9 43.920	21	5.30	2.8816	039	+0.0002	— 8 19 1.47	21	5.30	4.362	412	0.000	— 8 1063
454	Hels 3970	8.9	10 23.471	10	6.64	5.1612	280	....	+58 0 5.09	8	6.64	4.305	737	...	57 873
455	15 Camelop.	6.6	10 50.162	15	4.88	5.1628	278	+0.0028	+58 0 34.48	14	4.72	4.267	737	—0.027	57 874
456	Grb 953	6.1	5 11 7.144	16	4.84	+4.2769	+0.0144	+0.0041	+42 41 1.22	16	4.84	+4.243	—0.611	—0.019	42 1239
457	Br 728	6.7	11 41.364	14	4.84	4.1828	131	—0.0034	40 21 26.68	14	4.84	4.195	598	+0.06.	40 1240
458	λ Aurigae	5.0	12 6.555	15	4.70	4.1697	116	+0.0461	40 0 34.45	15	4.70	4.159	611	—0.656	39 1248
459	Ll 9851	6.9	12 46.605	16	4.89	4.3497	148	—0.0020	44 19 14.65	16	4.89	4.101	622	—0.026	44 1170
460	WB 5ʰ 266—8	5.9	13 13.292	17	4.92	4.2093	131	+0.0003	40 59 0.02	17	4.92	4.064	603	—0.064	40 1253
461	Ll 9828	7.2	5 13 28.919	15	4.99	+5.2670	+0.0280	+0.0246	+59 11 1.11	15	4.99	+4.042	—0.754	—0.264	59 870
462	ρ Aurigae	6.0	14 43.645	16	4.89	4.2401	130	+0.0023	41 42 17.38	16	4.89	3.934	608	—0.037	41 1162
463	Bo VI 42° 1258	7.1	14 50.467	14	4.85	4.2600	132	....	42 11 8.43	14	4.85	3.924	611	...	42 1258
464	16 Camelop.	5.5	14 53.951	16	4.80	5.1255	246	+0.0033	57 26 50.18	16	4.74	3.920	735	—0.061	57 879
465	Br₄₅ 1024	6.7	15 20.524	15	5.06	5.0155	229	....	55 59 27.31	15	5.06	3.882	719	+0.013	55 989
466	d'Ag 828	6.0	5 15 48.859	18	4.92	+4.2098	+0.0124	—0.0003	+40 55 51.55	18	4.92	+3.841	—0.600	+0.002	40 1268
467	γ Orionis	1.7	19 46.041	46	5.51	3.2167	046	—0.0003	6 15 32.74	30	5.23	3.501	463	—0.020	6 919
468	Ll 10106,08	6.9	20 27.431	15	4.52	4.3122	123	+0.0013	43 16 52.53	15	4.52	3.442	621	—0.010	43 1272
469	17 Camelop.	5.9	20 43.364	38	4.85	5.6550	297	—0.0003	62 59 1.64	24	4.76	3.419	814	—0.001	62 759
470	AOe 5834	9.1	20 50.934	21	5.43	5.6542	296	....	62 58 22.02	13	5.21	3.408	814	...	62 760
471	Ll 10162	6.9	5 21 53.566	16	4.83	+4.2671	+0.0115	+0.0056	+42 11 15.87	16	4.83	+3.318	—0.615	—0.032	42 1298
472	Bo VI 41° 1199	8.7	22 25.347	16	4.52	4.2331	110	....	41 21 37.82	14	4.57	3.272	610	...	41 1199
473	Grb 976	8.1	23 40.923	24	4.68	4.1699	102	+0.0040	39 44 57.73	13	4.75	3.163	602	—0.026	39 1321
474	Ll 10224	6.4	23 44.616	15	4.74	4.2351	107	—0.0019	41 23 1.61	15	4.68	3.158	611	—0.041	41 1306
475	Grb 977	6.5	23 47.435	27	4.74	4.1699	102	—0.0005	39 44 52.17	14	4.72	3.154	602	—0.036	39 1322
476	18 Camelop.	6.7	5 23 59.887	16	4.90	+5.1167	+0.0191	+0.0143	+57 9 0.76	16	4.90	+3.136	—0.743	—0.208	57 889
477	Grb 966 (U. K.)	6.6	26 20.670	16	5.74	7.9987	705	—0.0009	74 58 39.84	16	5.74	2.933	1.154	+0.020	74 252
478	Ll 10319	6.8	26 21.791	18	4.35	4.2642	103	—0.0009	42 2 10.49	17	4.19	2.932	616	+0.002	41 1218
479	δ Orionis	2.2	26 53.852	34	5.97	3.0637	037	0.0000	— 0 22 23.28	22	5.59	2.886	443	0.002	— 0 983
480	δ Orionis, seq	7.1	26 53.861	13	6.48	3.0640	037	....	— 0 21 30.43	12	6.67	2.886	446	...	— 0 982
481	20 Camelop.	7.4	5 28 59.556	15	4.94	+5.0672	+0.0167	+0.0019	+56 25 23.58	15	4.94	+2.704	—0.733	—0.002	56 1041
482	WB 5ʰ 751	8.4	29 12.878	16	5.16	4.1878	089	....	40 6 18.22	13	4.85	2.685	606	—0.063	40 1343
483	Ll 10444	6.6	29 53.150	13	4.79	4.1888	088	+0.0005	40 7 4.95	13	4.79	2.627	607	—0.009	40 1346
484	Σ 736, pr	9.1	30 1.135	18	4.97	4.2556	092	....	41 45 56.92	8	4.64	2.615	616	...	41 1231
485	Σ 736, seq	7.8	30 1.186	19	4.87	4.2556	092	....	41 45 54.28	11	5.04	2.615	616	...	41 1231
486	ι Orionis	2.8	5 30 32.484	13	4.84	+2.9336	+0.0032	+0.0005	— 5 58 31.38	13	4.84	+2.570	—0.425	—0.004	— 6 1241
487	ι Orionis, seq	7.5	30 33.792	1	4.20	2.9336	032	....	— 5 58.5 ..	..	....	2.568	425	...	— 6 1241
488	22 Camelop.	7.1	30 38.557	14	4.79	5.0601	153	+0.0046	+56 18 9.59	14	4.79	2.561	732	—0.134	56 1044
489	Bo VI 41° 1235	8.8	31 26.175	28	5.21	4.2576	089	....	41 47 35.36	16	5.20	2.492	617	...	41 1235
490	Ll 10505	6.9	31 37.306	32	5.15	4.2572	087	....	41 46 48.38	17	5.10	2.476	617	...	41 1238
491	Ll 10516	6.9	5 32 4.793	17	4.79	+4.2377	+0.0085	....	+41 18 9.65	17	4.79	+2.437	—0.614	...	41 1240
492	σ Orionis	3.8	33 43.542	33	5.93	3.0107	032	0.0000	— 2 39 28.04	30	5.88	2.293	437	—0.001	— 2 1326
493	Σ 762 (C)	7.2	33 44.427	5	5.57	3.0107	033	....	— 2 39.4 ..	..	....	2.293	437	...	— 2 1326
494	Σ 762 (B)	6.9	33 45.980	4	5.19	3.0107	033	....	— 2 39.1 ..	..	....	2.290	437	...	— 2 1327
495	24 Camelop.	6.5	34 32.718	20	4.29	3.0811	140	+0.0029	+56 31 45.65	20	4.29	2.222	737	+0.028	56 1050

Nr.	Stern	Gr.	α 1900.0	n	Ep.	Präz.	V. S.	μα	δ 1900.0	n	Ep.	Präz.	V. Š.	μδ	BD.
						1900+						1900+			
496	Ll 10665	7ᵐ0	5ʰ36ᵐ 7ˢ446	28	4.89	+4ˢ2545	+0ˢ0076	+0ˢ0062	+41°38'59"13	28	4.89	+2"085	−0"618	−0"098	41°1256
497	26 Camelop.	6.2	38 4.624	16	4.77	5.0501	117	+0.0034	56 4 27.16	16	4.77	1.915	734	−0.056	56 1058
498	o Aurigae	5.7	38 9.158	47	5.00	4.6457	092	− 0.0006	49 46 57.64	24	5.22	1.908	675	−0.009	49 1398
499	28 Camelop.	6.8	38 22.768	17	4.85	5.1118	120	+0.0043	56 52 57.27	17	4.80	1.888	743	−0.028	56 1059
500	Ll 10784	6.7	38 48.689	16	4.90	4.2074	067	− 0.0020	40 27 52.19	16	4.84	1.851	611	−0.007	40 1403
501	Ll 10821	6.7	5 40 5.127	19	4.78	+4.2920	+0.0068	+0.0014	+42 29 22.13	19	4.77	+1.740	−0.624	−0.079	42 1396
502	Fed 778	8.2	40 39.516	19	5.09	5.1166	111	....	56 55 6.32	19	5.03	1.690	744	...	56 1062
503	29 Camelop.	6.7	42 2.146	21	4.71	5.1150	104	+0.0005	56 53 8.99	22	4.78	1.570	744	−0.006	56 1065
504	τ Aurigae	4.8	42 14.722	23	5.32	4.1569	056	+0.0021	39 8 49.66	24	5.36	1.551	605	−0.026	39 1418
505	30 Camelop.	6.5	43 28.282	19	5.04	5.2852	105	+0.0003	58 56 6.67	19	5.04	1.445	769	−0.040	58 863
506	ν Aurigae	3.9	5 44 33.531	54	4.82	+4.1567	+0.0051	− 0.0004	+39 7 9.58	52	4.92	+1.350	−0.605	+0.011	39 1429
507	31 Camelop.	5.9	46 0.365	28	4.83	5.3705	095	+0.0009	59 51 56.78	28	4.83	1.223	782	−0.024	59 920
508	Br45 1183	7.0	48 42.427	19	4.68	5.0463	066	+0.0044	55 55 58.93	19	4.68	0.988	735	−0.090	55 1028
509	Ll 11118	7.0	48 52.126	18	4.60	4.2452	043	− 0.0016	41 18 20.24	18	4.60	0.973	619	−0.024	41 1304
510	α Orionis	1	49 45.508	26	5.98	3.2455	026	+0.0020	7 23 18.32	26	5.98	0.896	474	+0.014	7 1055
511	δ Aurigae	3.8	5 51 17.645	63	5.18	+4.9293	+0.0046	+0.0101	+54 16 36.77	48	5.14	+0.762	−0.721	−0.122	54 970
512	β Aurigae	1.9	52 11.586	31	5.15	4.4051	036	− 0.0042	44 56 14.98	29	5.09	0.683	641	−0.008	44 1328
513	θ Aurigae	2.7	52 54.154	30	5.29	4.0865	028	+0.0049	37 12 20.46	29	5.23	0.621	597	−0.087	37 1380
514	Grb 1055	6.9	53 0.165	18	5.03	4.3890	034	− 0.0027	44 35 6.20	18	5.03	0.612	640	−0.042	44 1332
515	Fed 824—5	6.8	54 30.962	24	5.13	5.1310	040	+0.0015	57 0 59.95	24	5.13	0.480	748	−0.038	56 1086
516	Ll 11318	8.3	5 55 27.783	23	5.54	+4.3131	+0.0025	....	+42 52 48.53	17	5.46	+0.397	−0.629	...	42 1469
517	38 Aurigae	6.4	56 5.441	23	5.22	4.3146	021	+0.0105	42 54 52.44	23	5.22	0.342	632	−0.141	42 1473
518	12y45 518	6.8	56 14.944	21	5.12	5.3314	033		59 23 46.42	21	5.12	0.328	777	−0.070	59 937
519	Ll 11373	7.2	57 9.944	19	5.09	4.4364	021	− 0.0011	45 35 23.16	19	5.09	0.248	647	−0.068	45 1235
520	39 Aurigae	6.6	57 51.888	26	4.97	4.3180	015	− 0.0025	42 59 20.88	26	4.97	0.186	630	−0.145	42 1477
521	Ll 11483	6.3	6 0 19.772	19	4.90	+4.2700	+0.0014	+0.0001	+41 51 51.55	19	4.90	−0.029	−0.623	−0.038	41 1357
522	Ll 11493	7.0	0 40.130	17	4.93	4.3047	013	− 0.0019	42 40 34.13	17	4.93	0.059	628	−0.016	42 1486
523	37 Camelop.	6.0	1 9.672	18	5.06	5.2919	013	+0.0051	58 56 55.64	18	5.06	0.102	772	+0.020	58 897
524	Ll 11523	6.7	1 19.427	17	5.04	4.2368	011	− 0.0034	41 4 7.81	17	5.04	0.116	618	−0.055	41 1365
525	WB 5ʰ 1945	9.4	2 24.829	12	6.66	4.3248	007	....	43 8 44.48	6	6.48	0.211	630	...	43 1465
526	Ll 11559	7.5	6 2 27.159	16	6.47	+4.3252	+0.0007	....	+43 9 21.04	10	6.46	−0.214	−0.630	−0.011	43 1466
527	36 Camelop.	5.6	2 47.439	27	5.05	6.0373	− 0.0021	− 0.0005	65 44 18.06	23	5.55	0.244	880	−0.029	65 517
528	Ll 11634	7.1	4 16.502	20	5.03	4.3544	+0.0001	....	43 49 11.02	20	5.03	0.374	635	...	43 1474
529	Ll 11635	7.1	4 17.331	20	5.11	4.3263	+0.0001	....	43 11 1.31	20	5.11	0.375	630	+0.005	43 1475
530	40 Camelop.	5.8	6 41.593	25	5.26	5.3884	− 0.0032	+0.0058	60 1 36.53	24	5.22	0.585	785	−0.021	60 938
531	Fed. 858—9	6.7	6 7 12.560	22	5.30	+5.3169	− 0.0033	+0.0012	+59 14 38.38	22	5.30	−0.631	−0.775	−0.025	59 953
532	22 H. Camelop.	4.6	7 49.655	23	5.88	6.6174	101	+0.0017	69 21 18.77	22	5.78	0.685	964	−0.102	69 371
533	Grb 1109	7.4	7 51.094	18	5.04	5.1106	030	0.0000	56 45 52.31	18	5.04	0.687	744	−0.009	56 1101
534	Fed 867	7.2	8 47.698	18	5.05	5.1644	037	....	57 26 53.34	18	5.05	0.769	752	...	57 952
535	WB 6ʰ 128	8.7	9 33.157	18	4.84	4.3960	024	− 0.023.	44 44 48.28	18	4.84	0.836	632	− 0.33.	44 1408
536	AOe 6672	8.3	6 10 17.441	16	5.23	+5.1419	− 0.0051	+0.009.	+57 10 34.21	16	4.98	−0.900	−0.751	− 0.14.	57 954
537	Bo VI 39° 1575	7.1	10 37.326	18	5.12	4.1882	012	....	39 53 34.27	18	5.12	0.929	610	−0.018	39 1575
538	Fed 873—4	6.9	10 41.270	17	5.23	5.0940	046	− 0.0048	56 33 49.39	17	5.23	0.935	742	−0.019	56 1106
539	2 Lyncis	4.4	10 48.012	26	5.13	5.2983	053	− 0.0007	59 2 49.75	24	5.26	0.944	771	+0.029	59 959
540	4 Lyncis	6.5	13 11.108	20	4.86	5.3300	071	+0.0003	59 24 53.57	20	4.86	1.153	775	+0.006	59 964

Nr.	Stern	Gr.	α 1900.0	n	Ep.	Präz.	V.S.	μα	δ 1900.0	n	Ep.	Präz.	V.S.	μδ	BD.
					1900+						1900+				
541	Ll 11995	6ᵐ7	6ʰ 14ᵐ 9ˢ102	18	5.12	+4ˢ2897	−0ˢ0024	0ˢ0000	+42°23′ 3″21	18	5.12	−1″237	−0″624	−0″036	42°1536
542	Fed 884—5	6.8	14 33.988	19	5.07	5.1280	066	+0.0015	57 1 26.50	19	5.07	1.274	746	−0.060	57 963
543	Ll 12011	6.8	14 44.949	17	5.35	4.3649	029	+0.0020	44 6 13.66	17	5.10	1.289	635	−0.032	44 1426
544	WB 6ʰ 330	7.9	15 58.606	17	5.17	4.3281	031	. . . .	43 17 1.97	15	4.83	1.397	629		43 1522
545	Ll 12082—3	7.0	16 37.383	17	5.34	4.2136	028	+0.0015	40 34 13.82	17	5.34	1.453	612	−0.016	40 1581
546	Fed 891—3	7.2	6 16 54.123	13	5.17	+5.2455	−0.0085	−0.0007	+58 28 46.49	12	5.35	−1.477	−0.762	−0.109	58 922
547	Ll 12100	6.9	17 4.790	14	5.24	4.3275	034		43 16 53.95	15	5.03	1.492	629		43 1524
548	ψ¹ Aurigae	5.1	17 11.822	24	5.48	4.6239	050	+0.0009	49 20 20.27	16	5.93	1.503	672	−0.003	49 1488
549	Ll 12115	7.0	17 32.693	13	5.06	4.3412	037	+0.0010	43 36 1.73	13	5.06	1.533	630	−0.026	43 1527
550	Pi 6ʰ 61	8.3	17 52.881	18	5.51	5.2442	092	−0.0032	58 28 22.11	13	5.33	1.563	762	−0.031	58 925
551	Fed 902	6.2	6 17 59.303	16	5.31	+5.0729	−0.0082	−0.0013	+56 20 18.35	16	5.31	−1.571	−0.737	+0.018	56 1125
552	5 Lyncis	5.8	18 5.110	32	5.45	5.2438	094	+0.0004	58 28 18.62	22	5.48	1.580	761	−0.011	58 927
553	Ll 12180	7.0	19 14.652	19	5.22	4.2720	038	−0.0010	42 0 54.08	20	5.07	1.681	620	−0.012	42 1552
554	6 Lyncis	6.4	22 6.049	23	4.99	5.2208	130	−0.0012	58 14 8.65	23	4.99	1.930	756	−0.330	58 932
555	10 Monocerotis	5.0	23 1.292	37	6.14	2.9630	+0.0009	−0.0002	− 4 42 1.26	31	6.08	2.010	429	+0.005	− 4 1526
556	Ll 12334	7.0	6 23 20.934	18	4.89	+4.2472	−0.0046	−0.0032	+41 28 2.27	18	4.89	−2.039	−0.615	−0.025	41 1451
557	Ll 12366	7.0	24 5.304	21	5.12	4.1806	045	−0.0009	39 49 20.11	21	5.12	2.103	605	−0.034	39 1649
558	Lu 3345	8.8	25 5.837	1	7.20	4.1796	048	−0.006.	39 49	..	. . .	2.191	605	−0.09.	39 1655
559	Ll 12437	7.3	26 2.072	3	7.20	4.1810	049	. . . .	39 51 22.46	3	7.20	2.272	605	+0.002	39 1661
560	AOe 6988—9	7.0	27 30.199	18	4.83	5.3472	159	. . . .	59 44 32.18	18	4.83	2.400	773	. . .	59 996
561	Fed 929	6.8	6 27 33.308	18	4.95	+5.2115	−0.0145	+0.0151	+58 11 21.49	18	4.95	−2.404	−0.753	−0.185	58 943
562	9 Lyncis	6.8	27 35.990	18	4.96	5.0743	132	−0.0035	56 27 53.35	18	4.96	2.408	733	−0.056	56 1134
563	8 Lyncis	6.3	28 32.974	28	5.91	5.5218	200	−0.0283	61 34 7.34	20	5.40	2.491	790	−0.278	61 893
564	Be C 269	8.6	28 54.521	5	7.19	5.5217	189	+0.0001	61 34 34.41	3	7.19	2.522	797	+0.001	61 894
565	11 Lyncis	6.2	29 8.390	17	4.95	5.1088	142	+0.0008	56 56 17.58	17	4.95	2.542	738	+0.011	56 1136
566	23 H.Camelop.UK	5.6	6 29 9.894	37	4.86	+10.3472	−0.1467	−0.0258	+79 40 19.42	20	4.47	−2.545	−1.488	−0.623	79 212
567	Fed 938	7.2	29 21.814	15	4.77	4.9965	130	−0.0026	55 26 25.40	15	4.71	2.562	721	+0.013	55 1097
568	10 Lyncis	6.9	29 25.396	3	7.18	5.5196	191	+0.0022	61 33 38.84	3	7.18	2.567	797	−0.010	61 896
569	Fed 940	6.8	29 47.559	16	5.12	5.1347	148	. . . .	57 16 28.67	16	5.12	2.599	741	. . .	57 988
570	BD 40° 1661	9.4	31 32.761	23	5.26	4.1997	074	. . . .	40 25 22.23	8	5.05	2.750	605	. . .	40 1661
571	Grb1195 (Σ941,pr)	7.4	6 31 36.131	21	5.22	+4.2503	−0.0069	−0.0002	+41 39 59.94	12	5.09	−2.755	−0.613	+0.024	41 1480
572	Σ 941, seq	8.6	31 36.323	20	5.12	4.2503	069	. . . .	41 40 0.09	10	5.08	2.756	613	. . .	40 1663
573	Bo VI 40° 1663	7.2	31 36.883	29	5.17	4.2000	065	. . . .	40 25 39.44	11	5.36	2.757	605	. . .	40 1663
574	Bo VI 40° 1664	8.9	31 42.342	26	5.13	4.1999	065	. . . .	40 25 36.90	10	5.05	2.765	605	. . .	40 1664
575	51 Aurigae	6.1	31 43.812	14	5.75	4.1627	064	−0.0018	39 28 44.15	8	6.13	2.767	599	−0.115	39 1690
576	ψ³ Aurigae	6.1	6 31 51.377	14	5.36	+4.1824	−0.0063	−0.0013	+39 59 18.33	14	5.36	−2.778	−0.603	−0.032	40 1665
577	ψ² Aurigae	4.9	32 11.439	12	5.57	4.2881	076	+0.0005	42 34 36.90	13	5.31	2.806	618	−0.061	42 1585
578	Ll 12656	6.7	32 42.717	15	5.53	4.3543	081	−0.0010	44 6 7.17	15	5.53	2.852	627	+0.005	44 1506
579	BD 44° 1507	9.3	32 46.003	13	5.64	4.3687	082	. . . .	44 25 14.35	11	5.45	2.856	629	. . .	44 1507
580	Ll 12697	6.9	32 56.329	23	5.39	4.3686	082	+0.0012	44 25 18.90	15	5.32	2.871	629	−0.038	44 1509
581	Ll 12685	7.0	6 33 19.526	18	5.06	+4.2242	−0.0071	. . . .	+41 3 32.49	18	5.06	−2.905	−0.608	. . .	41 1484
582	ψ⁴ Aurigae	5.5	35 48.347	24	5.16	4.3751	091	+0.0036	44 37 14.63	24	5.16	3.119	629	−0.039	44 1518
583	Br 968	7.2	36 1.018	35	5.23	5.3173	206	+0.0001	59 32 48.22	17	5.06	3.137	764	+0.024	59 1013
584	Σ 946, seq	9.2	36 1.465	30	5.11	5.3173	206	. . . .	59 32 45.40	19	5.18	3.138	764	. . .	59 1013
585	OΣ 154, pr	7.0	37 17.237	20	5.53	4.2078	079	−0.0015	40 43 32.55	13	5.03	3.247	604	−0.170	40 1696

Nr.	Stern	Gr.	α 1900.0	n	Ep.	Präz.	V.S.	μa	δ 1900.0	n	Ep.	Präz.	V.S.	μδ	BD.
					1900+						1900+				
586	OΣ 154, seq	9ᵐ4	6ʰ 37ᵐ 19ˢ184	11	6.53	+4ˢ2076	−0ˢ0080	0ˢ0000	+40°43′19″05	7	6.46	−3″250	−0″604	−0″018	40°1697
587	Σ 948 trpl (C)	8.0	37 23.123	28	4.72	5.3150	214	. . . .	59 32 39.68	12	5.17	3.255	763	. . .	}
588	Br 971	6.6	37 24.015	40	5.31	5.3148	214	−0.0020	59 32 34.68	15	5.42	3.257	763	+0.001	59 1015
589	12 Lyncis	6.7	37 24.285	40	5.31	5.3147	214	−0.0020	59 32 33.99	15	5.15	3.257	763	+0.001	
590	d'Ag 1111	6.9	37 29.821	12	4.99	4.3728	097	+0.0022	44 36 19.69	12	4.99	3.265	628	+0.001	44 1525
591	13 Lyncis	6.1	6 38 18.097	16	5.21	+5.1228	−0.0193	+0.0036	+57 16 22.56	16	5.21	−3.335	−0.735	−0.042	57 1004
592	Ll 12890	7.0	39 4.423	17	5.13	4.2736	090	−0.0029	42 22 7.93	16	5.06	3.401	613	−0.052	42 1600
593	ψ5 Aurigae	5.5	39 31.937	40	5.52	4.3295	094	+0.0006	43 40 38.64	19	5.48	3.441	620	+0.154	43 1595
594	Ll 12905	9.0	39 33.602	24	5.51	4.3300	097	+0.0018	43 41 18.83	12	5.20	3.443	620	−0.001	43 1596
595	Fed 967	6.4	39 51.581	30	5.11	5.0101	184	+0.0078	55 48 48.00	15	5.11	3.469	718	−0.108	}
															55 1122
596	Fed 968	6.4	6 39 52.203	30	5.11	+5.0101	−0.0184	+0.0078	+55 48 49.00	15	5.12	−3.469	−0.718	−0.108	}
597	18 Monocerotis	4.7	42 38.812	47	5.77	3.1302	008	−0.0002	2 31 18.10	38	5.72	3.709	447	−0.020	2 1397
598	ψ7 Aurigae	5.3	43 41.727	22	5.02	4.2496	103	−0.0016	41 53 55.92	22	5.02	3.799	604	−0.135	41 1536
599	14 Lyncis	6.0	44 16.013	28	5.43	5.3051	257	0.0000	59 34 1.51	28	5.43	3.848	756	−0.047	59 1028
600	Ll 13119	6.9	45 50.136	28	5.14	4.3803	121	. . . .	44 57 39.09	28	5.14	3.983	624	. . .	45 1359
601	Ll 13205	6.5	6 48 1.680	17	4.96	+4.3362	−0.0123	+0.0012	+44 2 5.30	17	4.96	−4.170	−0.617	−0.021	44 1551
602	Ll 13229	9.1	48 21.576	9	6.51	4.1978	106	. . . .	40 44 11.16	7	6.60	4.199	597	. . .	40 1751
603	Ll 13237	8.6	48 35.580	10	6.46	4.1957	107	. . . .	40 41 27.36	7	6.59	4.219	596	. . .	40 1753
604	15 Lyncis	4.6	48 37.126	26	4.96	5.2089	269	0.0000	58 33 13.26	16	5.25	4.221	740	−0.130	58 982
605	Fed 992	6.3	48 40.500	19	4.88	5.1379	250	+0.0012	57 41 25.19	18	5.03	4.226	730	+0.020	57 1017
606	Ll 13268	7.3	6 49 15.891	17	4.83	+4.1940	−0.0107	. . . .	+40 39 53.77	17	4.83	−4.276	−0.596	. . .	40 1757
607	Ll 13320	7.6	50 43.316	22	5.13	4.2041	113	. . . .	40 57 36.71	22	5.13	4.401	596	. . .	41 1557
608	Ll 13324	6.7	50 50.376	25	5.20	4.2395	118	+0.0020	41 50 51.91	24	5.32	4.411	601	−0.058	41 1558
609	Ll 13380—1	6.6	52 14.497	22	5.08	4.2631	125	−0.0036	42 26 57.07	22	5.08	4.530	604	+0.009	42 1629
610	51 H. Cephei	5.2	53 44.3 .	. .	. . .	. . . .			87 12 20.32	92	4.79	4.657	−4.196	−0.037	87 51
611	Ll 13552—3	7.0	6 57 0.378	18	4.96	+4.1876	−0.0126	−0.0034	+40 43 37.49	18	4.96	−4.936	−0.593	+0.041	40 1783
612	Fed 1009—10	6.7	57 11.628	20	4.99	5.3108	−0.0335	+0.0042	+59 56 59.29	20	4.95	4.951	748	0.000	60 1026
613	γ Canis mj.	4.0	59 14.084	38	5.94	2.7144	+0.0004	+0.0008	−15 29 7.27	37	5.93	5.124	380	−0.012	−15 1625
614	Ll 13684	7.0	7 0 54.466	30	5.19	4.3261	−0.0158	−0.0001	+44 11 41.57	30	5.19	5.265	606	−0.022	44 1584
615	63 Aurigae	5.0	4 46.713	56	5.51	4.1297	−0.0137	+0.0045	+39 29 1.80	40	5.54	5.591	577	+0.001	39 1882
616	Ll 13822	6.9	7 4 50.909	21	4.99	+4.3119	−0.0167	−0.0027	+44 0 27.12	21	4.95	−5.597	−0.601	−0.030	44 1598
617	18 Lyncis	5.3	7 10.962	41	5.52	5.2718	398	−0.0115	59 48 55.04	41	5.52	5.793	729	−0.258	59 1065
618	44 Camelop.	7.8	9 58.158	19	4.99	5.2017	386	−0.0042	59 5 46.53	19	4.99	6.026	724	−0.009	59 1067
619	45 Camelop.	7.9	10 31.658	19	5.50	5.2178	393	−0.0104	59 18 17.73	19	5.45	6.072	722	−0.028	59 1068
620	64 Aurigae	6.0	11 5.081	22	5.63	4.1811	160	−0.0003	41 3 39.96	20	5.48	6.119	578	+0.003	41 1630
621	46 Camelop.	6.9	7 11 12.376	17	5.01	+5.2267	−0.0401	+0.0024	+59 26 1.87	17	5.01	−6.129	−0.723	−0.031	59 1071
622	47 Camelop.	6.5	13 31.729	16	5.01	5.2766	427	+0.0011	60 5 14.11	16	5.01	6.322	727	+0.007	60 1048
623	Ll 14162—3	6.5	13 59.430	16	5.19	4.2477	181	−0.0017	42 50 30.20	16	5.19	6.360	585	−0.050	42 1699
624	Br 1054	6.8	14 41.337	32	5.12	4.9126	334	+0.0003	55 28 22.20	16	5.21	6.418	676	−0.029	}
625	19 Lyncis, seq	5.5	14 42.586	36	5.14	4.9124	335	−0.0001	55 28 11.86	21	5.13	6.420	676	−0.034	55 1192
626	WB 7ʰ 383	8.7	7 16 10.551	25	5.44	+4.1649	−0.0170	. . . .	+40 51 16.95	18	5.37	−6.541	−0.571	. . .	40 1849
627	Ll 14243	7.8	16 13.089	30	5.10	4.1661	170	. . . .	40 53 23.99	16	5.38	6.545	571	+0.038	40 1850
628	66 Aurigae	5.7	17 13.057	26	5.03	4.1636	173	+0.0001	40 51 54.22	26	5.02	6.627	570	−0.024	40 1852
629	Ll 14360	6.7	19 53.333	23	5.07	4.2624	200	+0.0001	43 27 25.33	23	5.07	6.848	581	−0.012	43 1691
630	Ll 14473—4	6.8	23 18.817	19	4.94	4.1601	187	. . . .	41 3 9.63	19	4.94	7.128	564	−0.037	41 1669

Nr.	Stern	Gr.	α 1900.0	n	Ep.	Präz.	V. S.	μα	δ 1900.0	n	Ep.	Präz.	V. S.	μδ	BD
						1900+						1900+			
631	Ll 14487	7ᵐ1	7ʰ23ᵐ40.256	19	4.95	+4.2002	-0.0197	....	+42° 5'52".57	19	4.95	-7.157	-0.569	...	42°1732
632	Bo 6030	9.2	24 36.351	12	6.61	4.2460	210	....	43 16 41.34	10	6.59	7.233	574	...	43 1701
633	WB 7ʰ 649	8.9	25 53.311	32	5.01	4.2429	212	....	43 15 58.30	25	4.83	7.338	573	...	43 1702
634	WB 7ʰ 674	9.3	26 47.851	26	5.62	4.2416	214	....	43 16 47.97	25	5.72	7.412	572	-0.022	43 1704
635	Fed 1132	6.0	28 38.656	20	5.32	4.9056	401	-0.0009	55 58 30.97	20	5.32	7.562	659	-0.044	56 1227
636	Grb 1332	6.7	7 28 53.737	35	5.15	+4.2362	-0.0219	-0.0016	+43 15 3.24	19	5.16	7.582	-0.569	-0.051	43 1711
637	OΣ 174, seq	9.2	28 53.950	31	5.27	4.2362	219	....	43 15 3.46	18	5.14	7.583	569	...	43 1711
638	Ll 14743	6.7	30 27.252	22	5.35	4.1166	195	-0.0020	40 14 54.88	22	5.35	7.708	551	-0.022	40 1903
639	48 Camelop.	7.8	31 22.503	16	5.01	5.1878	510	-0.0002	59 47 20.55	16	4.76	7.782	694	+0.009	59 1099
640	Ll 14739	8.1	31 51.643	16	5.83	5.0031	448	....	57 29 21.70	16	5.83	7.821	668	...	57 1092
641	23 Lyncis	6.3	7 32 33.293	21	5.03	+4.9873	-0.0447	-0.0008	+57 18 39.69	21	5.03	7.878	-0.665	-0.017	57 1093
642	Ll 14852—3	6.7	33 19.361	19	5.14	4.1538	210	....	41 23 29.86	19	4.88	7.939	553	...	41 1699
643	24 Lyncis	5.0	34 32.878	52	5.14	5.1055	502	-0.0047	58 56 39.64	54	5.12	8.038	677	-0.053	59 1103
644	Ll 14930	7.1	36 44.192	25	4.96	4.2508	244	-0.0082	44 1 52.02	25	4.96	8.213	562	-0.009	44 1666
645	WB 7ʰ 1029	6.8	38 8.445	25	5.06	4.0858	206	+0.0052	39 48 47.44	26	5.05	8.324	538	-0.689	39 1998
646	π Geminorum	5.5	7 41 3.609	35	5.14	+3.8772	-0.0165	-0.0001	+33 39 40.43	35	5.14	8.556	-0.508	-0.031	33 1585
647	WB 7ʰ 1164	7.0	43 26.536	24	4.87	4.0822	218	-0.0001	40 1 17.54	24	4.87	8.744	532	-0.042	40 1949
648	AOe 8325	6.6	44 37.374	22	4.81	4.8154	449	....	55 27 52.91	22	4.81	8.837	626	+0.013	55 1228
649	Fed 1193—4	7.1	46 18.145	24	5.00	4.7778	443	+0.0076	54 58 30.50	24	5.00	8.968	619	-0.088	55 1230
650	26 Lyncis	5.7	47 25.936	32	4.58	4.3884	316	-0.0040	47 49 26.45	26	4.54	9.057	566	-0.007	47 1499
651	Grb 1374	5.5	7 48 13.827	21	5.33	+7.2742	-0.1847	-0.0030	+74 11 6.60	21	5.33	9.119	-0.940	-0 032	74 338
652	52 Camelop.	7.0	48 20.507	19	4.73	4.8884	0495	-0.0014	56 46 2.47	19	4.73	9.128	631	-0.025	56 1253
653	Ll 15421	6.5	51 15.272	32	5.28	4.2235	0278	+0.0038	44 14 40.71	32	5.28	9.354	541	+0.007	44 1693
654	Fed 1210	6.1	52 57.844	18	5.12	5.0566	0590	+0.0028	59 19 8.18	18	5.12	9.486	645	+0.024	59 1130
655	53 Camelop.	6.3	53 10.038	17	5.29	5.1607	0638	-0.0030	60 35 52.58	17	5.29	9.502	658	-0.021	60 1105
656	Ll 15497	7.2	7 53 17.427	18	5.11	+4.1203	-0.0252	....	+41 41 42.27	18	5.11	9.511	-0.525	-0.014	41 1764
657	54 Camelop.	6.6	54 27.204	19	5.23	4.9175	539	-0.0023	57 33 1.61	19	5.23	9.601	625	-0.073	57 1118
658	Ll 15550	7.1	54 42.552	19	4.74	4.1158	255	....	41 39 50.88	19	4.74	9.620	522	-0.07.	41 1771
659	Anonyma	9.3	55 52.019	11	6.51	4.7793	489	....	55 35 25.96	11	6.51	9.709	606	...	— —
660	Anonyma	9.8	56 53.501	8	6.86	4.7744	492	....	55 35 2.61	8	6.86	9.787	603	...	— —
661	Fed 1236,38	7.0	7 57 40.607	18	4.83	+5.0510	-0.0616	-0.0009	+59 31 50.83	18	4.83	9.847	-0.637	+0.011	59 1136
662	Ll 15674	6.7	57 56.771	17	4.93	4.0492	244	-0.0028	40 1 21.24	17	4.93	9.868	510	+0.001	40 1989
663	Fed 1243	7.2	59 31.355	15	5.83	4.7638	501	....	55 35 14.63	15	5.83	9.987	597	...	55 1247
664	28 Lyncis	6.4	8 0 14.327	20	5.07	4.1717	286	+0.0004	43 32 50.96	20	5.07	10.041	522	-0.031	43 1770
665	27 Lyncis	4.6	0 56.228	30	5.10	4.5394	417	-0.0059	51 47 42.15	21	5.67	10.094	566	-0.005	51 1391
666	Fed 1255	7.0	8 1 36.352	17	4.98	+4.7523	-0.0505	....	+55 32 47.95	17	4.98	10.145	-0.593	...	55 1254
667	Fed 1254	6.2	1 51.549	19	5.28	4.9551	0596	-0.0035	58 32 27.54	19	5.28	10.164	619	-0.082	58 1102
668	Br 1159	6.6	2 31.158	19	5.33	4.1343	0280	+0.0011	42 43 24.19	19	5.33	10.214	514	-0.072	42 1819
669	Fed 1240-1,73 (U.K.)	7.5	4 13.620	10	4.49	7.6800	2763	-0.0141	76 2 44.73	9	4.56	10.342	955	-0.099	76 308
670	Fed 1268—9	6.9	5 22.617	17	5.04	4.8184	0554	-0.0049	56 49 38.27	17	5.04	10.428	596	-0.062	56 1276
671	Fed 1274—5	5.9	8 5 52.116	19	5.29	+4.8111	-0.0553	+0.0015	+56 45 7.30	19	5.29	10.465	-0.594	-0.039	56 1278
672	Ll 15963	7.5	6 13.546	17	5.11	4.0201	0253	....	39 46 18.75	17	5.11	10.491	495	-0.004	39 2068
673	Br 1147 (U.K.)	5.8	6 59.078	43	5.16	7.6518	2579	+0.0058	76 3 44.14	41	5.09	10.548	946	-0.017	76 310
674	Ll 15976	7.7	8 8.490	21	5.42	4.8442	0585	-0.0386	57 24 12.86	15	4.76	10.634	585	-0.241	57 1128
675	Hels 5448	9.1	8 13.523	7	6.96	4.8412	0580	+0.0077	57 22 6.60	7	6.96	10.640	594	+0.018	57 1129

Nr.	Stern	Gr.	α 1900.0	n	Ep.	Präz.	V. S.	μα	δ 1900.0	n	Ep.	Präz.	V. S.	μδ	BD.
					1900+						1900+				
676	Be C 333	8ᵐ4	8ʰ 8ᵐ18ˢ990	17	5.51	+4ˢ9972	—0ˢ0656	....	+59°31′58″94	9	5.21	—10″647	—0″613	...	59°1152
677	Br 1169	6.7	8 42.121	20	5.03	4.9923	.. 655	+0ˢ0013	59 29 40.71	15	4.90	10.675	612	—0″037	59 1154
678	AOe 8741—2	9.4	8 44.076	8	5.71	4.9941	656	+0.0010	59 31 15.81	5	5.40	10.678	612	—0.017	59 1153
679	Arg. Ann. 170	9.3	9 9.875	13	6.22	4.9922	657		59 31 26.77	13	6.22	10.709	611	...	59 1155
680	29 Lyncis	6.0	9 32.124	22	5.10	5.0174	673	+0.0005	59 52 40.01	22	5.10	10.737	613	—0.003	60 1124
681	Hels 5481	9.1	8 11 55.730	20	6.02	+4.9767	—0.0667	....	+59 30 50.68	14	5.64	—10.913	—0.604	...	59 1158
682	Anonyma	9.9	12 8.760	7	6.82	4.9740	668	....	59 29 48.37	8	7.00	10.929	603	...	—
683	58 Camelop.	6.2	12 21.683	21	4.81	4.8680	614	+0.0072	58 3 18.15	22	4.87	10.945	592	+0.018	58 1112
684	**31 Lyncis**	4.4	15 59.486	53	5.20	4.1241	315	—0.0008	43 30 32.31	53	5.20	11.209	494	—0.108	43 1815
685	Ll 16372—3	6.4	17 56.640	44	5.25	4.0756	301	+0.0007	42 19 37.29	22	5.15	11.351	485	—0.007	42 1859
686	Ll 16374	8.9	8 17 57.881	37	5.17	+4.0748	—0.0300	—0.0048	+42 18 20.65	22	5.36	—11.352	—0.485	—0.079	42 1860
687	**o Ursae maj.**	3.3	21 57.484	48	4.97	5.0397	767	—0.0174	61 3 8.95	48	4.97	11.638	589	—0.111	61 1054
688	Ll 16640,43	7.0	24 32.692	26	5.11	3.9961	289	—0.0020	40 33 37.54	26	5.11	11.822	466	—0.033	40 2066
689	Fed 1334—5	7.2	25 53.002	21	5.13	4.8571	688	—0.0012	58 56 48.44	21	5.13	11.916	565	—0.025	59 1176
690	**Grb 1450**	6.3	26 25.022	27	5.00	3.9215	268	—0.0083	38 21 33.69	25	5.10	11.954	452	—0.170	38 1920
691	AOe 9075	7.3	8 27 21.767	20	5.22	+4.1623	—0.0361	....	+45 32 15.89	20	5.22	—12.020	—0.481	...	45 1601
692	Ll 16775	7.1	28 23.786	20	4.88	4.0109	304	....	41 21 59.84	20	4.88	12.093	461	...	41 1853
693	Ll 16804	6.7	29 31.129	22	5.11	4.0600	325	+0.0006	42 55 28.22	22	5.11	12.170	465	—0.004	43 1834
694	AOe 9117,19	9.1	30 8.905	13	4.72	4.4821	514	....	53 4 5.77	12	4.92	12.215	513	...	53 1267
695	**Grb 1460**	6.3	31 53.175	47	5.18	4.4736	518	—0.0038	53 3 43.36	44	5.20	12.334	508	—0.035	53 1272
696	Ll 16904	8.2	8 33 5.221	19	5.02	+4.6296	—0.0611	—0.0339	+56 1 46.42	19	5.02	—12.417	—0.517	—0.375	56 1322
697	Fed 1360	7.1	33 25.093	20	5.05	4.8462	727	—0.0142	59 25 33.96	20	5.05	12.440	546	—0.046	59 1183
698	Ll 17119,57	7.0	37 35.532	25	5.28	4.0173	332	....	42 27 35.41	25	5.28	12.725	447	...	42 1919
699	Σ 1263, pr	8.2	38 34.392	39	5.26	4.0006	332	—0.0241	42 3 1.57	19	5.24	12.790	437	—0.649	42 1922
700	Σ 1263, seq	8.9	38 36.223	38	5.24	4.0009	325	—0.0009	42 3 56.33	20	5.30	12.792	444	—0.005	42 1923
701	ι Cancri, pr	6.8	8 40 36.998	45	5.41	+3.6415	—0.0195	....	+29 7 51.08	21	5.44	—12.927	—0.400	...	29 1823
702	**ι Cancri**	4.1	40 38.851	49	5.34	3.6414	195	—0.0012	29 7 32.72	28	5.26	12.929	400	—0.047	29 1824
703	Rü H 5829	6.6	45 12.322	19	5.19	4.7721	756	+0.0057	59 25 50.85	19	5.19	13.231	517	—0.004	59 1198
704	35 Lyncis	5.6	45 14.281	18	4.94	4.0451	362	+0.0001	44 5 56.76	18	4.94	13.234	437	+0.037	44 1794
705	Ll 17387—8	6.2	45 33.299	18	5.20	3.9873	337	—0.0055	42 22 42.81	18	5.20	13.254	430	—0.085	42 1935
706	Ll 17472—3	7.3	8 47 59.290	16	5.11	+3.9211	—0.0314	+0.0041	+40 30 57.19	16	5.11	—13.413	—0.419	—0.161	40 2119
707	Σ 1289, apr	8.4	48 3.639	28	5.14	4.0300	363	—0.0045	43 58 2.83	14	5.04	13.418	431	—0.169	44 1798
708	Σ 1289, bseq	8.9	48 3.678	28	5.14	4.0301	363	....	43 58 6.63	14	5.25	13.418	431	...	
709	WB 8ʰ 1135	7.9	49 5.951	13	5.47	3.9645	336	....	42 3 32.48	13	5.47	13.485	422	—0.053	42 1944
710	Fed 1398	6.7	49 19.183	14	5.39	4.6095	678	....	57 16 14.48	14	5.39	13.499	491	—0.018	57 1182
711	Fed 1399	7.0	8 49 40.569	13	4.94	+4.6886	—0.0730	—0.011.	+58 36 3.87	13	4.94	—13.523	—0.499	+0.02.	58 1159
712	Ll 17556,58	6.0	50 1.184	14	5.05	3.9163	318	—0.0072	40 35 4.26	14	5.05	13.546	415	—0.050	40 2125
713	Grb 1491	9.0	51 32.198	17	5.30	4.1766	445	—0.0031	48 26 5.81	14	5.17	13.642	440	—0.020	48 1705
714	WB 8ʰ 1202	8.9	51 45.533	8	6.62	3.9095	319	....	40 33 11.60	8	6.62	13.657	412	...	40 2127
715	**ι Ursae major.**	2.9	52 21.607	45	5.00	4.1729	444	—0.0437	48 26 2.99	41	4.95	14.695	429	—0.248	48 1707
716	**10 Ursae major.**	3.9	8 54 8.840	51	5.33	+3.9502	—0.0343	—0.0383	+42 10 43.09	43	5.38	—13.809	—0.404	—0.265	42 1956
717	Ll 17737—9	6.6	55 14.185	17	4.85	3.8846	316	—0.0044	40 6 24.07	17	4.85	13.878	403	—0.081	40 2138
718	**Grb 1501**	5.9	56 40.968	23	5.68	4.4251	604	—0.0008	54 40 41.32	23	5.68	13.969	457	+0.003	54 1272
719	**ϰ Ursae major.**	3.3	56 48.036	26	5.13	4.1199	434	—0.0027	47 33 7.75	22	5.24	13.976	424	—0.065	47 1633
720	Ll 17777	7.2	57 50.213	23	5.34	3.9882	371	—0.0009	43 50 17.19	14	5.03	14.041	409	—0.006	44 1817

Nr.	Stern	Gr.	α 1900.0	n	Ep.	Präz.	V. S.	μα	δ 1900.0	n	Ep.	Präz.	V. S.	μδ	BD
					1900+						1900+				
721	Ll 17853	8ᵐ1	8ʰ58ᵐ13ˢ997	15	5.32	+3ˢ9872	—0ˢ0371	—0ˢ0107	+43°51′15″98	15	5.12	—14″066	—0″405	—0″065	44°1820
722	AOe 9537	7.4	58 32.751	17	5.38	4.4711	642	. . . .	55 47 17.55	17	5.38	14.085	458	—0.19 .	55 1312
723	Rü H 5926	6.4	58 57.325	16	4.83	4.6996	795	. . . .	59 44 36.34	16	4.83	14.110	479	. . .	59 1217
724	Fed 1433	7.0	9 2 8.944	23	5.13	4.6651	792	—0.0210	59 23 30.77	23	5.13	14.308	470	—0.039	59 1221
725	Fed 1445	7.0	5 22.926	24	5.10	4.5122	705	. . . .	57 21 4.38	24	5.10	14.504	448	—0.057	57 1208
726	36 Lyncis	5.3	9 7 15.920	38	4.88	+3.9442	—0.0376	—0.0018	+43 37 48.55	37	4.89	—14.617	—0.387	—0.042	43 1893
727	17 Ursae maj.	5.1	8 25.443	28	5.09	4.4814	702	—0.0012	57 9 21.98	28	5.09	14.687	439	—0.035	57 1211
728	38 Lyncis, pr.	7.7	12 37.204	41	5.22	3.7498	293	. . . .	37 13 31.32	19	5.10	14.934	358	. . .	37 1965
729	38 Lyncis, seq.	3.9	12 37.409	48	5.08	3.7497	294	—0.0018	37 13 33.00	29	5.07	14.934	358	—0.129	37 1965
730	Br 45 1774	5.9	14 22.970	16	5.03	4.4397	707	—0.0004	57 7 22.65	16	5.03	15.036	422	—0.007	57 1214
731	Ll 18353	6.8	9 14 47.858	14	5.12	+3.9791	—0.0417	—0.0017	+45 47 39.36	14	5.12	—15.060	—0.377	—0.040	45 1708
732	Ll 18367	6.8	14 56.077	14	5.27	3.8143	329	—0.0068	40 5 25.95	14	5.27	15.068	360	—0.017	40 2194
733	Ll 18368	7.4	15 3.874	13	5.04	3.8302	333	+0.0012	40 42 28.94	13	5.04	15.076	362	—0.037	40 2195
734	Ll 18397	7.4	16 8.060	23	5.00	3.8243	343	—0.0305	40 38 9.82	23	5.00	15.137	353	—0.389	40 2197
735	Ll 18553	7.0	21 6.438	21	5.35	3.8743	377	. . . .	43 11 53.64	21	5.35	15.419	354	. . .	43 1915
736	Fed 1505	6.7	9 22 9.997	16	5.14	+4.3643	—0.0695	—0.0187	+56 40 45.71	16	5.14	—15.478	—0.398	—0.128	56 1386
737	Fed 1508	6.6	22 38.873	17	5.38	4.3371	0679	—0.0160	56 10 56.87	17	5.38	15.505	394	—0.045	56 1388
738	1 H. Draconis	4.3	22 51.2 .	. .	. . .	. . . .	. . .	. . . .	81 46 6.76	75	5.28	15.516	816	—0.020	81 302
739	h Urs. maj., pr.	9.6	23 35.642	17	5.33	4.7630	1028	+0.0165	63 29 57.89	12	5.35	15.557	431	+0.033	— —
740	h Ursae maj.	3.5	23 39.075	27	5.32	4.7624	1032	+0.0168	63 29 57.50	17	5.42	15.560	434	—0.028	63 845
741	AOe 9938	7.0	9 23 48.858	16	5.27	+4.4843	—0.0797	. . . .	+59 11 41.52	16	5.27	—15.569	—0.405	+0.060	59 1238
742	ϑ Ursae maj.	3.1	26 9.797	53	5.17	4.1413	550	—0.1028	52 7 56.97	53	5.17	15.698	351	—0.548	52 1401
743	Ll 18745	8.3	27 53.860	11	6.27	3.6896	295	. . . .	36 51 56.45	4	6.27	15.792	325	. . .	37 2003
744	10 Leonis min.	4.6	28 5.961	25	5.69	3.6885	295	+0.0013	36 50 30.04	10	5.50	15.803	324	—0.026	37 2004
745	Ll 18772—4	4.8	28 49.650	18	5.24	3.7611	334	—0.0027	40 3 56.19	18	5.19	15.842	329	0.000	40 2224
746	Ll 18780—1	8.5	9 29 1.373	25	5.23	+3.7694	—0.0339	. . . .	+40 26 4.32	11	5.35	—15.852	—0.330	+0.015	40 2225
747	Σ 1369, maj.	6.8	29 7.392	30	5.27	3.7683	339	. . . .	40 24 29.08	12	4.87	15.858	329	+0.022	40 2226
748	Σ 1369, com.	8.2	29 8.530	28	5.20	3.7681	339	. . . .	40 24 7.89	13	5.04	15.859	329	+0.047	40 2226
749	Fed 1532—3	6.9	29 31.572	14	5.21	4.3486	737	+0.0021	57 24 58.13	14	5.21	15.879	380	—0.012	57 1224
750	42 Lyncis	5.6	32 7.281	22	5.06	3.7633	344	—0.0017	40 41 20.18	22	5.06	16.017	323	—0.007	40 2232
751	Ll 18889	6.6	9 32 49.566	18	5.12	+3.8344	—0.0388	—0.0044	+43 35 47.04	18	5.12	—16.054	—0.328	—0.083	43 1943
752	Rü H 6242	6.6	34 14.131	23	5.23	4.2635	690	. . . .	56 19 13.49	23	5.23	16.127	363	—0.007	56 1397
753	43 Lyncis	5.9	35 48.732	22	5.07	3.7372	338	—0.0056	40 12 49.60	22	5.07	16.209	314	—0.056	40 2241
754	W Ursae maj.	(8.2)	36 43.723	14	5.14	4.2499	693	. . . .	56 24 34.98	14	5.14	16.256	356	. . .	56 1400
755	Ll 19022	8.0	37 6.820	15	5.15	3.8043	394	+0.0038	43 10 11.51	15	5.15	16.275	317	—0.818	43 1953
756	Ll 19043—4	6.9	9 37 50.474	17	5.05	+3.7844	—0.0372	—0.0018	+42 30 38.03	17	5.05	—16.312	—0.314	—0.103	42 2041
757	44 Lyncis	5.1	39 26.936	28	5.22	4.2837	736	+0.0005	57 35 14.62	28	5.22	16.394	353	+0.025	57 1231
758	Bo VI	7.7	42 26.407	23	5.10	3.8045	398	—0.0027	44 7 48.09	22	5.05	16.543	306	+0.028	44 1908
759	υ Ursae maj.	3.8	43 52.768	31	5.01	4.3425	809	—0.0380	59 30 32.19	25	4.95	16.614	341	—0.155	59 1268
760	16 Leonis min.	6.8	44 5.413	18	4.89	3.7011	338	+0.0012	40 5 50.81	18	4.89	16.624	294	—0.007	40 2261
761	μ Leonis	4.0	9 47 4.607	34	5.48	+3.4372	—0.0196	—0.0162	+26 28 40.47	34	5.48	—16.769	—0.265	—0.056	26 2019
762	Fed 1590—1	6.3	50 15.434	27	5.03	4.2148	746	+0.0034	57 53 39.00	27	5.03	16.919	323	—0.062	58 1224
763	19 Leonis min.	5.2	51 33.684	25	5.10	3.7015	357	—0.0100	41 31 54.96	24	5.05	16.980	278	—0.027	41 2033
764	Fed 1604—5	5.3	52 58.859	18	5.03	4.1675	721	—0.0039	57 17 25.07	18	5.03	17.046	312	—0.043	57 1242
765	Ll 19514	7.2	53 53.363	17	5.05	3.7193	377	—0.003 .	42 47 46.48	17	5.05	17.088	276	—0.06 .	43 1980

8*

Nr.	Stern	Gr.	α 1900.0	n	Ep.	Präz.	V. S.	μα	δ 1900.0	n	Ep.	Präz.	V. S.	μδ	BD
					1900+						1900+				
766	Fed 1609	8ᵐ2	9ʰ 54ᵐ 53ˢ144	22	4.93	+ 4ˢ1040	— 0ˢ0682	— 0ˢ0235	+ 56° 4 37ʺ14	22	4.93	— 17ʺ133	— 0ʺ300	— 0ʺ457	56°1421
767	Ll 19583	7.1	57 16.751	27	5.06	3.6969	. . 372	— 0.0010	42 29 28.71	27	5.06	17.241	268	+ 0.007	42 2079
768	Ll 19664—5	7.0	59 54.708	27	4.99	3.6347	338	— 0.008.	40 4 6.26	27	4.99	17.357	258	— 0.03.	40 2286
769	Chr M 168	8.7	10 2 53.164	18	5.68	3.2170	100	— 0.0172	12 29 7.65	7	5.58	17.486	220	+ 0.009	12 2147
770	α Leonis	1.3	3 2.795	34	5.36	3.2165	. . .100	— 0.0167	12 27 21.83	27	5.30	17.493	219	— 0.001	12 2149
771	Ll 19776—7	6.5	10 4 57.347	27	5.07	+ 3.6343	— 0.0351	— 0.0011	+ 41 9 11.62	27	5.07	— 17.574	— 0.248	— 0.012	41 2063
772	Fed 1645—6	7.1	6 41.875	27	5.07	4.1066	758	— 0.0010	58 29 15.18	27	5.07	17.647	277	. . .	58 1244
773	λ Ursae maj.	3.4	11 4.012	34	5.27	3.6510	381	— 0.0148	43 24 49.87	20	5.15	17.825	234	— 0.049	43 2005
774	Ll 19931	6.8	11 18.048	19	5.19	3.6212	361	— 0.0078	41 57 59.89	18	5.07	17.834	234	— 0.024	42 2108
775	Ll 19957	6.9	12 31.147	19	5.24	3.6465	385	— 0.0110	43 33 1.77	18	5.19	17.883	233	— 0.074	43 2007
776	Ll 19965	6.6	10 12 46.821	21	5.16	+ 3.6659	— 0.0404	+ 0.0054	+ 44 33 23.43	21	5.16	— 17.893	— 0.233	— 0.305	44 1973
777	Br 1430	6.8	15 4.409	19	5.04	3.6108	366	— 0.0001	42 21 6.96	18	4.97	17.982	225	+ 0.001	42 2114
778	WB 10ʰ 243	8.5	15 8.786	17	5.30	3.5986	356		41 42 54.58	16	5.17	17.985	224	. . .	41 2073
779	Br 1433	6.4	16 13.965	20	5.25	3.5938	355	— 0.0109	41 44 13.31	19	5.20	18.027	220	— 0.150	41 2076
780	μ Ursae maj.	3.0	16 22.411	21	5.17	3.5981	358	— 0.0070	42 0 9.39	21	5.17	18.032	221	+ 0.024	42 2115
781	30 H. Camelop.	5.2	10 18 54.8.	. .	. . .	. . . .	. . . .	. . . .	+ 83 4 3.06	35	5.44	— 18.128	— 0.470	+ 0.030	83 297
782	Ll 20214—5	6.8	21 32.716	21	5.06	+ 3.5754	— 0.0359	— 0.0046	42 6 43.47	20	5.00	18.225	210	— 0.088	42 2123
783	31 Leonis min.	4.2	22 6.128	22	5.41	3.4929	. 295	— 0.0096	37 13 10.94	22	5.37	18.246	202	— 0.106	37 2080
784	AOe 10874	8.7	24 1.248	29	5.27	3.8937	666	. . . .	56 30 42.43	18	5.30	18.315	223	. . .	56 1458
785	36 Ursae maj.	4.8	24 13.705	41	5.19	3.8916	660	— 0.0217	56 29 36.38	23	5.10	18.322	220	— 0.033	56 1459
786	Ll 20374—5	7.3	10 26 31.538	19	4.93	+ 3.5968	—.0.0396	— 0.0090	+ 44 41 45.73	19	4.93	— 18.402	— 0.200	— 0.018	44 1995
787	d'Ag 2202—3	5.3	27 23.948	20	5.01	3.5280	340	— 0.0125	40 56 24.89	20	5.01	18.433	194	— 0.007	41 2101
788	37 Ursae maj.	5.2	28 43.455	36	5.32	3.8890	697	+ 0.0083	57 35 52.03	36	5.32	18.478	213	+ 0.036	57 1277
789	Fed 1713—4	6.7	30 59.351	29	5.27	3.8501	670	— 0.0084	56 56 59.05	29	5.27	18.554	205	— 0.011	57 1278
790	39 Ursae maj.	5.9	37 24.654	23	4.88	3.8184	685	+ 0.0021	57 43 27.46	23	4.88	18.759	188	— 0.057	57 1286
791	Anonyma	10.0	10 37 57.698	12	5.88	+ 3.8060	—.0.0674	. . . .	+ 57 27 8.66	11	5.75	— 18.776	— 0.186	. . .	— —
792	AOe 11085	9.6	39 10.140	21	5.45	3.7952	672		57 26 14.43	13	5.45	18.813	183	. . .	57 1289
793	40 Ursae maj.	6.9	39 43.976	20	5.36	3.7906	670	+ 0.0008	57 26 45.61	15	5.05	18.830	182	+ 0.022	57 1290
794	41 Ursae maj.	6.4	40 6.499	15	5.13	3.7998	683	— 0.0058	57 53 35.58	15	5.13	18.841	180	— 0.067	58 1281
795	d'Ag 2317—8	6.9	42 17.389	16	5.14	3.4488	320	+ 0.0030	40 16 14.24	16	5.14	.18.906	159	— 0.037	40 2371
796	OΣ 229, pr	8.2	10 42 17.592	25	5.27	+ 3.4675	— 0.0339	. . . .	+ 41 38 15.41	14	5.39	— 18.906	— 0.160	. . .	41 2123
797	OΣ 229, seq	8.1	42 17.699	25	5.27	3.4674	337	. . . .	41 38 14.35	14	5.46	18.906	160	. . .	
798	43 Ursae maj.	6.2	45 1.335	22	5.22	3.7365	650	— 0.0085	57 6 42.26	22	5.22	18.984	167	— 0.003	57 1294
799	42 Ursae maj.	5.9	45 6.745	22	5.15	3.8108	740	— 0.0040	59 51 3.92	22	5.15	18.986	169	— 0.056	60 1296
800	Ll 20397	7.0	47 1.508	30	5.28	3.4322	323	— 0.0067	40 42 12.84	30	5.28	19.039	149	— 0.056	40 2378
801	ω Ursae maj.	5.3	10 48 13.549	31	5.62	+ 3.4660	— 0.0363	+ 0.0042	+ 43 43 20.79	32	5.35	— 19.072	— 0.148	— 0.035	43 2058
802	Ll 20992—3	6.3	50 32.270	27	5.23	3.4384	0344	+ 0.0010	42 32 39.29	27	5.23	19.133	142	— 0.100	42 2162
803	Br 1508	6.4	51 57.535	26	4.98	4.9612	3080	— 0.0261	78 18 21.21	25	5.09	19.170	201	— 0.027	78 367
804	Fed 1771	7.5	52 13.840	2	5.34	4.9409	3063	— 0.0407	78 13 41.17	2	5.34	19.177	202	— 0.016	78 368
805	Σ 1495, pr	7.0	53 41.245	24	5.27	3.7180	0709	. . . .	59 26 33.15	12	5.14	19.214	147	. . .	59 1338
806	Σ 1495, seq	8.9	10 53 44.004	21	5.50	+ 3.7179	— 0.0709	. . . .	+ 59 27 0.16	12	5.39	— 19.215	— 0.147	. . .	59 1339
807	47 Ursae maj.	4.8	53 51.968	15	5.02	3.4025	316	— 0.0280	40 57 52.08	15	5.02	19.218	131	+ 0.050	41 2147
808	Ll 21096	6.2	54 40.501	12	5.25	3.4283	352	— 0.0099	43 27 4.40	12	5.25	19.238	131	— 0.127	43 2068
809	Ll 21104	6.9	55 1.482	14	5.52	3.4242	349	— 0.0030	43 16 5.86	14	5.52	19.246	132	— 0.012	43 2069
810	49 Ursae maj.	5.0	55 14.281	14	5.26	3.3822	303	— 0.0057	39 44 57.49	14	5.26	19.252	129	— 0.031	39 2400

Nr.	Stern	Gr.	α 1900.0	n	Ep.	Präz.	V. S.	μα	δ 1900.0	n	Ep.	Präz.	V. S.	μδ	BD
811	β Ursae maj.	2ᵐ3	10ʰ 55ᵐ 48.662	16	1900+ 5.54	+3.6395	—0.0624	+0.0101	+56°55' 6.76	14	1900+ 5.42	19.266	—0.139	+0.027	57°1302
812	AOe 11 341—2	6.7	56 12.597	15	5.05	3.6884	694	....	59 12 15.59	15	5.05	19.275	140	....	59 1345
813	α Ursae maj.	1.8	57 33.550	39	4.88	3.7571	805	—0.0175	62 17 27.56	38	4.75	19.307	138	—0.072	62 1161
814	WB 10ʰ 1116	8.9	58 18.164	10	6.63	3.4158	357	....	44 1 24.87	10	6.63	19.325	124	....	44 2046
815	Ll 21 258	8.5	11 0 28.397	24	5.15	3.4042	276	—0.4097	44 2 30.28	24	5.15	19.375	089	+0.948	44 2051
816	Fed 1814—5	7.1	11 3 18.461	18	4.82	+3.6046	—0.0648	....	+58 25 3.43	18	4.82	19.437	—0.120	...	58 1304
817	ψ Ursae maj.	3.0	4 2.587	27	5.42	3.3959	364	—0.0057	45 2 28.37	15	5.16	19.452	111	—0.036	45 1897
818	Ll 21 338,56	6.4	4 2.661	13	4.86	3.3816	347	—0.0059	43 44 59.67	13	4.86	19.452	111	—0.019	43 2083
819	AOe 11 495—7	8.9	4 41.608	7	6.77	3.6131	677	....	59 26 10.59	7	6.77	19.466	118	....	59 1352
820	Fed 1824	7.2	5 47.303	14	5.11	3.6027	675	—0.010.	59 26 31.13	14	5.11	19.489	115	+0.05.	59 1353
821	Ll 21 387	8.4	11 6 3.690	26	5.09	+3.3666	—0.0338	—0.0121	+43 22 1.21	14	5.18	19.494	—0.105	—0.227	43 2088
822	Ll 21 389	7.4	6 15.110	26	5.09	3.3658	338	—0.0123	43 22 53.93	13	5.09	19.498	105	—0.235	43 2089
823	Ll 21 444	6.3	8 7.889	21	5.09	3.3388	315	—0.0021	41 37 57.10	20	5.03	19.536	101	+0.013	41 2170
824	Ll 21 453	7.8	8 25.981	20	5.08	3.3272	300	—0.0256	40 31 30.33	20	5.03	19.542	100	—0.109	40 2408
825	Grb 1757	6.1	11 3.811	45	5.05	3.4101	432	—0.0097	50 1 19.55	45	5.05	19.592	096	—0.023	50 1807
826	d'Ag 2495	6.8	11 12 57.174	26	5.06	+3.3251	—0.0324	+0.0056	+42 51 49.19	26	5.06	19.627	—0.090	—0.015	43 2102
827	Fed 1857	6.8	15 0.524	20	5.23	3.3380	358	—0.0041	45 32 47.11	20	5.23	19.662	087	—0.017	45 1912
828	Fed 1861	6.5	16 5.506	17	5.21	3.4736	591	—0.0146	57 37 21.19	18	5.11	19.680	088	+0.002	57 1316
829	Grb 1771	6.2	16 54.975	13	5.58	3.6050	849	—0.0011	64 52 40.54	13	5.65	19.694	090	+0.035	65 828
830	d'Ag 2529—32	6.6	17 15.182	15	5.06	3.2856	294	—0.0088	40 43 25.71	15	5.06	19.699	081	0.000	40 2421
831	56 Ursae maj.	5.4	11 17 20.440	14	4.72	+3.3114	—0.0334	—0.0027	+44 1 53.46	14	4.72	19.701	—0.081	—0.024	44 2083
832	Fed 1869—70	6.2	20 18.726	29	5.27	3.4188	548	—0.0072	56 23 55.64	29	5.24	19.747	078	+0.042	56 1518
833	d'Ag 2565	6.9	22 29.273	16	5.21	3.2935	346	+0.0015	45 25 45.86	16	5.21	19.779	070	—0.028	45 1926
834	Anonyma	10.0	23 11.855	1	6.34	3.2507	278	....	39 51 .	...	....	19.789	067	...	— —
835	d'Ag 2575	7.7	23 12.371	22	5.06	3.2506	278	....	39 51 30.22	12	5.50	19.789	067	+0.019	40 2432
836	57 Ursae maj.	5.4	11 23 41.094	26	5.01	+3.2485	—0.0276	—0.0044	+39 53 14.91	15	4.84	19.796	—0.066	+0.009	} 40 2433
837	57 Ursae maj., seq	9.1	23 41.116	16	5.02	3.2485	276	....	39 53 20.34	11	5.24	19.796	066	....	
838	Fed 1885	6.5	24 7.651	11	4.97	3.3966	.559	—0.0101	57 17 21.96	11	4.97	19.802	069	—0.010	57 1324
839	d'Ag 2583—5	6.7	25 5.531	12	5.18	3.2689	325	—0.0262	44 7 40.56	12	5.18	19.815	064	+0.073	44 2102
840	58 Ursae maj.	6.1	25 6.544	15	5.36	3.2662	318	—0.0044	43 43 20.76	15	5.36	19.815	064	+0.072	43 2122
841	Ll 21 874	6.9	11 25 25.404	15	5.00	+3.2522	—0.0296	+0.0067	+41 50 27.03	15	5.00	19.819	—0.063	—0.068	42 2214
842	Fed 1909—10	6.0	29 34.457	28	5.16	3.3281	499	+0.0013	55 20 16.70	30	5.24	19.870	056	—0.004.	55 1473
843	Fed 1917	7.8	31 7.499	33	5.14	3.3277	525	—0.024.	56 41 26.94	16	5.14	19.888	052	—0.08.	} 56 1529
844	Σ 1553, seq	8.1	31 7.657	33	5.24	3.3277	525	....	56 41 21.29	17	5.33	19.888	052	....	
845	59 Ursae maj.	6.0	33 0.932	14	4.95	3.2249	312	—0.0134	44 10 48.04	14	4.95	19.908	047	—0.052	44 2110
846	Ll 22 067	7.1	11 33 31.256	12	5.02	+3.2003	—0.0265	....	+39 43 34.52	12	5.02	19.913	—0.045	...	39 2460
847	WB 11ʰ 601,03	7.4	33 37.998	12	5.50	3.2047	275	....	40 48 20.37	12	5.50	19.914	045	...	41 2218
848	Ll 22 072	8.2	33 40.860	11	5.24	3.2144	297	—0.010.	42 52 16.34	11	5.24	19.915	045	+0.48.	43 2135
849	Fed 1927,29	6.4	34 59.249	19	5.18	3.3101	557	—0.0010	58 31 27.07	19	5.18	19.927	044	+0.018	58 1331
850	AOe 11 988	6.5	36 18.659	19	5.24	3.2746	489	....	55 43 34.74	19	5.19	19.940	041	...	55 1431
851	Ll 22 131	6.7	11 36 27.903	18	5.12	+3.1947	—0.0282	+0.0043	+41 47 35.23	18	5.12	19.941	—0.039	—0.045	42 2236
852	Ll 22 170—1	6.6	38 19.692	25	4.98	3.1870	284	+0.0021	42 16 39.53	25	4.98	19.957	036	—0.021	42 2241
853	χ Ursae maj.	3.8	40 46.253	46	5.07	3.1982	352	—0.0134	48 20 2.43	34	5.15	19.976	030	+0.020	48 1966
854	Fed 1941—2	5.7	41 34.597	23	4.96	3.2325	484	+0.0019	56 11 4.25	23	4.96	19.982	029	+0.040	56 1544
855	Fed 1951	6.8	44 56.200	22	5.07	3.1968	447	+0.0044	54 48 29.19	24	5.04	20.004	022	+0.016	55 1491

Nr.	Stern	Gr.	a 1900.0	n	Ep.	Präz.	V. S.	μa	δ 1900.0	n	Ep.	Präz.	V. S.	μδ	BD
					1900+						1900+				
856	Grb 1830	6ᵐ7	11ʰ47ᵐ14ˢ917	24	5.55	+3ˢ1314	−0ˢ0293	+0ˢ3405	+38°25′38″56	24	5.55	−20″016	−0″022	−5″801	38°2285
857	γ Ursae maj.	2.3	48 34.439	37	4.99	3.1649	430	+0.0108	54 15 3.24	33	5.13	20.022	015	+0.002	54 1475
858	d'Ag 2741—3	6.7	48 38.977	19	5.07	3.1308	262	−0.003.	41 28 15.23	18	5.00	20.022	017	−0.05.	41 2244
859	66 Ursae maj.	6.1	50 45.058	18	4.93	3.1558	475	+0.0015	57 9 18.61	18	4.93	20.031	010	−0.003	57 1343
860	d'Ag 2763—5	6.9	50 52.964	14	5.06	3.1189	256	−0.0034	41 12 18.09	14	5.06	20.031	010	−0.008	41 2248
861	Ll 22488	7.0	11 51 12.668	13	5.20	+3.1194	−0.0269	−0.0035	+42 34 13.36	13	5.20	−20.032	−0.009	+0.004	42 2256
862	Anonyma	10.0	51 43.787	1	4.36	3.1141	252	. . . .	40 55	..	. . .	20.034	008	. . .	— —
863	Ll 22497	8.7	51 43.996	12	5.34	3.1141	252	−0.0040	40 54 45.13	10	5.45	20.034	008	−0.013	41 2251
864	Ll 22504	7.0	51 56.924	13	5.12	3.1129	251	−0.0047	40 50 44.29	13	5.12	20.035	008	+0.012	41 2252
865	d'Ag 2767—70	6.5	52 5.958	17	4.82	3.1122	252	−0.0152	40 54 7.45	17	4.82	20.035	007	−0.065	41 2253
866	d'Ag 2791—4	7.5	11 55 15.806	26	5.19	+3.1002	−0.0290	−0.0010	+45 11 13.45	26	5.19	−20.043	−0.001	+0.017	45 1983
867	67 Ursae maj.	5.3	57 2.105	19	4.76	3.0888	0266	−0.0291	43 36 2.13	18	4.66	20.045	+0.003	+0.063	43 2179
868	Ll 22625	8.3	57 13.446	23	5.87	3.0878	0271	. . . .	43 41 50.23	15	5.62	20.045	+0.003	. . .	43 2180
869	Br₄₅ 2169	6.6	57 24.577	26	5.54	3.0867	0264	−0.0325	43 39 15.70	16	5.11	20.046	+0.004	−0.520	43 2182
870	**Grb 1852**	6.0	12 0 10.469	47	5.20	3.0678	1359	+0.0442	77 27 53.53	47	5.20	20.047	+0.009	−0.096	77 461
871	d'Ag 2825	7.7	12 2 16.192	14	4.64	+3.0597	−0.0263	. . . .	+43 39 15.24	14	4.64	−20.046	+0.013	−0.001	43 2187
872	d'Ag 2832—5	6.8	3 3.621	14	4.96	3.0572	230	. . . .	40 12 44.48	14	4.96	20.045	015	+0.006	40 2501
873	Σ 1603, pr, maj.	7.9	3 6.550	23	5.26	3.0453	409	−0.0236	56 1 16.49	13	5.12	20.045	015	−0.011	56 1568
874	Σ 1603, seq, min.	8.4	3 9.176	23	5.26	3.0449	408	−0.0217	56 1 19.85	14	5.35	20.045	015	−0.027	56 1569
875	Ll 22810	7.3	4 36.117	24	5.26	3.0491	228	−0.0283	40 48 35.84	24	5.26	20.043	017	−0.051	41 2276
876	68 Ursae maj.	6.5	12 6 45.868	26	4.97	+3.0101	−0.0429	+0.0012	+57 36 40.17	28	5.04	−20.038	+0.021	−0.017	57 1359
877	d'Ag 2868	6.6	9 35.573	23	5.17	3.0255	217	−0.0023	39 53 55.62	23	5.17	20.029	027	−0.026	40 2513
878	**δ Ursae maj.**	3.4	10 28.784	31	4.98	2.9761	420	+0.0136	57 35 17.67	26	5.13	20.026	029	+0.003	57 1363
879	2 Canum ven., pr	9.0	11 5.974	26	5.04	3.0156	230	. . . .	41 12 58.56	16	5.04	20.023	030	. . .	} 41 2284
880	**2 Canum ven., seq**	5.9	11 7.000	36	5.09	3.0156	227	+0.0026	41 13 0.68	25	5.10	20.023	030	−0.045	
881	Ll 23109—10	7.4	12 15 1.215	25	5.23	+2.9873	−0.0246	−0.0044	+44 9 50.40	25	5.23	−20.004	+0.037	+0.040	44 2180
882	70 Ursae maj.	6.0	16 0.239	23	4.95	2.9206	409	+0.0055	58 25 15.17	23	4.95	19.998	038	−0.071	58 1371
883	4 Canum ven.	6.3	18 51.890	25	5.21	2.9695	228	−0.0076	43 5 48.33	25	5.21	19.979	044	+0.005	43 2218
884	Ll 23222	6.9	19 42.349	16	4.93	2.9694	219	−0.0022	41 53 13.15	16	4.93	19.973	046	−0.015	42 2302
885	d'Ag 2934	7.2	20 2.757	15	5.09	2.9618	231	. . . .	43 24 29.35	15	5.09	19.970	046	. . .	43 2221
886	71 Ursae maj.	6.3	12 20 16.406	15	4.85	+2.8882	−0.0378	−0.0018	+57 19 55.72	15	4.85	−19.968	+0.046	−0.024	57 1373
887	**6 Canum ven.**	5.3	20 55.410	21	4.82	2.9716	198	−0.0067	39 34 24.24	19	5.03	19.963	048	−0.036	39 2521
888	72 Ursae maj.	7.0	21 45.562	18	5.18	2.8865	352	+0.0008	55 42 46.37	18	5.18	19.957	048	+0.020	55 1533
889	d'Ag 2953	6.5	22 38.919	14	4.81	2.9539	214	−0.0030	41 54 31.64	14	4.81	19.949	051	−0.008	42 2307
890	73 Ursae maj.	6.0	22 49.770	16	4.95	2.8732	355	−0.0028	56 15 59.18	16	4.95	19.948	050	−0.020	56 1598
891	Ll 23328	7.2	12 23 13.723	23	5.02	+2.9354	−0.0242	. . . .	+45 20 51.85	13	4.91	−19.944	+0.052	. . .	} 45 2038
892	Ll 23329	7.6	23 14.073	23	5.02	2.9354	242	−0.014.	45 20 42.42	13	4.98	19.944	052		
893	**74 Ursae maj.**	5.6	25 17.163	49	5.02	2.8279	378	−0.0097	58 57 21.86	28	5.00	19.925	054	+0.088	59 1444
894	75 Ursae maj.	6.2	25 23.442	18	4.82	2.8232	385	+0.0055	59 19 14.76	18	4.82	19.924	054	−0.018	59 1446
895	d'Ag 2974—7	6.8	26 10.838	18	4.92	2.9439	196	−0.0013	40 8 4.96	18	4.92	19.916	058	−0.012	40 2543
896	**8 Canum ven.**	4.3	12 28 59.403	58	5.01	+2.9210	−0.0194	−0.0626	+41 54 4.97	57	5.05	−19.887	+0.060	+0.280	42 2321
897	d'Ag 3004—6	7.2	30 56.423	27	4.86	2.9201	189	−0.0010	40 14 6.71	27	4.86	19.864	067	−0.030	40 2551
898	Fed 2114	6.9	33 19.081	21	4.85	2.7916	312	−0.0036	55 24 11.62	21	4.85	19.835	067	+0.010	55 1545
899	9 Canum ven.	6.9	33 57.635	20	4.83	2.8982	193	−0.0019	41 25 29.52	20	4.83	19.827	071	−0.031	41 2312
900	**76 Ursae maj.**	6.2	37 11.824	51	4.82	2.6437	379	−0.0045	63 15 43.56	51	4.82	19.783	071	−0.017	63 1026

Nr.	Stern	Gr.	α 1900.0	n	Ep.	Präz.	V. S.	μα	δ 1900.0	n	Ep.	Präz.	V. S.	μδ	BD
			1900+						1900+						
901	Ll 23765—6	6ᵐ2	12ʰ39ᵐ43ˢ945	19	4.96	+ 2ˢ8446	— 0ˢ0206	— 0ˢ0032	+ 44°39′ 1″39	19	4.96	— 19″746	+ 0″080	+ 0″002	44°2221
902	Ll 23771	6.7	39 49.619	18	4.94	2.8517	199	— 0.0026	43 40 26.58	18	4.94	19.745	080	+ 0.004	43 2253
903	10 Canum ven.	6.1	40 15.458	18	5.10	2.8775	166	— 0.0306	39 49 20.76	17	4.97	19.738	080	+ 0.130	40 2570
904	Fed 2157	7.0	45 32.849	31	4.77	2.6912	272	. . . .	55 18 5.54	31	4.77	19.652	086	. . .	55 1556
905	ε Ursae maj.	1.7	49 37.957	66	5.11	2.6384	272	+ 0.0137	56 30 9.72	66	5.11	19.579	092	— 0.011	56 1627
906	Br 1724	6.4	12 51 19.744	47	5.23	+ 2.8332	— 0.0148	— 0.0198	+ 38 51 17.63	18	5.06	— 19.546	+ 0.099	+ 0.048	39 2580
907	12 Canum ven. sq	2.8	51 20.993	55	5.31	2.8331	148	— 0.0199	38 51 30.91	30	5.32	19.546	099	+ 0.050	
908	d'Ag 3122	6.8	52 1.569	20	4.89	2.7809	180	— 0.0002	44 5 34.73	20	4.89	19.533	100	+ 0.006	44 2234
909	Ll 24446	6.8	54 17.189	19	4.76	2.8055	155	— 0.0017	40 23 2.63	19	4.76	19.487	104	+ 0.003	40 2598
910	78 Ursae maj.	5.2	56 26.429	22	4.93	2.5725	247	+ 0.0120	56 54 19.49	22	4.93	19.442	099	— 0.023	57 1408
911	d'Ag 3156	6.4	12 59 19.591	25	4.68	+ 2.7471	— 0.0164	— 0.0005	+ 43 32 40.27	25	4.68	— 19.379	+ 0.111	— 0.008	43 2296
912	Ll 24350—1	7.0	13 1 10.325	19	4.81	2.7750	143	— 0.0045	40 8 20.96	19	4.81	19.337	115	+ 0.054	40 2621
913	Ll 24362	7.0	1 38.389	18	4.95	2.7586	149	. . . .	41 27 28.02	18	4.95	19.326	115	. . .	41 2355
914	Fed 2203	7.2	2 15.075	18	4.95	2.5082	232	. . . .	57 33 37.26	18	4.95	19.312	106	. . .	57 1417
915	Ll 24432	7.0	3 43.975	21	4.64	2.7215	158	. . . .	43 42 53.88	21	4.64	19.277	117	. . .	43 2301
916	15 Canum ven.	6.2	13 5 5.957	26	5.03	+ 2.7683	— 0.0132	— 0.0012	+ 39 4 0.24	14	5.20	— 19.244	+ 0.121	— 0.004	39 2611
917	Fed 2208—9	6.9	5 26.846	17	4.87	2.4844	221	. . . .	57 21 53.15	17	4.87	19.235	110	+ 0.050	57 1419
918	17 Canum ven.	6.1	5 27.734	31	5.06	2.7671	130	— 0.0059	39 1 49.86	20	5.27	19.235	121	+ 0.032	39 2614
919	18 Canum ven.	6.8	6 56.294	18	4.85	2.7340	141	— 0.0025	41 19 27.49	18	4.85	19.198	121	— 0.014	41 2364
920	Ll 24567	6.6	8 19.916	19	4.93	2.7042	147	— 0.0009	43 9 24.41	19	4.93	19.162	124	+ 0.025	43 2311
921	Br₄₅ Q 2320	5.1	13 9 10.966	24	5.11	+ 2.7308	— 0.0134	— 0.0039	+ 40 40 56.92	24	5.11	— 19.140	+ 0.127	— 0.000	40 2633
922	Fed 2216—7	7.8	9 23.952	23	4.79	2.4536	207	+ 0.0025	57 12 40.16	15	5.13	19.135	114	— 0.014	57 1424
923	Fed 2218—9	7.0	9 31.515	29	4.95	2.4520	205	+ 0.0129	57 14 19.07	18	5.06	19.132	115	— 0.034	57 1425
924	19 Canum ven.	6.1	11 2.231	24	4.92	2.7131	134	— 0.0104	41 23 0.18	24	4.92	19.091	129	— 0.001	41 2374
925	Ll 24671,78	8.3	12 14.767	19	4.76	2.6670	146	— 0.0022	44 22 3.93	19	4.76	19.059	129	+ 0.010	44 2264
926	20 Canum ven.	4.6	13 13 3.542	45	5.16	+ 2.7070	— 0.0128	— 0.0108	+ 41 5 56.96	44	5.14	— 19.037	+ 0.131	+ 0.008	41 2380
927	23 Canum ven.	5.6	15 50.149	24	5.14	2.6992	122	— 0.0051	40 40 31.79	24	5.14	18.959	135	— 0.020	40 2647
928	Ll 24774	8.1	16 5.467	17	4.81	2.6569	127	— 0.0396	43 38 17.45	17	4.81	18.953	130	— 0.077	43 2321
929	Pi 13ʰ 65	6.6	16 28.799	18	5.08	2.6419	139	. . . .	44 30 49.57	18	5.08	18.941	134	. . .	44 2265
930	Pi 13ʰ 71	6.5	17 41.473	23	4.83	2.6367	137	— 0.0070	44 25 34.74	23	4.83	18.906	136	0.000	44 2269
931	ζ Ursae maj.	2.2	13 19 54.084	62	5.15	+ 2.4094	— 0.0172	+ 0.0144	+ 55 26 51.34	35	5.25	— 18.841	+ 0.129	— 0.026	55 1598
932	Br 1777	5.1	19 54.964	62	5.15	2.4093	— 0.0168	+ 0.0155	55 26 38.88	29	5.25	18.841	128	— 0.035	
933	g Ursae maj.	4.7	21 13.310	33	5.22	2.3973	— 0.0168	— 0.0143	55 30 32.46	33	5.22	18.802	133	— 0.024	55 1603
934	Grb 2001	6.2	23 34.985	19	4.64	1.5218	+ 0.0076	+ 0.0035	72 54 39.20	18	4.76	18.728	088	— 0.015	73 592
935	Ll 24924, 62	6.4	24 1.489	18	5.23	2.6522	— 0.0114	+ 0.0018	41 14 56.72	18	5.23	18.715	146	— 0.039	41 2400
936	69 H. Ursae maj.	5.5	13 24 46.869	27	4.98	+ 2.2196	— 0.0150	— 0.0110	+ 60 27 44.39	19	5.01	— 18.691	+ 0.124	+ 0.037	60 1461
937	Fed 2276	8.1	25 9.886	20	5.05	2.2165	152	. . . .	60 26 40.32	17	5.40	18.678	125	. . .	60 1464
938	Ll 25040—1	6.3	26 55.467	25	4.89	2.6169	114	— 0.0084	42 37 14.38	25	4.89	18.622	149	+ 0.019	42 2405
939	Anonyma	9.7	29 0.809	11	6.04	2.6814	094	. . . .	37 40 56.00	9	6.07	18.554	156	. . .	— —
940	WB 13ʰ 560	9.4	30 12.405	19	5.19	2.6762	092	+ 0.001,	37 41 40.78	14	5.19	18.514	158	— 0.02.	37 2425
941	81 Ursae maj.	6.0	13 30 16.599	18	5.09	+ 2.3159	— 0.0140	— 0.0020	+ 55 51 39.57	18	5.09	— 18.512	+ 0.137	— 0.010	56 1667
942	17 H. Canum ven.	4.9	30 20.014	38	5.01	2.6759	092	+ 0.0064	37 41 41.31	18	5.11	18.510	159	— 0.014	37 2426
943	Br₄₅ 2360	6.8	30 58.749	18	5.04	2.5609	115	— 0.0020	44 42 29.36	18	5.04	18.488	152	+ 0.012	44 2285
944	Σ 1769 (C)	9.0	33 36.384	37	4.62	2.6318	092	— 0.0173	39 41 16.20	15	4.81	18.398	158	— 0.138	39 2662
945	Σ 1769 (A)	7.7	33 41.135	44	4.73	2.6314	091	— 0.0192	39 41 26.88	19	4.84	18.395	157	— 0.163	39 2663

Nr.	Stern	Gr.	α 1900.0	n	Ep.	Präz.	V.S.	μα	δ 1900.0	n	Ep.	Präz.	V.S.	μδ	BD
946	Σ 1769 (B)	9ᵐ8	13ʰ 33ᵐ 41ˢ260	32	4.81	+2ˢ6314	−0ˢ0091	−0ˢ0192	+39°41′29ˮ21	13	4.87	−18ˮ395	+0ˮ157	−0ˮ163	39°2663
947	Fed 2323—4	6.2	36 41.922	26	4.83	2.2061	118	−0.0077	57 42 46.88	25	4.77	18.289	140	+0.024	57 1456
948	Ll 25 333	6.1	38 13.098	25	5.19	2.5691	095	−0.008.	42 10 41.40	25	5.19	18.234	163	+0.013	42 2431
949	Fed 2326	7.0	38 48.014	21	4.94	2.2371	113	−0.0013	56 13 53.40	21	4.94	18.213	144	+0.004	56 1677
950	Fed 2335	7.0	41 31.502	23	5.07	2.2104	102	+0.0117	56 23 24.03	23	5.07	18.112	147	−0.359	56 1683
951	d'Ag 3375	5.8	13 41 58.772	24	4.97	+2.5617	−0.0088	−0.0097	+41 35 24.81	23	5.04	−18.095	+0.168	−0.058	41 2424
952	η Ursae maj.	1.8	43 36.003	46	5.27	2.3812	100	−0.0120	49 48 44.46	28	5.45	18.033	158	−0.020	50 2027
953	d'Ag 3392	6.6	43 51.839	17	4.94	2.5352	089	+0.0029	42 32 50.49	17	4.94	18.023	169	−0.068	42 2440
954	d'Ag 3398	7.0	44 31.099	17	4.84	2.5266	088	. . . .	42 50 11.56	17	4.84	17.998	170	. . .	43 2357
955	R Canum ven.	(8.9)	44 39.752	13	4.63	2.5772	080	+0.0044	40 2 24.64	13	4.63	17.992	173	−0.047	40 2694
956	Ll 25 512	6.9	13 45 56.958	17	4.88	+2.5155	−0.0087	−0.0001	+43 3 21.95	17	4.88	−17.943	+0.171	−0.006	43 2359
957	WB 13ʰ 970	9.5	46 59.523	7	5.56	2.5647	079	. . . .	40 9 45.80	5	5.62	17.902	176	. . .	40 2699
958	Fed 2353	6.6	47 1.412	17	4.84	2.0696	079	−0.0032	59 2 3.67	17	4.84	17.900	143	+0.003	59 1533
959	Ll 25 549—50	7.0	47 31.213	18	4.97	2.5623	077	+0.0007	40 9 51.38	16	4.98	17.881	177	−0.042	40 2701
960	Ll 25 579	9.1	48 33.849	19	4.68	2.5462	077	. . . .	40 47 35.82	10	4.81	17.840	177	. . .	41 2433
961	Ll 25 594	6.6	13 48 54.512	24	4.84	+2.5439	−0.0077	−0.0008	+40 49 51.53	18	4.87	−17.826	+0.177	−0.009	41 2434
962	Anonyma	10.0	48 56.160	5	5.41	2.5441	077	. . . .	40 48 58.12	4	6.17	17.825	177	. . .	— —
963	Ll 25 605	6.7	49 10.795	17	5.00	2.5073	080	−0.0046	42 40 37.73	17	5.00	17.815	175	−0.004	42 2449
964	Ll 25 687	7.1	52 51.066	22	4.96	2.4456	080	−0.0007	44 46 14.48	22	4.96	17.665	176	−0.007	44 2312
965	Rü H 8697	7.0	53 23.644	20	4.87	2.1635	077	. . . .	55 4 26.65	20	4.87	17.643	157	. . .	55 1646
966	Ll 25 811	6.6	13 57 39.472	28	4.88	+2.5037	−0.0066	. . . .	+40 54 10.07	28	4.88	−17.463	+0.187	. . .	41 2454
967	Bo VI	9.7	59 6.606	24	4.82	2.1158	−0.0062	. . . .	55 14 41.45	24	4.82	17.400	162	. . .	55 1649²
968	α Draconis	3.4	14 1 40.821	64	4.93	1.6308	+0.0050	−0.0083	64 51 14.07	42	4.96	17.287	127	+0.017	65 978
969	Ll 25 933	7.1	1 55.504	21	4.99	2.0285	−0.0048	. . . .	56 59 53.33	21	4.99	17.276	158	+0.015	57 1487
970	Ll 25 945	7.0	3 16.982	22	4.87	2.4433	−0.0062	+0.0005	42 34 28.96	22	4.87	17.216	190	−0.019	42 2465
971	Ll 25 963—4	5.4	14 3 55.966	29	5.08	+2.4002	−0.0062	+0.0004	+44 19 48.41	29	5.08	−17.187	+0.187	−0.037	44 2325
972	Fed 2409—10	6.2	5 40.166	22	4.80	1.8748	012	−0.0151	59 48 40.75	23	4.70	17.108	148	−0.026	60 1516
973	d'Ag 3504	7.0	5 53.995	22	5.05	2.4603	056	. . . .	41 15 2.00	22	5.05	17.097	195	. . .	41 2471
974	d'Ag 3513—4	6.8	7 35.872	20	5.08	2.4181	056	−0.0016	42 48 37.79	21	4.95	17.019	194	+0.007	43 2391
975	Fed 2416	6.6	7 51.769	16	4.43	1.8939	016	+0.0048	59 1 14.72	16	4.43	17.007	153	−0.058	59 1562
976	4 Ursae minor.	5.0	14 9 13.775	92	5.05	−0.2932	+0.1511	−0.0113	+78 1 2.83	62	4.89	−16.943	−0.017	+0.032	78 478
977	Σ 1820, pr	8.7	9 42.810	26	5.31	+2.0180	−0.0036	−0.0403	55 47 35.49	14	5.06	16.921	+0.165	−0.021	} 56 1718
978	Σ 1820, seq	8.9	9 43.130	26	5.31	2.0179	035	−0.0403	55 47 35.98	16	4.99	16.921	165	−0.021	
979	d'Ag 3535	6.2	10 21.578	14	4.51	2.4244	052	−0.0028	41 59 16.95	14	4.51	16.890	198	−0.105	42 2472
980	d'Ag 3555	6.3	12 20.108	12	4.52	2.4557	046	−0.0106	40 12 30.29	12	4.52	16.797	203	+0.006	40 2760
981	Σ 1830, pr	9.6	14 12 29.903	11	6.06	+1.9418	−0.0019	+0.0011	+57 8 15.10	4	5.42	−16.789	+0.162	+0.017	} 57 1496
982	Σ 1830, seq	9.2	12 30.640	13	5.96	1.9417	019	+0.0030	57 8 12.55	5	5.62	16.789	162	−0.024	
983	λ Bootis	4.0	12 34.884	17	5.07	2.3010	049	−0.0177	46 32 52.14	12	5.06	16.785	188	+0.152	46 1949
984	ι Bootis	4.6	12 37.421	19	5.01	2.1425	042	−0.0159	51 49 43.07	16	4.93	16.783	175	+0.086	52 1784
985	AOe 14 432	8.1	12 39.688	6	4.61	2.1419	044	−0.0151	51 50 15.05	5	4.85	16.781	178	+0.090	52 1785
986	AOe 14 435	6.5	14 12 46.005	28	5.36	+1.9390	−0.0019	+0.0043	+57 9 19.81	12	5.36	−16.776	+0.162	−0.111	57 1498
987	Ll 26 209	6.8	12 55.303	28	5.36	1.9369	018	. . . .	57 10 33.99	14	5.45	16.769	162	−0.028	} 57 1499
988	Σ 1831, seq	9.5	12 55.787	23	5.34	1.9371	018	. . . .	57 10 29.44	10	5.52	16.768	162	−0.028	
989	Fed 2437	7.0	13 43.696	12	4.59	2.0205	030	−0.019.	55 0 23.81	12	4.59	16.730	169	−0.05.	55 1672
990	Ll 26 234	7.0	14 57.795	16	4.54	2.3929	044	+0.0035	42 28 1.53	17	4.53	16.670	201	−0.073	42 2481

Nr.	Stern	Gr.	α 1900.0	n	Ep. 1900+	Präz.	V. S.	μ_a	δ 1900.0	n	Ep. 1900+	Präz.	V. S.	μ_δ	BD
991	L Bo 2077	6ᵐ7	14ʰ19ᵐ42ˢ755	28	4.87	+2ˢ4001	−0ˢ0039	....	+41°17'51"65	28	4.87	−16"436	+0"207	...	41°2495
992	ϑ Bootis	3.9	21 47.449	51	4.67	2.0690	012	−0ˢ0258	52 18 44.83	52	4.69	16.331	178	−0"404	52 1804
993	d'Ag 3608—10	6.6	23 29.976	27	4.92	2.3799	035	....	41 28 26.01	27	4.92	16.244	210	+0.002	41 2504
994	Ll 26512—3	6.4	25 26.695	20	4.75	2.2880	033	−0.0042	44 42 27.28	20	4.75	16.144	205	−0.002	44 2358
995	d'Ag 3614—5	6.4	25 40.438	19	4.71	2.3517	032	+0.0142	42 14 49.24	19	4.71	16.132	210	−0.217	42 2508
996	WB 14ʰ 531	9.1	14 26 43.146	10	5.23	+2.3065	−0.0031	....	+43 48 43.08	8	5.19	−16.076	+0.208	...	44 2360
997	d'Ag 3627—8	6.8	27 30.489	19	4.59	2.3026	−0.0030	....	43 49 29.70	19	4.59	16.036	208	0.000	44 2365
998	γ Bootis	2.9	28 3.075	18	4.71	2.4267	−0.0028	−0.0093	38 44 45.49	18	4.66	16.007	218	+0.145	38 2565
999	Fed 2481	8.1	28 23.772	4	5.95	1.6276	+0.0061	−0.0062	60 50 23.81	4	5.95	15.989	150	+0.011	61 1437
1000	Grb 2125	6.4	28 59.864	14	4.88	1.6328	+0.0062	−0.0059	60 39 58.64	14	4.88	15.957	150	+0.019	60 1547
1001	Fed 2486	6.0	14 29 23.049	16	4.65	+1.8776	+0.0008	−0.0004	+55 50 19.24	16	4.65	−15.937	+0.173	−0.014	56 1746
1002	Ll 26622	6.5	29 54.952	15	4.65	2.3022	−0.0028	−0.0058	43 26 44.46	15	4.65	15.909	211	+0.033	43 2417
1003	Fed 2494	6.5	31 14.683	23	4.98	1.7857	+0.0028	+0.0266	57 30 32.42	23	4.98	15.838	171	−0.242	57 1519
1004	Ll 26705	6.8	33 7.443	19	4.71	2.2930	−0.0023	−0.0102	43 16 0.85	19	4.71	15.736	214	−0.060	43 2422
1005	Ll 26731	6.0	34 27.098	22	4.96	2.2649	−0.0021	−0.0102	44 4 24.83	22	4.96	15.664	213	+0.022	44 2376
1006	33 Bootis	5.5	14 35 6.927	26	4.58	+2.2401	−0.0019	−0.0068	+44 50 10.45	26	4.65	−15.628	+0.210	−0.026	45 2204
1007	Σ 1872, pr	7.6	38 9.954	32	4.89	1.6900	+0.0051	+0.0181	58 23 21.35	19	4.72	15.460	163	−0.198	58 1523
1008	Σ 1872, seq	8.4	38 10.619	31	4.84	1.6897	+0.0051	+0.0181	58 23 26.84	18	4.68	15.459	163	−0.198	
1009	Ll 26898	5.6	39 51.732	29	4.74	2.3292	−0.0016	−0.0008	40 52 56.77	29	4.74	15.365	225	+0.022	41 2523
1010	Ll 26955	7.1	41 43.390	25	4.85	2.2697	−0.0014	−0.0104	42 48 6.68	25	4.85	15.259	221	+0.067	42 2531
1011	Fed 2524	6.4	14 43 30.998	20	4.66	+1.7235	+0.0046	....	+57 2 6.28	20	4.57	−15.157	+0.170	...	57 1533
1012	Fed 2526	7.0	44 27.294	20	4.81	+1.5424	+0.0088	....	60 7 40.78	20	4.81	15.104	+0.154	...	60 1567
1013	Grb 2164	5.8	48 53.968	46	4.88	+1.5353	+0.0090	−0.0170	59 42 1.83	47	4.84	14.845	+0.158	−0.130	59 1615
1014	β Ursae min.	2.0	50 59.464	50	4.90	−0.2131	+0.1005	−0.0079	74 33 51.96	52	4.87	14.721	−0.016	+0.007	74 595
1015	Ll 27273	7.0	52 13.567	22	4.88	+2.2640	−0.0006	−0.0014	41 32 21.83	23	4.77	14.648	+0.231	+0 032	41 2539
1016	Ll 27323—4	7.1	14 54 7.173	18	4.86	+2.1591	+0.0001	....	+44 52 1.17	18	4.86	−14.535	+0.223	−0.028	45 2241
1017	Fed 2554	7.0	54 41.390	16	4.84	1.5926	+0.0077	−0.009.	58 3 1.37	16	4.78	14.500	167	+0.05.	58 1539
1018	Ll 27358, 60	6.5	55 35.677	13	4.78	2.2936	−0.0003	....	40 2 31.69	13	4.78	14.445	238	+0.085	40 2835
1019	40 Bootis	5.7	55 46.903	17	4.91	2.3034	−0.0002	−0.0028	39 39 42.95	17	4.91	14.434	237	+0.032	39 2820
1020	Ll 27396—8	6.8	56 29.847	14	4.61	2.1424	+0.0002	−0.0075	44 58 59.12	14	4.61	14.390	224	−0.009	45 2244
1021	WB 14ʰ 1210	6.9	14 57 13.117	14	4.76	+2.2755	−0.0001	....	+40 28 50.30	14	4.76	−14.346	+0.238	...	40 2838
1022	Fed 2562	7.0	57 34.455	14	4.61	1.6855	+0.0058	+0.0060	56 0 47.35	14	4.61	14.324	178	+0.021	56 1777
1023	β Bootis	3.3	58 10.745	32	4.94	2.2636	−0.0001	−0.0036	40 47 5.78	32	4.97	14.287	237	−0.043	40 2840
1024	Fed 2574	6.8	15 0 36.909	26	4.79	1.6445	+0.0072	−0.0009	56 25 38.77	27	4.81	14.137	176	−0.095	56 1780
1025	AOe 15117	5.6	3 25.340	30	5.02	1.7058	+0.0056	+0.0051	54 56 28.65	32	4.96	13.962	184	−0.001	55 1730
1026	ι Librae	4.6	15 6 31.191	29	4.83	+3.4147	+0.0171	−0.0032	−19 24 47.41	29	4.83	−13.766	+0.367	−0.047	−19 4047
1027	ι Librae, seq	8.5	6 31.511	1	5.48	3.4147	170	−0.0024	−19 24 50.39	1	5.48	13.766	368	−0.064	−19 4048
1028	d'Ag 3908—9	6.9	10 25.955	20	5.03	2.1383	012	−0.0074	+43 25 8.85	20	4.83	13.515	236	+0.050	43 2475
1029	Ll 27843	6.1	10 33.457	23	4.90	2.1660	011	+0.0017	+42 32 37.41	24	4.92	13.508	239	−0.022	42 2577
1030	1 H. Ursae min.	5.3	13 29.483	42	5.02	0.6334	392	+0.0385	+67 43 33.65	43	4.96	13.317	083	−0.396	67 876
1031	Fed 2626	7.0	15 15 56.974	16	4.99	+1.3836	+0.0123	....	+59 9 24.19	16	4.74	−13.155	+0.157	...	59 1637
1032	Ll 28029	7.0	16 24.122	13	4.64	2.1836	012	−0.0021	41 20 26.16	13	4.64	13.125	246	+0.183	41 2592
1033	Fed 2628	6.8	16 24.842	15	4.77	1.3999	118	....	58 51 55.35	15	4.77	13.125	160	...	59 1638
1034	d'Ag 3944	6.3	17 14.609	17	5.09	2.0660	021	+0.0037	44 47 49.27	17	4.85	13.070	234	−0.107	44 2453
1035	d'Ag 3945	6.5	17 30.308	19	5.01	2.0210	024	....	46 1 30.10	19	5.01	13.052	229	+0.002	46 2059

Nr.	Stern	Gr.	α 1900.0	n	Ep.	Präz.	V. S.	μα	δ 1900.0	n	Ep.	Präz.	V. S.	μδ	BD
1036	d'Ag 3950—1	5ᵐ5	15ʰ 18ᵐ55ˢ449	25	5.10	+2ˢ2186	+0ˢ0015	−0ˢ0004	+39°56'17"95	25	4.94	−12"958	+0"252	−0"027	40°2877
1037	μ Bootis	4.1	20 42.696	37	4.91	2.2782	014	−0.0123	37 43 40.81	17	4.70	12.838	258	+0.081	37 2636
1038	Σ 1938, pr	7.9	20 44.021	29	4.74	2.2790	014	−0.0122	37 41 53.51	13	4.73	12.837	261	+0.093	} 37 2637
1039	Σ 1938, seq	8.2	20 44.134	29	4.74	2.2790	014	−0.0122	37 41 54.30	12	4.83	12.837	261	+0.093	
1040	γ Ursae minor.	3.0	20 52.961	12	5.25	−0.1247	739	−0.0032	72 11 24.05	12	5.25	12.826	−0.009	+0.016	72 679
1041	Ll 28214	7.0	15 22 33.676	21	5.15	+2.0515	+0.0023	+0.0011	+44 39 7.57	21	4.97	−12.713	+0.237	−0.005	44 2464
1042	ι Draconis	3.2	22 42.237	20	4.82	1.3300	132	−0.0005	59 18 58.80	20	4.82	12.704	155	+0.014	59 1654
1043	Fed 2654	6.7	26 21.832	17	4.86	1.5464	087	+0.0008	55 32 15.02	17	4.86	12.455	182	+0.017	55 1756
1044	Ll 28313—4	7.1	26 26.658	15	5.03	2.1855	020	....	40 15 3.64	15	4.76	12.449	255	−0.003	40 2892
1045	Ll 28358	7.0	26 33.494	15	4.84	1.4093	114	−0.0313	57 47 2.52	15	4.84	12.441	166	+0.163	57 1590
1046	ν¹ Bootis	4.8	15 27 20.246	18	4.96	+2.1533	+0.0021	+0.0010	+41 10 26.07	17	5.10	−12.388	+0.252	−0.013	41 2609
1047	ν² Bootis	5.0	28 12.179	38	4.85	2.1485	022	−0.0020	41 14 19.22	41	4.80	12.328	252	−0.015	41 2611
1048	WB 15ʰ 687	9.4	31 18.336	16	4.74	2.0610	027	....	43 31 12.95	10	4.79	12.113	245	...	43 2509
1049	Ll 28490	6.6	31 44.229	18	4.85	2.0604	027	−0.0037	43 29 55.43	19	4.78	12 083	245	+0.046	43 2510
1050	OΣ 298 (C)	7.3	32 23.104	31	4.63	2.1705	022	−0.0395	40 9 38.23	16	4.95	12.037	258	+0.044	40 2903
1051	OΣ 298 (B)	7.9	15 32 28.752	29	4.70	+2.1711	+0.0023	−0.0396	+40 7 53.95	12	4.90	−12.031	+0.259	+0.041	} 40 2905
1052	OΣ 298 (A)	7.8	32 28.781	27	4.82	2.1711	023	−0.0396	40 7 55.61	14	4.99	12.031	259	+0.041	
1053	φ Bootis	5.3	34 14.146	25	5.13	2.1483	022	+0.0058	40 40 44.55	22	5.08	11.908	258	+0.052	40 2907
1054	Ll 28594	6.9	34 59.343	19	5.02	2.0341	031	−0.0001	43 55 48.43	19	4.82	11.855	244	−0.004	44 2493
1055	Grb 2266	7.1	36 38.918	18	5.00	1.3528	121	−0.0004	57 47 8.66	18	5.00	11.737	165	−0.013	57 1600
1056	Ll 28662	6.4	15 36 56.950	16	5.02	+1.3201	+0.0127	−0.0015	+58 14 51.03	16	4.83	−11.716	+0.161	+0.015	58 1583
1057	Fed 2676	6.9	36 59.571	16	4.76	2.0188	031	+0.0006	44 10 0.08	16	4.76	11.713	244	+0.056	44 2501
1058	Ll 28664	6.8	38 44.033	4	6.50	3.0198	079	....	2 45 25.47	4	6.50	11.589	308	...	2 2987
1059	α Serpentis	2.5	39 20.587	46	5.06	2.9432	061	+0.0091	6 44 24.65	47	5.03	11.545	358	+0.042	6 3088
1060	β Serpentis	3.4	41 34.384	42	5.33	2.7624	043	+0.0051	15 44 4.43	44	5.29	11.386	337	−0.055	15 2911
1061	WB 15ʰ 1061	9.1	15 43 41.646	4	6.49	+1.9686	+0.0037	....	+44 54 48.38	2	6.50	−11.232	+0.243	...	45 2331
1062	Grb 2278	7.3	43 48.718	13	4.89	1.1831	153	+0.0004	59 37 23.05	13	4.89	11.223	148	−0.046	59 1675
1063	WB 15ʰ 1068	7.0	44 5.707	15	4.77	1.9676	037	....	44 54 22.72	15	4.77	11.203	243	...	45 2334
1064	AOe 15653	6.4	44 11.369	15	4.85	1.4423	101	−0.0132	55 46 52.74	15	4.85	11.196	179	+0.072	55 1777
1065	12 H. Draconis	5.3	45 8.454	17	5.24	0.8991	224	+0.0055	62 54 30.64	16	5.41	11.127	115	−0.062	63 1225
1066	AOe 15666	6.1	15 45 12.950	16	4.82	+1.4434	+0.0100	+0.0012	+55 40 58.75	16	4.76	−11.122	+0.180	+0.003	55 1779
1067	Fed 2692	6.1	45 36.108	16	4.63	+1.1539	0152	−0.0027	59 52 31.02	16	4.63	11.094	+0.145	−0.027	60 1635
1068	ζ Ursae minor.	4.3	47 37.146	76	4.91	−2.2418	2001	+0.0060	78 6 7.90	69	4.94	10.946	−0.268	−0.001	78 527
1069	χ Herculis	4.6	49 13.270	22	5.15	+2.0333	0018	+0.0401	42 43 56.34	22	5.15	10.829	+0.263	+0.619	42 2648
1070	Fed 2701	6.0	49 56.928	22	5.02	+1.3938	0106	−0.0019	56 7 19.78	22	4.98	10.775	+0.176	+0.056	56 1838
1071	2 Herculis	5.5	15 51 17.823	22	4.97	+2.0015	+0.0035	−0.0043	+43 25 47.71	22	4.97	−10.676	+0.250	+0.058	43 2542
1072	4 Herculis	6.1	52 8.594	23	5.08	2.0203	035	−0.0021	42 51 25.43	23	5.04	10.613	254	0.000	42 2652
1073	Fed 2707—8	6.7	53 53.146	23	5.03	1.1614	148	−0.0030	59 12 0.70	23	5.03	10.483	149	+0.013	59 1691
1074	Ll 29120—1	6.3	53 58.531	21	4.90	2.1169	030	−0.0059	39 58 52.23	22	4.89	10.476	268	+0.066	40 2948
1075	Grb 2296	5.1	55 24.925	47	4.82	1.4369	096	−0.0187	55 1 56.75	45	4.94	10.368	179	+0.111	55 1793
1076	Ll 29223	6.6	15 56 57.245	24	5.01	+1.9413	+0.0041	+0.0075	+44 33 43.94	24	5.01	−10.253	+0.248	−0.045	44 2530
1077	d'Ag 4161—2	6.8	58 32.976	22	4.97	2.0944	032	−0.0043	40 17 59.53	22	4.97	10.133	268	+0.034	40 2962
1078	X Herculis	6.6	59 38.573	24	4.97	1.8098	051	−0.0046	47 30 52.93	24	4.97	10.050	233	+0.048	47 2291
1079	θ Draconis	3.8	16 0 0.666	29	4.91	1.1587	136	−0.0401	58 49 57.68	29	4.91	10.022	140	+0.341	58 1608
1080	RC 3498	6.4	1 20.173	25	5.03	1.0863	158	−0.0055	59 41 6.56	25	5.03	9.922	142	−0.017	59 1697

Nr.	Stern	Gr.	α 1900.0	n	Ep.	Präz.	V. S.	μa	δ 1900.0	n	Ep.	Präz.	V. S.	μδ	BD
						1900+						1900+			
1081	d'Ag 4191	7ᵐ1	16ʰ 4ᵐ35ˢ033	19	4.83	+2ˢ0586	+0ˢ0035	....	+40°53'34"08	19	4.83	—9"674	+0"267	...	41°2670
1082	φ Herculis	4.0	5 37.111	20	5.49	1.8908	045	—0ˢ0021	45 11 49.63	16	5.49	9.595	246	+0"023	45 2376
1083	Ll 29530	6.5	5 55.228	13	4.97	2.0387	037	—0.0177	41 21 21.28	13	4.97	9.571	265	+0.059	41 2673
1084	Ll 29560	7.3	6 50.653	12	4.86	2.0560	036	—0.0066	40 48 48.56	12	4.86	9.501	268	+0.076	40 2976
1085	RC 3513	6.7	7 5.154	12	4.94	1.1733	135	—0.0026	58 11 54.20	12	4.94	9.482	155	+0.018	58 1622
1086	14 Herculis	6.7	16 7 9.771	11	4.79	+1.9319	+0.0048	+0.0115	+44 5 7.48	12	4.69	—9.477	+0.255	—0.312	44 2549
1087	AOe 15 979,81	6.7	7 13.800	12	4.86	1.3201	109		56 5 20.52	12	4.86	9.471	174	—0.027	56 1867
1088	d'Ag 4220—1	6.2	8 28.990	21	4.95	1.9850	039	—0.0019	42 37 50.57	21	4.95	9.374	260	+0.040	42 2683
1089	WB 16ʰ 266—7	6.9	9 59.992	24	5.18	2.0749	035	....	40 4 38.73	25	5.07	9.257	272	—0.030	40 2987
1090	WB 16ʰ 360—1	6.7	13 20.402	22	4.93	2.0600	037	—0.0045	40 17 2.36	22	4.93	8.997	272	+0.045	40 2995
1091	19 Ursae minor.	5.8	16 13 40.096	26	4.69	—1.7679	+0.1253	—0.0003	+76 7 46.37	26	4.68	—8.971	—0.227	+0.013	76 594
1092	Fed 2754	5.6	15 35.091	22	4.84	+0.9938	0159	+0.0011	59 59 50.94	22	4.84	8.821	+0.134	+0.020	60 1665
1093	d'Ag 4256—7	5.6	16 29.537	21	4.91	+2.0651	0037	—0.0123	39 56 52.42	21	4.91	8.749	275	0.000	40 3005
1094	τ Herculis	3.6	16 44.082	26	5.13	+1.8023	0050	—0.0009	46 33 5.85	26	5.24	8.730	240	+0.032	46 2169
1095	Fed 2763	7.3	18 40.995	30	5.16	+0.9794	0159	....	60 0 27.21	31	5.17	8.576	133	...	60 1669
1096	η Ursae minor.	5.1	16 20 25.111	46	5.11	—1.7848	+0.1133	—0.0212	+75 59 10.57	48	5.13	—8.439	—0.238	+0.257	76 596
1097	Grb 2343	5.8	22 14.068	22	4.53	+1.3065	0101	+0.0020	55 25 57.26	16	4.90	8.295	+0.177	+0.018	55 1845
1098	η Draconis	2.7	22 38.100	31	5.03	+0.8071	0183	—0.0028	61 44 26.66	19	5.08	8.263	110	+0.061	} 61 1591
1099	η Dracon., seq	9.7	22 38.572	11	5.71	+0.8072	0186	....	61 44 22.59	7	5.39	8.262	111	...	
1100	Ll 30010	6.7	22 59.962	16	4.48	+2.0118	0039	+0.0017	41 2 9.43	16	4.48	8.234	271	—0.069	41 2707
1101	g Herculis	4.9	16 25 21.489	33	5.09	+1.9662	+0.0040	+0.0020	+42 6 6.13	33	5.09	—8.045	+0.266	—0.018	42 2714
1102	OΣ313,med.(8.6u.8.6)	7.1	29 10.497	29	4.88	2.0258	039	....	40 19 27.29	28	4.82	7.738	276	...	40 3030
1103	σ Herculis	4.1	30 52.740	46	4.97	1.9334	041	—0.0006	42 38 35.85	47	4.98	7.601	264	+0.039	42 2724
1104	WB 16ʰ 963	8.7	32 25.870	29	4.74	2.0410	038	—0.001.	39 44 49.85	29	4.74	7.475	279	0.00.	39 3017
1105	Ll 30357	6.8	34 40.492	34	4.83	2.0359	038	—0.0041	39 46 39.33	34	4.83	7.292	280	—0.084	39 3021
1106	Br45 2733	5.5	16 35 59.176	31	4.96	+1.2078	+0.0104	—0.0017	+56 12 39.97	32	4.98	—7.185	+0.167	+0.082	56 1907
1107	η Herculis	3.3	39 28.079	48	4.98	2.0521	038	+0.0034	39 6 44.39	36	4.59	6.900	285	—0.084	39 3029
1108	Hels 8940	9.1	40 24.183	9	6.43	1.2169	099	....	55 53 26.70	7	6.40	6.823	170	...	55 1869
1109	Ll 30548	8.6	40 49.324	13	4.53	1.9453	041	....	41 51 54.32	13	4.53	6.789	270	...	41 2745
1110	Fed 2815—6	6.5	40 55.717	14	4.60	1.2166	099	+0.0058	55 52 26.44	14	4.60	6.780	171	+0.077	55 1872
1111	Hels 8949	8.9	16 41 40.992	5	6.56	+1.2109	+0.0099	....	+55 55 22.76	5	6.56	—6.718	+0.169	...	56 1915
1112	d'Ag 4372—3	6.0	42 3.576	15	4.53	1.8810	043	—0.0024	43 24 2.30	15	4.53	6.687	261	—0.038	43 2642
1113	Grb 2377	4.9	43 23.962	23	4.93	1.1312	104	+0.0029	56 57 38.47	17	5.18	6.576	159	+0.058	57 1702
1114	Pi 16ʰ 213	6.8	43 34.260	12	4.69	1.2353	095	....	55 29 41.49	12	4.69	6.562	173	...	55 1876
1115	BD 41°2750	9.2	44 4.420	11	4.63	1.9406	041	....	41 49 49.24	11	4.62	6.520	270	...	41 2750
1116	Ll 30650	6.4	16 44 7.785	13	4.62	+1.9175	+0.0042	+0.0001	+42 25 1.05	13	4.62	—6.516	+0.267	—0.036	42 2749
1117	Ll 30673	8.0	45 10.573	8	6.43	1.9159	041	....	42 24 30.94	8	6.43	6.429	267	...	42 2750
1118	Ll 30687	7.2	45 48.096	14	4.32	1.9380	041	....	41 50 9.79	14	4.32	6.378	271	...	41 2754
1119	Ll 30712	6.5	46 34.025	17	4.77	1.8643	043	—0.0034	43 36 9.07	17	4.77	6.314	261	+0.001	43 2654
1120	Ll 30739	6.7	47 23.878	16	4.73	1.9263	041	—0.0068	42 3 52.58	16	4.73	6.245	269	+0.066	42 2753
1121	d'Ag 4395—400	6.8	16 50 22.764	18	4.93	+1.8832	+0.0047	+0.0104	+42 59 47.16	18	4.93	—5.997	+0.268	—0.330	43 2659
1122	WB 16ʰ 1531	8.5	50 28.111	17	4.89	1.8599	043	....	43 33 10.44	16	4.91	5.989	+0.261	...	43 2660
1123	Ll 30856	7.0	51 13.121	17	4.78	1.8580	042	....	43 34 2.52	17	4.78	5.927	+0.261	...	43 2661
1124	d'Ag 4409—10	6.7	54 41.034	22	4.90	1.8902	042	—0.0027	42 39 59.42	22	4.90	5.636	+0.267	—0.056	42 2774
1125	ε Ursae minor.	4.2	56 12.2.	..	...	....	....	....	82 12 8.02	50	4.72	5.508	—0.880	+0.006	82 498

Nr.	Stern	Gr.	α 1900.0	n	Ep.	Präz.	V. S.	μα	δ 1900.0	n	Ep.	Präz.	V. S.	μδ	BD
						1900+						1900+			
1126	Fed 2856	6🜨1	16h 57m 31.372	17	4.94	+1.1028	+0.0095	-0.0057	+56°50' 7".57	17	4.94	-5".397	+0.157	+0.026	56°1934
1127	Pi 16h 296	6.6	58 13.549	17	4.84	0.9613	109	....	58 36 31.07	17	4.84	5.338	137	...	58 1689
1128	AOe 16 763	9.0	59 42.886	28	4.68	0.9490	109	....	58 42 38.93	14	4.89	5.212	136	...	58 1692
1129	Pi 16h 304	7.0	59 56.414	31	4.70	0.9493	109	-0.011.	58 41 58.73	18	4.60	5.193	136	-0.029	58 1693
1130	Σ 2128, pr	8.5	17 1 56.860	22	4.67	0.8568	107	-0.0473	59 43 0.91	11	4.53	5.023	114	+0.232	59 1783
1131	Σ 2128, seq	9.7	17 1 58.094	20	4.68	+0.8567	+0.0108	-0.0445	+59 43 8.25	13	4.77	-5.022	+0.115	+0.256	— —
1132	d'Ag 4433—6	6.5	2 2.213	13	4.70	1.8250	041	-0.0008	43 56 52.90	13	4.70	5.016	260	-0.014	44 2652
1133	AOe 16 829—30	7.0	3 47.999	15	5.00	1.1308	086	....	56 15 59.66	15	5.00	4.866	162	...	56 1944
1134	Grb 2415	6.4	4 30.983	22	5.13	1.9584	037	-0.0029	40 38 47.80	21	5.26	4.806	278	-0.028	40 3103
1135	Pi 17h 20	6.7	5 33.188	14	4.97	0.9611	101	....	58 23 57.09	13	4.85	4.718	138	...	58 1698
1136	Pi 17h 22	6.7	17 5 52.641	13	4.98	+1.1535	+0.0082	-0.0010	+55 53 42.48	13	4.98	-4.690	+0.165	+0.039	55 1912
1137	Ll 31 312—3	5.2	6 18.819	21	5.13	1.9461	037	-0.0047	40 54 8.11	21	5.13	4.654	278	-0.003	40 3109
1138	ζ Draconis	3.0	8 29.738	39	5.42	0.1682	190	-0.0029	65 50 16.40	18	5.24	4.467	025	+0.022	65 1170
1139	Ll 31363	6.8	8 39.509	13	4.77	1.9051	038	-0.0011	41 51 0.22	13	4.77	4.454	273	-0.010	41 2804
1140	d'Ag 4460—1	6.4	8 44.749	16	5.33	1.7489	.. 043	....	45 26 41.12	16	5.33	4.446	251	...	45 2504
1141	Ll 31387	7.0	17 9 20.509	12	4.79	+1.8199	+0.0040	+0.0020	+43 51 3.55	12	4.79	-4.395	+0.261	+0.179	43 2702
1142	Ll 31460	7.1	10 16.930	17	4.95	0.9769	093	-0.0039	58 5 2.39	17	4.95	4.315	141	+0.056	58 1707
1143	π Herculis	3.1	11 33.840	34	5.17	2.0905	032	-0.0021	36 55 18.40	33	5.22	4.205	299	+0.002	36 2844
1144	Ll 31489	7.0	12 39.159	18	4.70	1.9046	.. 037	....	41 45 32.09	18	4.70	4.112	273	+0.119	41 2812
1145	Br45 2813	6.6	16 56.926	18	4.95	1.7406	041	-0.003.	45 24 24.77	18	4.95	3.744	251	+0.11.	45 2521
1146	Ll 31670	6.6	17 17 30.945	19	5.09	+1.7910	+0.0039	....	+44 17 24.20	19	5.09	-3.695	+0.258	+0.033	44 2695
1147	Ll 31693	6.7	17 51.821	8	5.93	1.5982	046	+0.018.	48 17 15.10	8	5.93	3.666	231	-0.034	48 2506
1148	d'Ag 4483—4	5.4	18 26.743	26	5.13	1.9665	034	+0.0005	40 4 21.73	26	5.13	3.615	284	-0.077	40 3136
1149	Ll 31854—5	6.5	21 38.733	33	5.24	1.0353	077	....	57 6 7.35	33	5.24	3.339	150	-0.002	57 1758
1150	Par1 22 206	8.7	23 28.342	20	5.25	1.5883	044	....	48 21 29.28	14	5.19	3.182	230	...	48 2516
1151	x Herculis	6.0	17 24 5.193	32	4.89	+1.5884	+0.0044	+0.0002	+48 20 37.96	15	5.24	-3.129	+0.230	-0.019	48 2517
1152	Ed 2377	5.6	24 23.704	16	4.87	0.7732	088	0.0000	60 7 56.39	16	4.87	3.102	113	+0.035	60 1754
1153	Pi 17h 139	6.2	24 34.822	16	4.96	0.8974	980	-0.0005	58 44 7.23	16	4.95	3.086	131	+0.007	58 1731
1154	β Draconis	2.7	28 10.377	46	5.02	1.3552	050	-0.0015	52 22 31.52	39	5.09	2.775	196	+0.010	52 2065
1155	Ll 32 109	6.6	29 7.370	14	5.01	0.9571	069	....	57 57 0.47	15	5.05	2.693	139	-0.031	57 1774
1156	Ll 32082	5.7	17 29 56.899	15	5.06	+1.9077	+0.0032	-0 0070	+41 18 50.71	15	5.06	-2.621	+0.277	-0.072	41 2850
1157	ν1 Draconis	4.7	30 12.469	27	4.99	1.1619	055	+0.0177	55 15 9.50	20	4.92	2.599	174	+0.050	55 1944
1158	ν2 Draconis	4.8	30 17.843	28	4.86	1.1626	054	+0.0182	55 14 28.07	20	4.86	2.591	174	+0.051	55 1945
1159	Ll 32134, 38	6.8	31 29.127	16	5.14	1.9206	032	+0.0006	40 58 26.07	16	5.14	2.488	279	+0.020	41 2856
1160	Ll 32213	6.4	31 53.185	18	5.09	0.9803	064	....	57 37 29.12	18	5.09	2.453	143	...	57 1780
1161	Ll 32241, 62	7.5	17 34 42.540	19	5.10	+1.9148	+0.0031	....	+41 4 5.24	19	5.10	-2.208	+0.278	-0.031	41 2869
1162	Ll 32287, 90	7.0	35 2.737	16	4.88	1.8046	033	+0.0005	43 39 22.20	17	4.92	2.178	262	-0.043	43 2777
1163	Ll 32345	6.8	36 31.998	18	5.07	1.7860	033	-0.0039	44 3 14.26	18	5.07	2.049	260	+0.045	44 2745
1164	ι Herculis	3.6	36 38.503	32	5.22	1.6927	035	-0.0005	46 3 34.40	27	5.09	2.040	246	-0.004	46 2349
1165	Ll 32381—2	6.5	37 35.993	14	4.95	1.8093	032	+0.0050	43 31 11.60	14	4.95	1.956	263	+0.061	43 2781
1166	Ll 32397, 406	6.6	17 38 5.020	13	5.05	+1.8870	+0.0031	-0.0011	+41 42 14.87	13	5.05	-1.914	+0.275	+0.012	41 2882
1167	Ll 32451	7.0	38 14.639	13	4.89	1.0295	054	-0.0079	56 55 23.84	13	4.89	1.900	150	-0.092	56 2007
1168	Ll 32474	6.9	38 56.478	12	4.81	0.9948	054	....	57 21 31.53	12	4.72	1.839	145	...	57 1791
1169	Bo VI	9.3	39 55.484	6	6.06	1.7827	031	....	44 5 17.02	5	6.16	1.754	200	...	44 2756
1170	Ll 32469	6.4	40 7.684	23	5.11	1.7809	031	-0.0035	44 7 41.29	19	4.96	1.736	259	+0.054	44 2757

Nr.	Stern	Gr.	α 1900.0	n	Ep.	Präz.	V. S.	μα	δ 1900.0	n	Ep.	Präz.	V. S.	μδ	BD
						1900+						1900+			
1171	Ll 32507	8ᵐ5	17ʰ41ᵐ 9ˢ345	10	5.96	+1ˢ7806	+0.0031	....	+44° 7′22″.84	10	5.96	−1″.646	+0″.259	...	44°2760
1172	μ Herculis	3.3	42 32.564	53	4.92	2.3704	038	−0ˢ.0242	27 46 40.92	54	4.88	1.525	338	−0″.750	27 2888
1173	Ll 32629	7.4	44 43 191	23	4.81	1.9530	028	−0.0023	40 0 38.10	24	4.72	1.336	285	+0.118	40 3214
1174	Ll 32753	6.7	47 59.159	17	4.99	1.9486	028	−0.0028	40 5 50.74	17	4.99	1.050	284	+0.013	40 3225
1175	Br 2245	6.2	48 49.477	20	4.94	1.9521	028	−0.0011	40 0 14.15	20	4.94	0.977	284	+0.049	40 3228
1176	Ll 32841	7.2	17 49 5.766	15	4.96	+1.8327	+0.0027	−0.0005	+42 52 48.77	15	4.96	−0.953	+0.267	−0.019	42 2940
1177	f Herculis	5.1	50 2.745	25	5.00	1.9509	027	+0.0011	40 1 36.65	25	5.00	870	284	+0.047	40 3233
1178	ξ Draconis	3.6	51 48.019	52	4.76	1.0244	034	+0.0120	56 53 18.24	47	4.75	717	153	+0.076	56 2033
1179	ϑ Herculis	3.8	52 49.424	35	4.91	2.0561	025	+0.0004	37 15 49.19	31	4.88	628	300	+0.005	37 2982
1180	Ll 33032	6.5	53 33.759	14	4.65	1.0932	035	+0.0059	55 58 53.72	14	4.65	563	160	+0.113	55 1995
1181	Ll 33006—7	6.4	17 53 56.345	14	4.60	+1.7193	+0.0027	−0.0003	+45 21 46.70	14	4.54	−0.530	+0.251	−0.033	45 2627
1182	γ Draconis	2.3	54 17.038	34	4.78	1.3927	031	−0.0009	51 30 1.69	34	4.78	500	203	−0.022	51 2282
1183	d'Ag 4619—20	6.6	56 35.221	33	4.85	1.8159	025	....	43 14 16.93	22	4.86	298	265	...	43 2861
1184	Anonyma	10.4	56 38.781	15	4.69	1.8159	025		43 14 7.86	12	4.89	293	265	...	— —
1185	Grb 2497.	7.3	58 15.090	17	4.78	1.7195	.. 025	−0.0004	45 21 4.07	17	4.78	153	251	+0.016	45 2643
1186	Bo 11632	9.2	17 58 38.552	15	5.12	+1.8156	+0.0025	....	+43 14 27.70	12	4.92	−0.119	+0.265		43 2866
1187	Ll 33202	7.0	59 28.793	17	5.03	1.8145	025	+0.0037	43 15 56.89	17	5.03	045	265	+0.010	43 2870
1188	Grb 2500	6.7	59 33.971	17	4.71	1.7712	025	−0.0050	44 13 59.18	17	4.70	038	258	−0.057	44 2812
1189	BD 43°2871	9.4	59 46.384	5	5.96	1.8167	024	....	43 12 55.75	5	5.96	020	265	...	43 2871
1190	Ll 33331	6.6	18 1 2.645	15	4.57	0.8811	029	0.000.	58 37 20.11	15	4.57	+0.091	128	+0.05.	58 1781
1191	Ll 33290	6.8	18 1 26.495	15	4.75	+1.8325	+0.0024	+0.0020	+42 51 12.05	15	4.75	−0.126	+0.267	−0.009	42 2996
1192	d'Ag 4639—40	6.5	1 28.079	16	4.69	1.9478	023	+0.0025	40 4 33.82	15	4.63	0.128	284	+0.025	40 3276
1193	Ll 33308	6.4	1 53.649	15	4.65	1.8719	022	−0.0023	41 56 7.82	15	4.65	0.166	273	+0.103	41 2968
1194	Bo 11701	7.9	3 16.587	25	4.97	1.9371	022	+0.0005	40 20 57.33	13	4.91	0.287	282	+0.008	} 40 3286
1195	II. 10 y 4502	8.5	3 16.863	25	4.97	1.9371	022	....	40 20 57.34	13	5.07	0.287	282	...	
1196	Ll 33381	7.4	18 3 46.939	15	4.95	+1.8069	+0.0022	−0.0019	+43 26 23.20	13	4.76	+0.331	+0.263	−0.035	43 2890
1197	Ll 33422	5.4	4 28.011	23	5.68	1.8066	022	+0.0013	43 26 55.94	23	5.68	0.391	+0.263	−0.064	43 2892
1198	δ Ursae minor.	4.3	4 32.8...			....	....	....	86 36 48.01	64	5.00	0.398	−2.838	+0.056	86 269
1199	Ll 33426	7.0	4 42.635	14	4.91	1.8816	023	....	41 42 15.53	14	4.91	0.412	+0.274	...	41 2988
1200	Ll 33423	7.0	4 44.300	13	4.93	1.9549	022	....	39 54 23.39	13	4.93	0.415	+0.285	+0.064	39 3327
1201	Ll 33454	6.9	18 5 23.742	14	4.70	+1.7779	+0.0022	+0.0011	+44 5 42.75	14	4.63	+0.472	+0.259	+0.029	44 2829
1202	Ll 33503, 56	6.9	7 54.226	23	4.70	1.7563	021	....	44 34 33.76	23	4.70	0.691	256	...	44 2839
1203	Ll 35612—3	6.9	9 31.928	22	4.96	1.9066	021	−0.0011	41 7 15.89	22	4.96	0.834	277	−0.042	41 3011
1204	Ll 33632—3	7.1	9 57.369	21	4.94	1.8930	020	....	41 27 2.76	21	4.94	0.870	275	...	41 3013
1205	BD 56° 2074	9.3	10 1.180	9	5.92	1.0389	016	....	56 42 40.55	8	5.97	0.876	151	...	56 2074
1206	Hels 9692	8.5	18 10 33.424	14	4.91	+1.0365	+0.0014	....	+56 44 42.18	12	4.64	+0.923	+0.150	...	56 2077
1207	Anonyma	9.8	10 50.786	5	6.40	1.0375	014	....	56 43 57.30	5	6.40	0.948	151	...	— —
1208	AOe 18052	8.5	12 10.264	17	4.96	1.0386	013	....	56 43 29.30	16	4.78	1.064	151	...	56 2078
1209	Grb 2533	5.6	12 32.142	39	4.53	1.8655	020	−0.0006	42 7 30.32	30	5.04	1.096	271	−0.007	42 3035
1210	Fed 2922	7.1	12 55.893	15	4.70	1.0523	012	+0.0001	56 33 14.32	15	4.70	1.131	153	+0.034	56 2080
1211	Bo VI	9 3	18 13 1.825	4	6.68	+0.2453	−0.0007	....	+64 44 3.86	4	6.68	+1.139	+0.036	...	64 1251
1212	36 Draconis	5.0	13 19.543	27	5.31	0.2922	−0.0007	+0.0533	64 21 48.39	26	5.38	1.165	057	+0.028	64 1252
1213	WB 18ʰ 347—8	9.2	13 44.579	7	4.52	1.9178	+0.0019	....	40 52 27.84	7	4.52	1.201	279	...	40 3330
1214	Ll 33900—1	7.4	13 47.551	12	4.83	0.2477	−0.0009	−0.0033	64 43 4.92	12	4.83	1.206	036	+0.026	64 1253
1215	Ll 33793—5	6.0	13 56.438	19	4.78	1.9170	+0.0018	−0.0149	40 53 49.98	17	4.47	1.219	273	+0.072	40 3332

Nr.	Stern	Gr.	α 1900.0	n	Ep.	Präz.	V.S.	μ_α	δ 1900.0	n	Ep.	Präz.	V.S.	μ_δ	BD
1216	**η Serpentis**	3ᵐ2	18ʰ16ᵐ 7ˢ981	66	4.69	+3ˢ1405	+0ˢ0017	−0ˢ0373	− 2°55 33ʺ04	66	4.69	+1ʺ410	+0ʺ445	−0ʺ697	2°4599
1217	BD 43° 2956	9.3	18 31.259	12	6.07	1.8120	017	....	+43 24 56.24	10	6.37	1.617	263	...	43 2956
1218	Bo VI	7.6	19 31.491	20	4.84	1.8132	017	....	43 23 53.56	20	4.84	1.706	263	...	43 2961
1219	Ll 34058	7.7	19 52.872	17	4.72	1.7920	016	− 0.0010	43 52 48.67	16	4.60	1.737	259	+ 0.004	43 2962
1220	Ll 34122	6.7	21 0.321	21	4.88	1.7936	017	+ 0.0035	43 51 11.96	21	4.88	1.835	260	− 0.013	43 2970
1221	Ll 34120—1	6.7	18 21 5.147	21	4.93	+ 1.8566	+ 0.0017	+ 0.0017	+ 42 24 44.96	21	4.93	+ 1.842	+ 0.269	− 0.019	42 3074
1222	Σ 2323, pr	8.6	22 26.936	42	4.78	0.8811	− 0.0004	− 0.0045	58 44 37.94	22	4.76	1.961	127	+ 0.059	} 58 1809
1223	**b Draconis**	5.1	22 26.980	64	4.74	0.8811	− 0.0008	− 0.0045	58 44 34.22	35	4.69	1.961	126	+ 0.059	
1224	Fed 2947	8.3	22 31.036	45	4.81	0.8792	− 0.0005	....	58 45 57.30	21	4.85	1.966	127	...	58 1810
1225	Ll 34328	7.8	25 10.992	18	5.59	1.7958	+ 0.0015	+ 0.0013	43 51 41.44	13	5.32	2.198	259	− 0.013	43 2984
1226	Ll 34365	7.2	18 26 3.599	16	4.99	+ 1.7959	+ 0.0015	+ 0.0054	+ 43 52 6.48	16	4.99	+ 2.275	+ 0.259	+ 0.140	43 2989
1227	Fed 2959—60	6.3	26 19.645	23	5.13	0.8201	− 0.0013	+ 0.0065	59 28 57.18	23	5.13	2.298	118	+ 0.035	59 1899
1228	Ll 34370—2	6.9	27 20.513	19	4.79	1.9227	+ 0.0016	+ 0.0001	40 54 22.01	19	4.79	2.386	277	− 0.021	40 3394
1229	Ll 34388—90	7.0	27 46.175	20	5.00	1.9177	+ 0.0015	− 0.0038	41 2 4.95	20	5.00	2.423	277	+ 0.016	41 3075
1230	WB 18ʰ 828	8.9	29 29.237	2	6.73	1.9414	+ 0.0016	....	40 28 16.28	1	6.74	2.572	280	...	40 3406
1231	Ll 34474	6.7	18 29 53.908	15	4.68	+ 1.9424	+ 0.0016	+ 0.0033	+ 40 27 21.44	15	4.68	+ 2.607	+ 0.280	− 0.009	40 3409
1232	BD 40° 3410	9.6	29 56.600	19	4.92	1.9570	+ 0.0015	....	40 5 14.89	11	4.84	2.612	282	...	40 3410
1233	Ll 34475	6.8	29 59.141	26	4.87	1.9573	+ 0.0016	− 0.0066	40 4 54.03	15	4.88	2.616	282	+ 0.051	40 3411
1234	d Draconis	5.4	30 51.036	18	4.84	1.0354	− 0.0011	− 0.0005	56 58 8.26	18	4.84	2.691	148	− 0.010	56 2113
1235	Ll 34542—3	7.9	31 28.686	23	4.78	1.9016	+ 0.0014	....	41 29 20.07	13	4.89	2.745	273	...	41 3092
1236	Ll 34559—60	6.8	18 32 4.238	15	4.80	+ 1.9017	+ 0.0015	....	+ 41 29 52.66	15	4.80	+ 2.796	+ 0.273	...	41 3096
1237	Grb 2611	7.2	32 23.527	14	4.77	1.9348	015	− 0.0010	40 41 14.86	14	4.77	2.824	278	− 0.004	40 3425
1238	Σ 2351, pr	7.3	33 0.423	26	4.72	1.9148	014	....	41 11 38.40	14	4.77	2.877	275	...	} 41 3100
1239	Σ 2351, seq	7.3	33 0.582	26	4.72	1.9148	014	....	41 11 33.73	14	4.82	2.877	275	...	
1240	**α Lyrae**	1	33 33.257	31	4.64	2.0134	010	+ 0.0177	38 41 27.08	30	4.71	2.924	294	+ 0.280	38 3238
1241	Grb 2618	6.0	18 33 41.938	18	4.69	+ 1.8335	+ 0.0013	+ 0.0033	+ 43 8 12.51	18	4.69	+ 2.937	+ 0.263	− 0.005	43 3027
1242	**Grb 2640**	6.2	35 54.438	60	5.02	0.1891	− 0.0084	+ 0.0019	65 23 57.41	52	4.97	3.128	027	+ 0.084	65 1283
1243	d'Ag 4782	6.3	36 19.714	19	4.75	1.9315	+ 0.0015	+ 0.0028	40 50 36.00	19	4.75	3.164	277	− 0.006	40 3446
1244	Ll 34780—1	7.3	37 50.310	18	4.86	1.8926	+ 0.0013	....	41 49 17.72	18	4.86	3.295	270	...	41 3116
1245	Bo VI	6.9	37 55.440	19	4.89	0.8403	− 0.0030	....	59 26 4.71	19	4.89	3.302	119	...	59 1911
1246	Ll 34805	6.7	18 38 26.463	18	4.83	+ 1.9420	+ 0.0014	+ 0.0031	+ 40 37 19.38	18	4.83	+ 3.347	+ 0.278	− 0.049	40 3459
1247	Σ 2380, pr mj	6.9	39 59.048	24	4.89	1.7641	009	− 0.0023	44 49 32.36	13	5.07	3.480	252	− 0.025	44 2973
1248	AOe 18565	9.0	39 59.423	22	4.72	1.7640	009	....	44 49 57.89	11	4.68	3.480	252	...	44 2974
1249	ε Lyrae, pr	5.3	41 1.589	26	4.74	1.9858	014	+ 0.0008	39 33 55.64	17	4.98	3.569	283	+ 0.051	} 39 3509
1250	ε Lyrae, seq	6.4	41 1.657	25	4.86	1.9858	014	+ 0.0001	39 33 58.69	16	5.18	3.569	283	+ 0.057	
1251	5 Lyrae, pr	5.8	18 41 3.880	24	4.86	+ 1.9880	+ 0.0014	+ 0.0014	+ 39 30 29.73	15	5.07	+ 3.573	+ 0.284	+ 0.062	} 39 3510
1252	5 Lyrae, seq	6.1	41 4.081	24	4.86	1.9880	+ 0.0014	+ 0.0014	39 30 28.16	15	5.19	3.573	284	+ 0.062	
1253	Σ 2398, pr	8.8	41 39.089	22	4.77	0.8428	− 0.0141	− 0.1726	59 28 48.20	11	4.85	3.625	070	+ 1.896	} 59 1915
1254	Σ 2398, seq	9.1	41 40.167	21	4.87	0.8433	− 0.0141	− 0.1726	59 28 33.27	11	4.70	3.627	070	+ 1.896	
1255	Ll 34995, 35015	7.5	42 29.547	15	5.02	1.9184	+ 0.0012	− 0.0008	41 17 56.01	12	4.92	3.696	273	+ 0.003	41 3135
1256	Ll 34996, 35016	6.1	18 43 1.208	22	5.06	+ 1.9174	+ 0.0012	+ 0.0008	+ 41 20 2.72	22	5.06	+ 3.741	+ 0.273	− 0.016	41 3137
1257	Ll 35042	7.1	43 25.195	17	4.64	1.8288	011	− 0.0024	43 27 8.26	17	4.64	3.776	260	− 0.019	43 3072
1258	Ll 35143	6.7	45 40.412	26	5.03	1.7557	008	+ 0.0029	45 8 45.19	26	5.02	3.969	249	+ 0.085	45 2777
1259	Ll 35163	6.5	46 18.117	25	5.08	1.8247	009	− 0.0010	43 37 4.94	25	5.08	4.023	259	+ 0.015	43 3085
1260	Ll 35209—11	6.8	47 24.789	25	5.11	1.8617	010	+ 0.0005	42 47 36.53	26	5.05	4.118	264	− 0.007	42 3174

Nr.	Stern	Gr.	α 1900.0	n	Ep.	Präz.	V. S.	μ_a	δ 1900.0	n	Ep.	Präz.	V. S.	μ_δ	BD
					1900+						1900+				
1261	Ll 35 268—9	6ᵐ4	18ʰ48ᵐ54ˢ590	17	4.71	+1ˢ9265	+0ˢ0011	—0ˢ0038	+41°15′41″66	17	4.71	+4″246	+0″273	—0″020	41°3167
1262	Ll 35 289	7.1	49 13.723	17	4.83	1.8294	+0.0009	—0.0052	43 35 15.90	17	4.83	4.273	259	—0.002	43 3107
1263	Σ 2420, pr	8.4	49 41.704	25	5.13	0.8764	—0.0047	—0 0014	59 16 26.77	13	4.71	4.313	123	+0.016	59 1925p
1264	o Draconis	4.6	49 43.601	37	4.78	0.8772	—0.0046	+0.0105	59 15 57.68	16	4.85	4.316	126	+0.024	59 1925
1265	Ll 35 319—20	6.7	50 4.223	16	4.78	1.9434	+0.0011	—0.0027	40 52 12.71	16	4.78	4.345	275	+0.014	40 3512
1266	Grb 2700	8.7	18 50 17.040	4	6.76	+1.8640	+0.0009	—0.0023	+42 48 27.65	4	6.76	+4.363	+0.263	—0.097	42 3183
1267	Ll 35 331	6.8	50 21.696	18	5.16	1.8655	009	+0.0018	42 46 39.55	14	4.85	4.370	264	—0.020	42 3184
1268	Ll 35 390, 92	5.5	51 40.041	13	4.72	1.9210	011	—0.0001	41 28 28.55	13	4.72	4.481	271	—0.007	41 3177
1269	RC 4126	9.0	51 57.394	12	5.19	1.9798	010	+0.001.	39 59 53.86	6	4.70	4.506	279	0.00.	39 3575
1270	Grb 2713	8.5	52 2.000	17	5.47	1.9794	010	—0.0046	40 0 34.40	9	5.38	4.512	279	+0.016	39 3577
1271	Fed 3044, 45	6.3	18 52 2.290	13	4.74	+1.0393	—0.0035	+0.0034	+57 21 34.40	13	4.74	+4.513	+0.145	—0.001	57 1915
1272	Ll 35 404	6.7	52 7.767	18	5.55	1.9780	+0.0010	—0.0023	40 2 51.35	12	4.73	4.521	279	—0.004	39 3580
1273	R Lyrae	(4.5)	52 17.539	11	4.43	1.8233	+0.0006	+0.0028	43 48 51.80	11	4.43	4.535	258	+0.076	43 3117
1274	Br₄₅ 3034	7.1	52 22.169	11	4.80	0.8278	—0.0054	....	59 53 24.36	12	4.97	4.541	116	...	59 1929
1275	Ll 35 416—7	6.8	52 25.199	13	4.82	1.9033	+0.0010	....	41 55 44.69	13	4.82	4.546	268	+0.030	41 3182
1276	Ll 35 415	8.8	18 52 29.065	2	6.74	+1.9774	+0.0011	—0.0015	+40 4 19.44	2	6.74	+4.551	+0.279	+0.001	40 3526
1277	Kam₁ 3677	7.7	52 56.943	12	4.78	0.9403	—0.0038	—0.0183	58 36 30.37	12	4.78	4.590	126	—0.165	58 1844
1278	Gf W 3027	8.4	54 10.430	8	6.18	1.0320	—0.0038	....	57 30 41.69	8	6.18	4.695	145	...	57 1920
1279	48 Draconis	5.8	55 3.560	15	5.05	1.0204	—0.0043	—0.0044	57 40 55.23	16	4.98	4.770	141	—0.065	57 1922
1280	Fed 3057	6.9	55 4.756	14	4.85	1.1029	—0.0035	+0.0037	56 36 48.41	14	4.85	4.772	154	+0.045	56 2167
1281	Ll 35 533	6.5	18 55 30.243	13	4.87	+1.9625	+0.0011	+0.0006	+40 32 30.80	13	4.87	+4.808	+0.276	+0.007	40 3544
1282	Br₄₅ 3042	6.5	55 49.518	14	5.01	0.9897	—0.0044	+0 0034	58 5 15.47	14	4.95	4.835	138	+0.046	58 1849
1283	Ll 35 574	7.0	56 1.874	14	4.94	1.8383	+0.0007	+0.0004	43 34 55.98	15	4.86	4.853	258	+0.035	43 3132
1284	Ll 35 612—3	6.9	56 51.061	14	4.78	1.8594	+0.0008	....	43 6 44.21	14	4.78	4.923	261	...	43 3138
1285	WB 18ʰ 1724	8.9	56 52.253	3	6.76	1.9358	+0.0009	....	41 15 37.53	3	6.76	4.924	272	...	41 3202
1286	Ll 35 617	6.8	18 57 2.556	15	4.98	+1.9644	+0.0011	—0.0003	+40 32 36.54	15	4.95	+4.938	+0.276	—0.012	40 3555
1287	Ll 35 649—50	6.7	57 39.993	14	4.56	1.9021	+0.0009	—0.0021	42 6 50.36	13	4.78	4.991	267	—0.138	42 3219
1288	Ll 35 657—8	8.0	57 56.041	10	6.04	1.9367	+0.0009	0.0000	41 16 18.26	10	6.04	5.014	271	+0.017	41 3208
1289	Bo 12 531	8.4	58 35.590	16	5.32	1.8365	+0.0006	....	43 42 8.26	17	5.40	5.069	257	...	43 3143
1290	Fed 3085	6.9	19 0 41.236	20	4.67	0.8400	—0.0064	+0.0009	59 58 49.67	20	4.67	5.247	116	+0.015	59 1937
1291	Ll 35 816	6.8	19 1 11.765	19	4.83	+1.8391	+0.0006	....	+43 43 46.49	19	4.83	+5.289	+0.256	...	43 3148
1292	Ll 35 822	7.9	1 37.468	16	5.60	1.9413	+0.0008	—0.0032	41 16 41.36	13	5.57	5.326	271	—0.021	41 3225
1293	Ll 35 842	9.0	2 3.173	8	5.49	1.9423	+0.0008	—0.0003	41 16 9.06	7	5.30	5.362	271	+0.004	41 3227
1294	Ll 35 854—5	7.0	2 14.124	18	4.64	1.9120	+0.0007	....	42 1 29.07	18	4.64	5.377	266	...	41 3228
1295	Ll 35 884—6	6.4	3 2.567	18	4.49	1.9440	+0.0009	+0 0010	41 15 31.82	18	4.49	5.445	270	—0.011	41 3232
1296	Ll 35 879	7.1	19 3 14.807	6	6.79	+2.1390	+0.0012	....	+35 58 21.35	5	6.79	+5.462	+0.298	...	35 3480
1297	ι Lyrae	5.2	3 44.002	59	4.46	2.1406	+0.0012	—0.0003	35 56 35 89	48	4.66	5.503	298	—0.003	35 3485
1298	Ll 35 942	6.8	4 3.092	18	4.64	1.9598	+0.0008	+0.0020	40 53 48.09	18	4.64	5.530	272	—0.007	40 3596
1299	Ll 36 109—10	7.2	7 16.279	18	4.61	1.9028	+0.0007	....	42 26 11.35	18	4.61	5.800	264	...	42 3258
1300	Fed 3112	7.3	7 55 635	18	4.69	1.0183	—0.0056	....	58 6 32.21	18	4.69	5.855	140	...	58 1872
1301	Fed 3115	6.9	19 8 2.249	18	4.79	+1.0028	—0.0059	....	+58 18 14.31	18	4.79	+5.864	+0.137	...	58 1873
1302	Br₄₅ 3067	6.3	8 4.027	19	4.85	1.9900	+0.0009	+0.0016	40 15 46.77	19	4.85	5.867	275	—0.026	40 3620
1303	53 Draconis	5.5	9 47.102	27	4.81	1.1323	—0.0047	+0.0047	56 41 19.83	27	4.81	6.010	156	+0.040	56 2209
1304	Fed 3124	7.3	10 21.707	25	4.88	1.0733	—0.0066	+0.0261	57 29 26.91	25	4.88	6.057	155	+0.399	57 1961
1305	54 Draconis	5.4	12 8.089	16	4.49	1.0750	—0.0052	—0.0016	57 31 56.86	16	4.49	6.206	146	—0.075	57 1968

Nr.	Stern	Gr.	α 1900.0	n	Ep.	Präz.	V. S.	μα	δ 1900.0	n	Ep.	Präz.	V. S.	μδ	BD
						1900+						1900+			
1306	Rob 4008	6ᵐ9	19ʰ 12ᵐ 19ˢ967	15	4.54	+ 1ˢ2054	— 0ˢ0041	. . . .	+ 55°45′53″49	15	4.54	+ 6″223	+ 0″164	. . .	55°2170
1307	Ll 36346	6.9	12 24.271	15	4.72	1.9994	+ 0.0008	— 0ˢ0034	40 11 3.60	15	4.72	6.229	274	— 0″047	40 3645
1308	Ll 36363	7.1	12 26.562	14	4.88	1.7950	+ 0.0001	+ 0.0009	45 9 33.93	14	4.88	6.232	246	— 0.008	45 2865
1309	Fed 3136	7.0	12 45.852	15	4.53	0.9158	— 0.0075	. . . .	59 30 47.86	15	4.53	6.259	124	. . .	59 1976
1310	ϑ Lyrae	4.3	12 53.829	18	5.55	2.0822	+ 0.0010	— 0.0007	37 57 19.78	16	5.40	6.269	286	— 0.001	37 3398
1311	Ll 36412—3	7.1	19 13 52.209	16	4.60	+ 1.9670	+ 0.0008	+ 0.0024	+ 41 5 5.57	16	4.54	+ 6.350	+ 0.269	— 0.024	41 3292
1312	ϰ Cygni	3.8	14 47.553	74	4.49	1.3811	— 0.0030	+ 0.0069	53 11 2.65	61	4.55	6.427	190	+ 0.119	53 2216
1313	Ll 36503	6.8	15 37.534	18	4.57	2.0047	+ 0.0005	— 0.0003	40 10 33.82	19	4 48	6.496	274	+ 0.009	40 3665
1314	Fed 3148	7.3	16 18.169	18	4.72	0.9150	— 0.0079	. . . .	59 39 7.36	18	4.72	6.452	123	. . .	59 1996
1315	Ll 36571	6.9	16 53.194	20	4.72	1.8173	+ 0.0001	. . . .	44 50 40.53	19	4.88	6.600	247	. . .	44 3109
1316	Ll 36609	6.7	19 17 51.132	19	4.78	+ 1.9177	+ 0.0005	— 0.0045	+ 42 29 55.75	19	4.73	+ 6.680	+ 0.261	— 0.042	42 3315
1317	Fed 3157	6.0	18 26.095	20	4.79	1.0995	— 0.0059	+ 0.0029	57 27 21.48	20	4.79	6.727	148	+ 0.014	57 1986
1318	Ll 36694—5	6.7	19 49.325	19	4.94	1.9100	+ 0.0005	+ 0.0026	42 46 50.03	20	4.83	6.842	259	— 0.018	42 3325
1319	Ll 36742—3	5.8	20 46.870	18	4.91	1.8949	+ 0.0004	+ 0.0022	43 11 35.08	18	4.91	6.921	256	— 0.039	43 3229
1320	Fed 3166	7.1	20 59.525	18	4.89	1.2115	— 0.0049	. . . .	56 1 43.93	18	4.89	6.938	163	. . .	55 2194
1321	Grb 2834	7.2	19 20 59.537	1	6.80	+ 1.8300	+ 0.0001	+ 0.0068	+ 44 44 10.99	1	6.80	+ 6.938	+ 0.247	+ 0.022	44 3122
1322	λ Ursae minor.	6.8	22 29.7..	. .	. . .	. . . .	. . . .	. . . .	88 59 15.86	46	4.96	7.063	— 9.266	+ 0.011	88 112
1323	Grb 2844	6.4	22 53.552	21	4.93	1.8340	+ 0.0002	— 0.0047	44 43 56.65	21	4.93	7.093	+ 0.247	— 0.081	44 3133
1324	Grb 2845	6.9	22 58.104	21	4.83	1.8308	+ 0.0001	— 0.0022	44 48 44.31	21	4.83	7.100	+ 0.247	— 0.013	44 3137
1325	Fed 3182	6.5	23 58.218	24	4.92	1.0890	— 0.0066	— 0.0016	57 49 32.23	24	4.92	7.182	+ 0.144	— 0.003	57 1999
1326	Fed 3188	8.5	19 26 0.156	10	6.79	+ 1.5097	— 0.0022	. . . .	+ 51 29 23.45	9	6.80	+ 7.348	+ 0.202	. . .	51 2597
1327	β Cygni	3.0	26 41.323	4	6.85	2.4189	+ 0.0010	— 0.0002	27 44 57.51	4	6.85	7.403	325	— 0.008	27 3410
1328	Br 2474	6.1	26 43.432	3	6.85	2.4188	+ 0.0010	— 0.0008	27 45 17.32	3	6.85	7.406	325	— 0 008	27 3411
1329	ι Cygni	3.9	27 11.109	68	4.68	1.5144	— 0.0025	+ 0.0023	51 31 0.39	42	4.62	7.444	202	+ 0.125	51 2605
1330	Rü H 12761	9.2	27 22.639	8	6.75	1.9253	+ 0.0005	. . . .	42 45 31.31	7	6.76	7.459	257	. . .	42 3365
1331	Ll 37065—6	6.9	19 28 5.578	15	4.54	+ 1.9260	+ 0.0005	+ 0.0003	+ 42 46 27.19	18	4.54	+ 7.517	+ 0.257	+ 0.011	42 3372
1332	Bo VI	7.0	28 12.392	18	4.81	1.2056	— 0.0054	. . . .	56 26 0.80	18	4.81	7.526	160	. . .	56 2250
1333	Pi 19ʰ 189	6.6	28 30.411	17	4.81	1.2422	— 0.0050	. . . .	55 55 25.73	17	4.81	7.551	165	. . .	55 2213
1334	Fed 3200	6.4	29 6.654	19	4.69	1.2716	— 0.0048	— 0.0026	55 31 8.02	19	4.69	7.599	168	— 0.019	55 2215
1335	Fed 3205	6.4	29 28.064	19	4.85	1.0646	— 0.0065	— 0.0678	58 22 57.26	19	4.85	7.629	157	— 0.396	58 1929
1336	Anonyma	9.5	19 30 44.998	3	6.80	+ 1.9751	+ 0.0007	. . . .	+ 41 39 56.02	3	6.80	+ 7.732	+ 0.262	. . .	— —
1337	d'Ag 5083	7.0	31 0.654	15	4.55	1.9740	+ 0.0006	. . . .	41 42 30.28	14	4.40	7.753	262	. . .	41 3398
1338	d'Ag 5087	5.9	31 25.597	15	4.58	1.9559	+ 0.0006	— 0.0001	42 11 36.08	14	4.71	7.787	260	— 0.021	42 3386
1339	Rü H 12907	8.4	31 26.249	21	4.98	0.9440	— 0.0096	. . . .	59 56 46.40	12	5.15	7.787	124	. . .	59 2059
1340	Ll 37237	6.8	31 34.250	13	4.67	1.8948	+ 0.0003	+ 0.0012	43 43 32.95	13	4.67	7.798	251	+ 0.004	43 3290
1341	Rü H 12912	6.1	19 31 35.976	25	5.16	+ 0.9452	— 0.0096	. . . .	+ 59 56 24.39	15	4.98	+ 7.801	+ 0.124	. . .	59 2060
1342	AOe 19406—8	6.8	31 50.939	15	4.76	1.2314	— 0.0055	. . . .	56 14 22.16	15	4.76	7.821	162	. . .	56 2261
1343	Br 2496	6.6	33 15.155	15	5.77	1.6090	— 0.0015	— 0.0007	50 0 51.09	3	6.81	7.934	212	+ 0.032	49 3059
1344	Ll 37313	6.7	33 21.520	16	4.62	1.9086	+ 0.0004	+ 0.0002	43 28 55.61	16	4.62	7.942	252	— 0.016	43 3303
1345	Ll 37332	7.2	33 27.167	16	4.64	1.8208	0.0000	. . . .	45 34 20.85	16	4.64	7.950	.240	. . .	45 2929
1346	ϑ Cygni	4.5	19 33 45.582	30	5.21	+ 1.6116	— 0.0023	— 0.0028	+ 49 59 23.00	19	5.54	+ 7.974	+ 0.211	+ 0.247	49 3062
1347	Ll 37355	6.8	33 47.764	15	4.60	1.6966	— 0.0009	. . . .	48 17 31.15	15	4.60	7.977	224	. . .	48 2918
1348	Fed 3225	6.6	33 55.766	15	4.61	1.2014	— 0.0060	. . . .	56 45 54.34	15	4.61	7.988	157	— 0.21.	56 2272
1349	WB 19ʰ 1077	8.7	34 51.984	7	6.79	1.9464	+ 0.0005	. . . .	42 37 8.04	6	6.80	8.063	257	. . .	42 3405
1350	Ll 37448	6.9	36 10.673	19	4.89	1.8851	+ 0.0002	. . . .	44 12 25.48	19	4.89	8.168	247	. . .	44 3200

Nr.	Stern	Gr.	α 1900.0	n	Ep.	Präz.	V. S.	μα	δ 1900.0	n	Ep.	Präz.	V. S.	μδ	BD
						1900+						1900+			
1351	14 Cygni	6ᵐ0	19ʰ 36ᵐ 11ˢ203	19	4.80	+1ˢ9505	+0ˢ0005	+0ˢ0019	+42°35'13"33	19	4.80	+8"169	+0"256	+0"024	42°3413
1352	AOe 19488	6.4	36 32.279	19	4.95	1.8217	— 0.0002	. . . .	45 43 32.96	19	4.95	8.197	239	. . .	45 2940
1353	Bo 13257	8.7	36 46.685	16	5.39	1.9414	+ 0.0004	. . . .	42 51 2.59	13	5.37	8.216	255	. . .	42 3417
1354	Br₄₅ 3171	6.5	37 26.776	15	4.69	1.9432	+ 0.0005	+ 0.0031	42 50 40.46	15	4.69	8.269	255	— 0.020	42 3419
1355	Ll 37496	7.0	37 31.123	14	4.61	. 1.8738	+ 0 0002	. . . .	44 33 17.30	14	4.61	8.275	245	. . .	44 3208
1356	AOe 19525—6	8.9	19 37 52.863	6	6.78	+ 1.3010	— 0.0050	. . . .	+ 55 31 15.61	6	6.78	+ 8.304	+ 0.169	. . .	55 2239
1357	Fed 3244	7.1	38 6.090	16	4.79	1.2944	— 0.0051	. . . .	55 33 32.60	13	4.46	8.321	169	. . .	55 2241
1358	d'Ag 5138	6 9	38 13.551	14	4.61	2.0600	+ 0.0010	— 0.0017	39 47 12.55	13	4.68	8.331	270	+ 0.005	39 3876
1359	Grb 2923	7.5	38 16.703	13	4 44	1.0000	— 0.0095	+ 0.0036	59 36 25.49	13	4.44	8.335	129	+ 0.023	59 2092
1360	d'Ag 5144	6.3	38 32.412	15	4 92	2.0524	+ 0.0010	— 0.0025	40 1 2.82	15	4.92	8.356	268	+ 0.011	39 3878
1361	Ll 37559	8.0	19 39 7.929	15	5.75	+ 2.0617	+ 0.0009	— 0.0038	+ 39 47 20.31	10	5.24	+ 8.403	+ 0.269	+ 0.017	39 3881
1362	Grb 2915	7.9	39 10.268	18	5.51	2.0628	+ 0.0009	— 0.0023	39 45 42.34	10	5.24	8.406	269	— 0.035	39 3882
1363	Grb 2919	6.8	39 32.423	14	4.41	2.0375	+ 0.0009	— 0.0022	40 29 1.73	14	4 41	8.436	266	— 0.016	40 3856
1364	Ll 37576	6.9	39 38.087	18	4.97	2.0638	+ 0.0009	— 0.0014	39 45 30.26	15	4.61	8.443	269	+ 0.009	39 3885
1365	Bo VI	6.6	39 51.525	15	4.56	1.3274	— 0.0048	. . . .	55 13 36 69	15	4.56	8.461	172	. . .	55 2245
1366	d'Ag 5164	6.0	19 40 24.854	17	4.72	+ 2 0004	+ 0.0008	+ 0.0014	+ 41 31 58.54	17	4.72	+ 8.505	+ 0.261	+ 0.007	41 3469
1367	15 Cygni	5.2	40 40.241	20	4.58	2.1571	+ 0.0011	+ 0.0059	37 6 45.74	15	4.78	8.525	283	+ 0.035	37 3586
1368	Anonyma	9.6	40 53 164	2	6.80	1.8762	+ 0.0003	. . . .	44 41 34.00	2	6.80	8.543	244	. . .	— —
1369	Fed 3259	6.3	41 17.671	14	4.67	1.1558	— 0.0073	+ 0.0164	57 46 39.79	14	4.67	8.574	149	— 0.061	57 2057
1370	Ll 37650	6.4	41 25.369	15	4.56	2.0418	+ 0.0010	— 0.0056	40 28 31.28	15	4.56	8.585	265	— 0.021	40 3866
1371	Chr M 303	7.5	19 41 35.896	6	6.79	+ 1.8782	+ 0 0001	. . . .	+ 44 41 10.03	5	6.79	+ 8.599	+ 0.244	. . .	44 3232
1372	Pi 19ʰ 284	6.4	41 37.033	15	4.61	1.2274	— 0.0063	— 0.0006	56 48 3.27	15	4.61	8.600	158	+ 0.021	56 2291
1373	δ Cygni	2.8	41 51.004	28	4.57	1.8705	+ 0.0001	+ 0.0051	44 53 12.09	24	4.83	8.619	244	+ 0.039	44 3234
1374	Ll 37706	8.0	42 30.078	22	5.03	1.8791	+ 0.0002	. . . .	44 43 10.59	22	5.03	8.670	243	. . .	44 3236
1375	BD 40°3885	9.5	44 35.935	18	5.20	2.0531	+ 0.0009	. . . .	40 21 2.93	18	5.20	8.835	265	. . .	40 3885
1376	Fed 3274	7.1	19 45 25.558	16	4.32	+ 1.2518	— 0.0063	+ 0.0007	+ 56 39 48.21	16	4.32	+ 8.900	+ 0.160	— 0.081	56 2304
1377	AOe 19679	9.3	45 48.867	16	5.57	1.0089	— 0.0092	. . . .	59 9 14.97	14	5.40	8.930	136	. . .	59 2119
1378	α Aquilae	1	45 54.525	18	6.82	2.8913	— 0.0019	+ 0.0360	8 36 16 90	18	6.82	8.937	383	+ 0.382	8 4236
1379	BD 40°3895	9.5	46 10.071	13	4.96	2.0562	+ 0.0010	. . . .	40 21 39 83	12	5.15	8.958	264	. . .	40 3895
1380	Fed 3281—2	6.5	46 28.637	18	4.60	1.0707	— 0.0092	+ 0.0025	59 10 5.89	18	4.60	8.982	136	+ 0.126	59 2121
1381	BD 40°3899	9 3	19 46 49.867	1	2.74	+ 2.0575	+ 0.0010	. . . .	+ 40 21 50.83	1	2.74	+ 9.010	+ 0.264	. . .	40 3899
1382	Ll 37847	5.6	47 11.384	23	4.70	+ 2.0590	+ 0.0010	+ 0.0008	40 20 43.16	23	4.70	9.038	+ 0.267	— 0.022	40 3902
1383	BD 40°3907	9.	47 49.642	1	2.68	+ 2.0609	+ 0.0009	. . . .	40 19 57.44	1	2.68	9.087	+ 0.264	. . .	40 3907
1384	Ll 37925—6	8.0	48 27.423	28	5.21	+ 2.0347	+ 0.0009	+ 0.0004	41 5 28.97	28	5.21	9.137	+ 0.260	— 0.023	40 3912
1385	ε Draconis	3.8	48 30 903	7	6.85	— 0.1979	— 0.0442	+ 0.0156	70 0 48.78	6	6.85	9.141	— 0.026	+ 0.029	} 69 1070
1386	ε Draconis sq	7.7	19 48 30 989	4	6.86	— 0.1980	— 0.0443	. . . .	+ 70 0 51.57	1	6.86	+ 9.141	—'0.030		
1387	Ll 38009—11	6.9	50 14.555	23	4.84	+ 2.0390	— 0.0009	0.0000	41 5 41.62	23	4.84	9.276	+ 0.260	— 0.016	40 3931
1388	β Aquilae	3.7	50 24.133	6	6.85	+ 2.9446	— 0.0015	+ 0.0024	6 9 20.98	6	6.85	9.288	+ 0.377	— 0.480	6 4357
1389	AOe 19776	9.5	51 0.795	24	5.01	+ 1.2320	— 0.0070	. . . .	57 16 21.46	15	4.82	9.335	+ 0.155	. . .	57 2082
1390	23 Cygni	5.5	51 14.256	30	4.90	+ 1.2338	— 0.0070	+ 0.0008	57 15 40.65	19	4.68	9.353	+ 0.155	+ 0.010	57 2084
1391	Hels 10899	9.4	19 51 47.900	17	5.69	+ 1.0710	— 0.0098	. . . .	+ 59 27 53.73	13	5.37	+ 9.396	+ 0.134	. . .	59 2136
1392	Ed 2843	5.9	51 48.116	27	5.06	1.0727	— 0.0098	. . . .	59 26 39.46	15	4.70	9.396	134	+ 0.052	59 2137
1393	Ll 38085	6.6	52 11.918	15	4.41	2.0859	+ 0.0012	. . . .	39 54 26.36	15	4.41	9.427	264	— 0.002	39 3959
1394	Σ 2605, austr.	8.8	53 2.659	12	6.80	1.5563	— 0.0027	. . . .	52 10 20.41	5	6.80	9.492	196	. . .	} 52 2572
1395	ψ Cygni	5.0	53 2.663	33	4.98	1.5562	— 0.0026	— 0.0043	52 10 24.26	11	5.63	9.492	195	— 0.031	

Nr.	Stern	Gr.	α 1900.0	n	Ep.	Präz.	V. S.	μα	δ 1900.0	n	Ep.	Präz.	V. S.	μδ	BD
					1900+						1900+				
1396	RC 4521	6ᵐ8	19ʰ 53ᵐ 3ˢ022	14	4.60	+ 1ˢ0870	— 0ˢ0097	. . . .	+ 59°20′ 9″83	14	4.60	+ 9″493	+ 0″136	. . .	59°2140
1397	Fed 3317	6.9	53 9.963	1	3.85	1.0051	— 0.0113	+ 0ˢ0007	60 20 57.87	1	3.85	9.502	125	— 0″009	60 2046
1398	Fed 3313	6.3	53 23.090	14	4.62	1.1910	— 0.0079	+ 0.0012	57 59 8.67	14	4.62	9.518	149	— 0.088	57 2092
1399	Rob 4221	9.5	53 41.608	6	6.77	2.0822	+ 0.0011	. . . .	40 6 44.23	4	6.77	9.542	263	. . .	39 3966
1400	Ll 38 154	5.8	53 45.475	20	5.13	2.0828	+ 0.0011	+ 0.0021	40 5 56.35	16	4 72	9.547	263	— 0.001	39 3968
1401	Pi 19ʰ 371	5.2	19 54 0.936	14	4.70	+ 1.1498	— 0.0087	— 0.0009	+ 58 34 43.62	14	4.70	+ 9.567	+ 0.143	— 0.024	58 2013
1402	Fed 3320	6.4	54 8.648	14	4.75	1.3039	— 0.0060	+ 0.0062	56 25 5.89	14	4.75	9.577	163	+ 0.015	56 2331
1403	Σ 2607, pr	9.7	54 34.166	20	4.91	2.0166	+ 0.0008	. . . .	41 59 27.26	14	4.91	9.609	254	. . .	} 41 3549
1404	Ll 38 193—4	6.6	54 34.451	31	4.70	2.0166	+ 0.0012	— 0.0001	41 59 26.24	17	4.77	9.610	254	— 0.015	
1405	Ll 38 291, 93	7.0	56 52.974	20	4.27	2.0242	+ 0.0010	. . . .	41 56 33.60	20	4.27	9.786	253	. . .	41 3562
1406	Anonyma	9.7	19 57 54.354	5	6.82	+ 2.0747	+ 0.0011	. . . .	+ 40 36 42.31	3	6.82	+ 9.864	+ 0.259	. . .	— —
1407	Ll 38 337	7.8	57 58.654	25	4.64	2.0955	+ 0.0012	+ 0.0006	40 1 16.18	15	4.49	9.870	262	— 0.013	39 4007
1408	Bo 13 669	8.9	58 6.165	8	6.81	2.0744	+ 0.0012	. . . .	40 38 7.29	4	6.81	9.880	259	. . .	40 3980
1409	Bo 13 670	9.0	58 8.278	9	6.81	2.0752	+ 0.0012	. . . .	40 36 52.47	6	6.82	9.882	259	. . .	40 3981
1410	Ll 38 363—4	7.2	58 19.736	15	4.56	2.0427	+ 0.0010	. . . .	41 32 17.89	15	4.51	9.897	255	. . .	41 3575
1411	Ll 38 362	7.1	19 58 23.482	23	4.99	+ 2.0770	+ 0.0012	+ 0.0024	+ 40 34 48.58	16	4.77	+ 9.902	+ 0.259	— 0.005	40 3982
1412	RC 4561	9.4	58 24.534	16	5.45	2.0776	+ 0.0012	. . . .	40 33 54.99	13	5.23	9.903	259	. . .	40 3983
1413	WB 19ʰ 1886	8.7	58 27.884	13	4.97	2.0972	+ 0.0012	. . . .	40 0 22.70	13	4.97	9.907	261	— 0.003	39 4011
1414	Ll 38 377	6.8	58 29.628	15	4.72	1.9567	+ 0.0007	— 0.0013	43 50 26.91	15	4.72	9.909	243	— 0.021	43 3457
1415	Ll 38 417, 19	6.8	59 42.984	21	4.77	2.0588	+ 0.0011	. . . .	41 11 31.63	21	4.73	10.002	256	. . .	41 3589
1416	Ll 38 424	8.2	19 59 54.271	21	4.97	+ 2.1010	+ 0.0012	— 0.0005	+ 39 59 53.21	21	4.97	+ 10.016	+ 0.261	— 0.003	39 4020
1417	Anonyma	10.	20 0 32.726	1	6.83	1.3599	— 0.0056	. . . .	55 58 58.53	1	6.83	10.065	167	. . . .	— —
1418	Anonyma	10,2	1 32.728	17	6.64	1.3636	— 0.0056	. . . .	55 59 36.05	9	6.53	10.140	167	. . .	— —
1419	Fed 3360	8.3	2 24.699	37	5.06	1.3646	— 0.0056	— 0.0034	56 2 8.94	25	5.20	10.206	167	— 0.071	55 2318
1420	Fed 3363	6.4	3 5.152	25	4.93	1.3667	— 0.0056	— 0.0006	56 3 7 53	25	4.89	10.256	167	+ 0.078	55 2324
1421	BD 55°2325	9.7	20 3 25.009	14	6.43	+ 1.3719	— 0.0055	. . . .	+ 55 59 29.90	7	6.35	+ 10.281	+ 0.167	. . .	55 2325
1422	Anonyma	9.8	3 54.042	11	6.56	1.3737	— 0.0056	. . . .	55 59 47.79	9	6.51	10.317	168	. . .	— —
1423	Ll 38 638	7.2	4 21.037	16	4.39	1.9333	+ 0.0005	. . . .	44 51 46.23	16	4.34	10.351	237	. . .	44 3347
1424	Rü H 13 382	8.7	4 30.741	10	6.46	1.3739	— 0.0057	. . . .	56 2 28.28	10	6.46	10.363	167	+ 0.024	55 2329
1425	Ll 38 639, 40	6.9	4 37.180	18	4.35	2.0391	+ 0.0011	+ 0.0006	42 5 35.99	18	4.35	10.371	250	+ 0.024	41 3618
1426	Bo VI	7.5	20 6 54.593	21	4.39	+ 1.9467	+ 0.0006	. . . .	+ 44 43 13.95	19	4.62	+ 10.543	+ 0.237	. . .	44 3368
1427	WB 20ʰ 218	7.0	7 15.182	19	4.56	2.0869	+ 0.0013	. . . .	40 56 59.40	20	4.67	10.568	254	. . .	40 4046
1428	Chr M 318	6.8	8 15.182	17	4.46	2.1210	+ 0.0015	+ 0.0010	40 1 50.93	17	4.42	10.642	258	— 0.008	39 4075
1429	Bo VI	6.7	10 2.231	16	4.44	1.1674	— 0.0097	. . . .	59 23 16.92	16	4.39	10.774	139	. . .	59 2193
1430	30 Cygni	5.3	10 9.431	16	6.83	1.8845	+ 0.0004	+ 0.0014	46 30 46.87	3	6.84	10.783	227	— 0.009	46 2881
1431	Ll 38 913—6	6.4	20 10 20.810	16	4.61	+ 2.0196	+ 0.0012	— 0.0018	+ 43 4 32.38	16	4.61	+ 10.797	+ 0.244	— 0.008	42 3642
1432	o¹ sq Cygni	4.3	10 28.963	54	4.47	1.8887	+ 0.0004	+ 0.0004	46 26 17.09	27	4.70	10.807	227	+ 0.001	46 2882
1433	Chr M 322	7.0	10 30.154	20	6.40	1.8899	+ 0.0004	. . . .	46 24 30.10	4	5.54	10.808	227	. . .	46 2883
1434	OΣ 403 trpl (A, B)	6.5	10 54.723	16	4.70	2.0670	+ 0.0015	+ 0.0074	41 47 59 19	16	4.70	10.839	249	— 0.024	41 3668
1435	**33 Cygni**	4.3	11 4.449	21	4.55	1.3898	— 0.0058	+ 0.0074	56 15 42.73	19	4.74	10.850	168	+ 0.085	56 2376
1436	Ll 38 982	6.8	20 12 3.502	18	4.62	+ 2.0015	+ 0.0011	. . . .	+ 43 41 38.64	18	4.62	+ 10.923	+ 0.240	. . .	43 3540
1437	Ll 38 990—1	6.9	12 7.223	17	4.83	1.9968	+ 0.0011	. . . .	43 49 56.86	17	4.83	10.927	240	. . .	43 3541
1438	Fed 3413	7.0	12 36.635	17	4.84	1.2369	— 0.0085	. . . .	58 37 57.17	17	4.84	10.963	146	. . .	58 2078
1439	AOe 20 310	6.9	12 45.987	16	4.71	1.4542	— 0.0047	. . . .	55 20 59.04	16	4.71	10.975	173	. . .	55 2352
1440	Br 2613	5.5	13 21.800	15	4.61	2.1337	+ 0.0017	+ 0.0002	40 3 20.18	15	4.60	11.018	255	— 0.012	39 4114

Nr.	Stern	Gr.	α 1900.0	n	Ep.	Präz.	V. S.	μ_α	δ 1900.0	n	Ep.	Präz.	V. S.	μ_δ	BD
1441	Ll 39059	7ᵐ0	20ʰ 13ᵐ39.738	14	4.69	+2.1270	+0.0016	+0.0045	+40°16'52.24	14	4.69	+11.040	+0.254	-0.026	40°4093
1442	Anonyma	9.3	13 45.371	6	6.79	2.1219	+0.0016	....	40 26 9.78	5	6.79	11.047	253	—	— —
1443	Ll 39076—7	6.4	14 3.498	14	4.28	2.0545	+0.0014	+0.0016	42 24 40.32	14	4.28	11.069	245	-0.005	42 3670
1444	Bo VI	6.8	14 25.233	15	4.59	1.4388	-0.0049	....	55 43 47.46	15	4 59	11.095	170	...	55 2360
1445	Anonyma	9.9	14 26.062	16	4.86	2.1253	+0.0017	....	40 23 27.80	11	5.33	11.096	253	...	— —
1446	Σ 2666, pr. min.	9.3	20 14 34.212	27	5.39	+2.1248	+0.0017	....	+40 25 11.72	15	4.81	+11.106	+0.253	...	} 40 4103
1447	Br 2618	6.4	14 34.451	35	5.19	2.1248	+0.0017	+0.0003	40 25 12.93	15	4.97	11.107	253	-0.011	
1448	Ll 39149	6.7	15 37.320	17	4.78	1.9234	+0.0008	+0.0004	46 0 31.11	17	4.78	11.183	227	-0.012	45 3139
1449	Bo 14059	9.3	16 10.521	27	5.17	2.1154	+0.0017	....	40 49 58.23	17	4.99	11.223	251	...	40 4120
1450	Ll 39156—7	7.8	16 13.145	31	4.55	2.1158	+0.0017	....	40 49 23.46	16	4.60	11.226	251	...	40 4121
1451	Par₁ 27991	9.4	20 16 35.556	9	6.54	+2.1172	+0.0017	....	+40 48 49.02	8	6.51	+11.253	+0.251	...	40 4122
1452	Anonyma	10.0	17 12.305	3	6.76	2.1192	017	....	40 48 14.71	3	6.76	11.298	250	...	— —
1453	BD 40° 4127	9.2	17 17.829	4	6.83	2.1161	017	....	40 54 5.67	4	6.83	11.304	250	...	40 4127
1454	Par₃ 28033	8.4	17 53.853	9	6.72	2.1188	017	....	40 52 32.77	8	6.83	11.347	250	...	40 4132
1455	Ll 39251,53	6.5	18 30.667	16	4.40	2.1227	018	....	40 48 44.70	16	4.40	11.392	250	...	40 4136
1456	γ Cygni	2.3	20 18 38.365	64	4.59	+2.1520	+0.0019	+0.0004	+39 56 11.56	37	4.68	+11.401	+0.253	0.000	39 4159
1457	Br₄₅ 3327	6.1	19 12.345	17	4.65	2.1282	015	+0.0008	40 42 21.79	17	4.65	11.442	250	-0.053	40 4141
1458	Ll 39300—1	6.3	19 28.753	29	4.67	2.0620	016	+0.005.	42 39 38.52	16	4.58	11.461	243	+0.03.	42 3721
1459	Ll 39311	8.6	19 36.412	23	4.88	2.0619	016	+0.0011	42 40 20.67	15	4.69	11.470	242	-0.004	42 3724
1460	Ll 39393	7.0	21 55.554	33	5.51	2.1067	018	....	41 35 2.15	16	4.15	11.636	245	-0.003	41 3742
1461	Ll 39398—9	6.9	20 21 56.910	18	4.55	+2.0830	+0.0020	+0.0038	+42 16 39.58	18	4.55	+11.638	+0.242	+0.026	42 3740
1462	Bo VI	9.5	22 5.186	13	6.80	.2.1072	+0.0018	....	41 34 57.68	9	6.79	11.647	245	...	41 3746
1463	Grb 3176	7.2	22 7.665	17	4.55	1.5123	-0.0040	+0.0010	55 7 3.08	17	4.55	11.650	175	-0.007	54 2344
1464	Bo VI	9.1	22 8.083	17	6.78	2.1078	+0.0018	....	41 34 9.98	9	6.78	11.651	245	...	41 3747
1465	Br₄₅ 3348	6.4	23 0.682	14	4.23	1.2477	-0.0091	+0.0010	59 16 22.30	15	4.13	11.713	143	+0.010	59 2228
1466	ϱ Capricorni	5.0	20 23 9.471	6	6.86	+3.4276	-0.0115	-0.0014	-18 8 39.75	7	6.86	+11.724	+0.400	-0.016	-18 5689
1467	Fed 3466	6.6	23 58.528	34	4.62	1.4505	-0.0051	+0.0027	+56 18 32.24	17	4.42	11.782	166	+0.006	56 2421
1468	Str 1454	8.8	24 1.316	32	4.64	1.4509	-0.0051	....	56 18 19.86	17	4.65	11.785	166	...	56 2422
1469	Ll 39478	7.1	24 5.769	19	4.61	2.1092	+0.0020	-0.0059	41 42 16.92	19	4.61	11.790	244	+0.010	41 3758
1470	Ll 39515	7.4	24 58.849	16	4.63	2.1128	+0.0020	-0.0009	41 40 38.30	16	4.63	11.853	243	...	41 3765
1471	Ll 39613—4	7.0	20 27 10.924	17	4.25	+2.0397	+0.0017	....	+43 58 42.65	17	4.25	+12.007	+0.233	...	43 3630
1472	ϑ Cephei	4.1	27 54.292	73	4.61	1.0075	-0.0153	+0.0062	62 39 28.65	63	4.83	12.058	114	-0.014	62 1821
1473	WB 20ʰ 941—2	9.3	28 47.691	19	4.90	2.1296	+0.0022	....	41 31 36.70	13	5.18	12.120	242	...	41 3796
1474	Ll 39704—5	6.8	29 19.774	16	4.73	2.1307	+0.0013	-0.0143	41 32 43.31	16	4.72	12.157	238	+0.447	41 3799
1475	Fed 3494	6.3	29 19.883	14	4.79	1.4705	-0.0049	-0.0025	56 26 24.43	14	4.79	12.158	165	-0.004	56 2444
1476	Ll 39711—3	6.7	20 29 23.497	15	4.84	+2.0868	+0.0020	+0.0004	+42 51 1.89	15	4.84	+12.162	+0.237	0.000	42 3778
1477	Grb 3216	7.2	29 26.766	15	4.66	2.1447	+0.0022	+0.0018	41 7 53.65	15	4.66	12.165	243	+0.030	40 4225
1478	Fed 3500	6.9	30 1.828	15	4.90	1.2298	-0.0099	+0.0012	60 5 0.70	15	4.90	12.206	137	-0.066	59 2257
1479	Ll 39737—8	6.4	30 14.714	15	4.52	2.1373	+0.0022	-0.0015	41 25 53.96	15	4.52	12.221	242	-0.091	41 3805
1480	Mask H 198	6.9	30 17.384	16	4.53	2.0193	+0.0017	-0.0016	44 49 58.05	16	4.53	12.224	228	-0.003	44 3505
1481	Ll 39778	6.5	20 30 59.706	18	4.41	+2.1616	+0.0024	+0.0009	+40 45 13.03	18	4.41	+12.273	+0.244	+0.021	40 4240
1482	WB 20ʰ 1032	8.9	31 41.964	18	6.78	2.1060	022	....	42 30 31.63	12	6.77	12.322	237	...	42 3791
1483	Ll 39811,13	6.7	31 44.033	19	4.51	2.1383	024	-0.0006	41 32 38.54	19	4.51	12.324	241	+0.029	41 3818
1484	Anonyma	10.0	31 45.079	2	6.86	2.1054	023	....	42 31 55.66	2	6.86	12.325	237	...	42 3793
1485	Bo VI	9.5	31 46.067	18	6.78	2.1065	022	....	42 30 2.84	13	6.77	12.326	237	...	42 3793

10.

Nr.	Stern	Gr.	α 1900.0	n	Ep.	Präz.	V.S.	μ_a	δ 1900.0	n	Ep.	Präz	V.S.	μ_δ	BD
						1900+						1900+			
1486	d'Ag 5529—30	7^m1	$20^h34^m26^s406$	20	4.48	$+2^s1158$	$+0^s0024$	$+0^s0083$	$+42°29'24''98$	20	4.48	$+12^s509$	$+0''236$	$+0''174$	42°3807
1487	d'Ag 5531—2	6.8	34 48.966	20	4.59	2.0658	022	+0.0026	43 58 52.49	20	4.58	12.535	230	—0.009	43 3672
1488	BD 41°3839	9.8	35 8.194	7	6.79	2.1376	025	....	41 53 54.59	7	6.79	12.557	238	...	41 3839
1489	Anonyma	9.3	35 35.667	1	5.69	2.1394	025	....	41 53 24.40	1	5.69	12.588	237	...	— —
1490	Anonyma	9.8	35 48.772	13	6.63	2.1925	027	....	40 14 59.95	8	6.65	12.603	243	...	— —
1491	OΣ 410, trpl (A, B)	6.1	20 35 53.753	45	5.02	+2.1936	+0.0027	+0.0010	+40 13 33.51	20	4.92	+12.609	+0.243	—0.014	40 4266
1492	Ll 39978, 80	6.6	35 59.308	17	4.38	2.1403	026	—0.0075	41 54 2.61	17	4.38	12.615	237	—0.223	41 3845
1493	OΣ 410 (C)	9.2	35 59.401	36	4.84	2.1936	027	+0.0012	40 13 57.42	17	4.38	12.616	243	—0.015	40 4207
1494	d'Ag 5544	6.1	36 33.412	20	4.78	2.1021	025	....	43 6 20.56	20	4.78	12.654	234	...	42 3818
1495	Ll 40022, 24	7.0	37 15.224	16	4.52	2.1783	027	....	40 50 47.02	16	4.52	12.701	240	...	40 4276
1496	α Cygni	1.3	20 38 1.374	76	4.86	+2.0440	+0.0022	+0.0004	+44 55 22.52	48	5.22	+12.753	+0.225	—0.001	44 3541
1497	Fed 3539	6.2	38 10.474	19	4.43	1.2771	—0.0093	+0.0020	60 8 37.81	19	4.43	12.763	138	+0.186	59 2272
1498	Ll 40058—9	5 6	38 19.747	19	4.54	2.1656	+0.0027	+0.0013	41 21 31.54	19	4.48	12.774	238	—0.009	41 3856
1499	Fed 3542	7.1	39 47.762	23	4.91	1.4931	—0.0047	....	57 1 31.17	23	4.91	12.872	161	—0.022	56 2474
1500	Ll 40112—3	7.0	40 17.720	22	4.75	2.1561	+0.0028	+0.0005	41 51 31.63	22	4 75	12.906	235	—0.009	41 3869
1501	Fed 3550	6.7	20 40 42.447	22	4.75	+1.5146	—0.0042	—0.0022	+56 45 9.24	22	4.75	+12.933	+0.163	—0.005	56 2477
1502	AOe 21043—4	6.0	41 46.373	24	4.96	1.5573	—0.0034	—0.0011	56 7 29.60	24	4.96	13.004	166	—0.024	55 2462
1503	Mask H 202	6.9	41 58.824	22	4.89	2.0203	+0.0022	+0.0008	45 59 26.77	22	4.88	13.018	218	—0.032	45 3258
1504	6 H Cephei	4.5	42 52.166	44	4.62	1.4993	—0.0040	—0.0087	57 13 13.88	17	4.41	13 077	158	—0.234	57 2240
1505	AOe 21081—2	9.4	42 54.650	13	6.41	1.5007	—0.0046	—0.0057	57 12 6.75	6	6.43	13.080	160	+0 042	57 2241
1506	η Cephei	3 5	20 43 15.453	14	4.62	+1.2133	—0.0145	+0.0136	+61 27 5.07	13	4.86	+13.103	+0.131	+0.818	61 2050
1507	d'Ag 5590	6.5	43 16.739	15	4.46	2.0189	+0.0023	—0.0032	46 .9 54.47	15	4.46	13.104	217	—0.026	45 3270
1508	λ Cygni	4.6	.43 30.794	17	4.83	2.3349	032	+0.0005	36 7 23.33	17	4.42	13.119	252	0.000	35 4267
1509	OΣ 414, pr	7.0	43 33.573	28	4.54	2.1613	029	+0.0008	42 2 31.47	14	4.52	13.123	233	+0.030	} 41 3884
1510	OΣ 414, seq	9.1	43 34.466	27	4.65	2.1614	029	....	42 2 30.60	15	4.64	13.124	233	...	
1511	Str 1483	9.5	20 43 37.565	6	6.83	+2.3347	+0.0032	—0.0010	+36 7 1.43	4	6.83	+13.127	+0.252	—0.024	35 4269
1512	Grb 3298	6.7	44 35.470	16	4.48	1.4590	—0.0055	—0.0043	58 2 53.72	16	4.48	13.191	155	—0.006	57 2243
1513	Rü H 14011	8.6	44 45.152	15	4.80	2.1110	+0.0028	....	43 42 23.96	15	4.80	13.202	226	...	43 3728
1514	Bo 14714	9.2	45 34.676	10	6.78	2.1201	+0.0030	....	43 31 36.24	10	6.78	13.256	226	...	43 3731
1515	WB 20ʰ 1458	8.6	45 57.626	25	5.09	2.1160	+0.0029		43 41 24.46	17	4.92	13.281	225		43 3733
1516	56 Cygni	5.6	20 46 31.830	19	4.59	+2.1184	+0.0029	+0.0114	+43 40 58.16	19	4.59	+13.318	+0.228	+0.135	43 3739
1517	Fed 3590	7.9	46 40.122	32	4.58	1.4513	—0.0057	+0.0172	58 22 19.73	18	4.85	13.327	152	+0.102	58 2176
1518	Fed 3593	6.7	46 54.079	35	4.77	1.4525	—0.0057	+0.0009	58 22 33.44	18	4.64	13.342	152	—0.005	58 2178
1519	Fed 3596	7.0	47 40.936	21	4.94	1.5743	—0.0032	—0.0006	56 25 26.43	21	4.94	13.393	165	+0.013	56 2495
1520	57 Cygni	5.6	49 42.529	16	4.59	2.1194	+0.0032	+0.0016	44 0 30.72	16	4.59	13.524	222	+0.006	43 3755
1521	Ll 40462—3	6.8	20 49 47.774	15	4.67	+2.1834	+0.0034	+0.0009	+42 1 52.76	15	4.67	+13.531	+0.229	+0.005	41 3922
1522	Chr M 355	6.2	49 48.990	14	4.59	2.0930	+0.0030	+0.0024	44 48 10.34	14	4.59	13.532	+0.219	—0.003	44 3617
1523	76 Draconis	6.0	49 50.6..		...	....	....	....	82 9 40.46	32	4.76	13.534	—0.442	+0.027	81 718
1524	WB 20ʰ 1557	9.4	50 0.349	9	6.79	2.2366	+0.0036	....	40 18 8 66	4	6.80	13.544	+0.235	...	40 4347
1525	Fed 3612	7.1	50 1.740	14	4.59	1.4786	—0.0052	—0.0015	58 16 36.88	14	4.59	13 546	+0.153	—0.005	58 2183
1526	WB 20ʰ 1564	8.9	20 50 19.306	8	6.03	+2.2370	+0.0036	....	+40 19 35.15	4	6.80	+13.564	+0.234	...	40 4348
1527	Ll 40495	6.6	50 38.158	13	4.80	2.2382	+0.0036	+0.0004	40 19 20.67	14	4.66	13.584	234	—0.005	40 4354
1528	AOe 21307	8.9	50 45.894	4	6.82	1.6172	—0.0024	....	55 58 38.88	4	6.82	13.593	168	...	55 2482
1529	Fed 3614	7.2	51 10.401	14	4.86	1.6194	—0.0023	+0.0004	55 58 56.65	13	4.71	13.619	167	—0.002	55 2486
1530	Fed 3615	6.8	51 16.588	14	4.61	1.4455	—0.0059	....	58 55 39.91	14	4.61	13.625	149	...	58 2187

Nr.	Stern	Gr.	α 1900.0	n	Ep.	Präz.	V.S.	μα	δ 1900.0	n	Ep.	Präz.	V.S.	μδ	BD
						1900+						1900+			
1531	Br₄₅ 3454	7ᵐ0	20ʰ 51ᵐ 21.884	12	4.64	+1.5751	−0.0031	0.000.	+56°47′41″.92	13	4.49	+13.631	+0.163	0.00.	56°2509
1532	Ll 40539—40	7.0	51 39.035	14	4.79	2.1870	+0.0036	+0.0010	42 7 52.28	14	4.79	13.650	228	−0.005	41 3932
1533	WB 20ʰ 1604	9.7	51 48.507	2	6.87	2.1960	+0.0036	....	41 51 29.08	2	6.87	13.660	229	. . .	41 3933
1534	Ll 40549	6.6	51 50.354	14	4.80	2.1608	+0.0035	+0.0018	42 59 6.21	14	4.80	13.662	225	−0.027	42 3907
1535	Br 2718ª (3260)	6.8	52 25.746	13	4.58	2.1304	+0.0034	−0.0011	43 59 24.85	13	4.58	13.699	221	+0.020	43 3766
1536	Ll 40574	6.8	20 52 35.145	13	4.60	+2.1618	+0.0036	....	+43 2 25.39	13	4.52	+13.709	+0.224	−0.013	42 3911
1537	Ll 40576—7	6.5	52 40.616	12	4.75	2.1828	+0.0036	....	42 23 6.08	12	4.73	13.715	226	. . .	42 3913
1538	Ll 40590	7.0	52 49.573	13	4.88	2.1474	+0.0035	....	43 31 0.90	13	4.88	13.725	222	. . .	43 3767
1539	Ll 40610	6.5	53 3.143	13	4.88	2.1146	+0.0035	−0.0004	44 32 24.46	13	4.88	13.739	219	+0.001	44 3639
1540	Ll 40604, 06	7.6	53 7.842	13	4.71	2.1807	+0.0034	+0.0168	42 30 17.27	13	4.71	13.744	229	+0.215	42 3915
1541	ν Cygni	3.9	20 53 26.699	19	4.63	+2.2342	+0.0038	+0.0009	+40 46 55.32	15	5.38	+13.764	+0.231	−0.018	40 4364
1542	Br 2727	6.0	53 36.562	16	4.86	1.6052	−0.0026	+0.0011	56 30 8.92	16	4.86	13.775	164	+0.006	56 2515
1543	Br 2726	6.1	54 44.742	17	4.87	2.1364	+0.0036	+0.0098	44 4 55.86	17	4.87	13.846	222	+0.068	43 3777
1544	WB 20ʰ 1680	6.5	54 49.037	16	4.69	2.2160	+0.0037	....	41 33 7.27	16	4.69	13.851	228	. . .	41 3949
1545	Fed 3630	6.9	54 59.525	16	4.79	1.6885	−0.0011	+0.0036	55 5 58.80	16	4.79	13.862	172	0.000	54 2452
1546	Ll 40706	6.9	20 55 20.070	18	4.86	+2.1520	+0.0037	....	+43 40 16.76	18	4.86	+13.884	+0.220	. . .	43 3789
1547	Ll 40716—7	6.5	55 43.503	17	4.70	2.2077	+0.0039	+0.0016	41 56 5.41	17	4.70	13.908	226	−0.005	41 3956
1548	Ll 40728	6.7	56 6.124	17	4.81	2.2699	+0.0040	+0.0199	39 51 46.82	17	4.81	13.932	232	+0.215	39 4400
1549	Fed 3647	6.7	56 41.775	18	4.70	1.6750	−0.0012	−0.0022	55 33 0.19	18	4.70	13.969	169	−0.014	55 2497
1550	Br 2738	5.7	56 57.519	20	4.88	1.4758	−0.0053	+0.0062	59 2 51.53	20	4.88	13.986	148	+0.004	58 2201
1551	Ll 40784	7.0	20 57 38.962	18	4.74	+2.2648	+0.0041	+0.0061	+40 13 31.01	18	4.74	+14.029	+0.230	. . .	40 4389
1552	d'Ag 5672—3	6.6	58 11.121	14	4.44	2.1591	+0.0040	+0.0026	43 47 43.92	14	4.44	14.063	218	−0.093	43 3789
1553	Anonyma	9.9	58 30.370	4	6.85	2.2385	+0.0041	....	41 14 19.20	4	6.85	14.083	226	. . .	— — —
1554	Ll 40833	6.6	58 49.820	14	4.65	2.1423	+0.0039	0.0000	44 23 46.98	14	4.65	14.103	216	−0.015	44 3679
1555	Ll 40848	8.0	59 6.211	21	5.19	2.1074	+0.0040	+0.0356	45 29 9.35	13	4.91	14.119	219	+0.151	45 3371
1556	Fed 3656	6.6	20 59 12.056	12	4.48	+1.6300	−0.0020	−0.0005	+56 40 37.39	12	4.48	+14.126	+0.163	+0.003	56 2523
1557	Fed 3657	7.1	59 15.735	11	4.37	1.5915	−0.0028	....	57 22 12.91	11	4.37	14.130	159	. . .	57 2273
1558	Ll 40856	6.5	59 17.441	18	4.87	2.1093	+0.0038	+0.0021	45 27 12.68	10	5.51	14.131	212	−0.047	45 3374
1559	Hels 11843	7.5	59 23.033	25	4.86	1.6530	−0.0015	+0.0025	56 16 30.34	13	4.67	14.138	165	0.000	} 56 2524
1560	Σ 2751, seq	7.2	59 23.712	25	4.86	1.6530	−0.0015	+0.0025	56 16 28.43	13	4.81	14.138	165	0.000	
1561	Bo 15010	9.5	20 59 24.259	5	6.63	+2.2430	+0.0042	....	+41 11 50.68	4	6.85	+14.138	+0.226	. . .	41 3973
1562	WB 20ʰ 1812—3	9.0	21 0 7.001	20	5.58	2.2450	+0.0043	....	41 12 59.98	9	5.59	14.183	225	. . .	41 3986
1563	Ll 40872, 74, 76	7.0	0 7.484	25	5.29	2.2445	+0.0043	+0.0002	41 13 57.07	16	5.13	14.183	225	−0.051	41 3987
1564	ξ Cygni	3.9	1 17.597	54	5.07	2.1797	+0.0042	+0.0012	43 31 43.75	41	5.06	14.255	218	−0.003	43 3800
1565	Fed 3689	7.3	2 9.995	16	4.62	1.4603	−0.0057	....	59 51 28.19	16	4.62	14.309	143	−0.027	59 2313
1566	61 Cygni, pr	5.4	21 2 26.660	61	5.16	+2.3350	+0.0044	+0.3504	+38 15 44.21	34	5.23	+14.324	+0.297	+3.247	38 4343
1567	Br 2745	6.4	2 28.195	61	5.16	2.3352	+0.0044	+0.3511	38 15 30.23	27	5.08	14.325	297	+3.073	38 4344
1568	Ll 41017	7.3	3 19.075	19	4.44	2.1322	+0.0042	....	45 16 24.83	19	4.44	14.379	211	. . .	45 3410
1569	d'Ag 5711	6.8	6 23.222	19	4.55	2.1510	+0.0045	....	45 5 42.53	18	4.65	14.565	210	. . .	44 3718
1570	Br 2777	6.0	7 30.298	9	6.88	−1.1250	−0.1765	+0.0074	77 43 15 24	9	6.88	14.632	−0.117	+0.036	77 800
1571	d'Ag 5719	7.5	21 7 33.198	18	4.57	+2.2846	+0.0049	....	+40 46 32.57	18	4.57	+14.635	+0.221	. . .	40 4432
1572	Ll 41231	8.2	7 37.082	18	4.53	2.1575	+0.0046	−0.0249	45 3 16.06	18	4.53	14.639	208	−0.282	44 3728
1573	Ll 41199, 201	6.6	7 40.232	15	4.29	2.1510	+0.0045	....	45 15 53.43	15	4.29	14.642	208	−0.012	45 3438
1574	AOe 21849	9.3	8 47.554	17	6.43	1.5295	−0.0041	....	59 31 15.46	9	6.38	14.709	145	. . .	59 2332
1575	AOe 21866	9.1	9 7.174	25	6.55	1.5302	−0.0040	....	59 32 47.96	9	6.38	14.728	145	. . .	59 2333

Nr.	Stern	Gr.	α 1900.0	n	Ep.	Präz.	V. S.	μα	δ 1900.0	n	Ep.	Präz.	V. S.	μδ	BD
						1900+						1900+			
1576	Grb 3415, pr	8ᵐ5	21ʰ 9ᵐ15ˢ349	53	4.86	+1ˢ5296	—0ˢ0041	—0ˢ0006	+59°34′30″20	23	4.61	+14″736	+0″145	—0″002	⎫ 59°2334
1577	Grb 3415, seq	6.4	9 15.522	64	4.73	1.5295	—0.0041	—0.0006	59 34 31.21	26	4.54	14.736	145	—0.002	⎭
1578	OΣ 432, pr	8.3	10 28.658	27	4.67	2.2966	+0.0051	+0.0028	40 43 55.02	16	4.32	14.808	219	+0.029	⎫ 40 4449
1579	OΣ 432, seq	8.5	10 28.806	27	4.67	2.2966	+0.0051	+0.0028	40 43 54.14	15	4.35	14.808	219	+0.029	⎭
1580	τ Cygni	3.8	10 48.018	15	4.57	2.3792	+0.0046	+0.0137	37 37 8.61	11	5.03	14.827	230	+0.435	37 4240
1581	RC 5158	9.0	21 11 9.219	9	6.61	+2.2744	+0.0052	. . . .	+41 37 25.54	8	6.70	+14.848	+0.217	. . .	41 4052
1582	Σ 2783, pr	8.5	11 20.692	27	4.76	1.6432	—0.0015	. . . .	57 52 57.46	17	4.31	14.859	155	. . .	⎫ 57 2303
1583	Σ 2783, seq	8.5	11 20.838	27	4.76	1.6432	—0.0015	. . . .	57 52 58.60	14	4.54	14.860	155	. . .	⎭
1584	Ll 41 350—1	6.5	11 38.768	16	4.65	2.2768	+0.0050	+0.0053	41 36 24.21	16	4.65	14.877	217	+0.125	41 4056
1585	Ll 41 384	6.4	12 35.068	20	5.12	2.2166	+0.0052	+0.0030	43 49 13.29	20	5.12	14.932	209	+0.008	43 3866
1586	d'Ag 5744	6.4	21 12 41.890	17	4.86	+2.2745	+0.0053	. . . .	+41 50 3.29	17	4.86	+14.938	+0.215	—0.017	41 4067
1587	Grb 3421	8.4	12 56.494	24	5.16	2.2633	+0.0053	+0.014.	42 15 50.83	19	5.20	14.953	213	+0.09.	42 4040
1588	d'Ag 5757	6.4	13 36.222	22	4.87	2.2660	+0.0053	+0.0015	42 15 50.80	22	4.87	14.991	213	—0.004	42 4046
1589	Br₄₅ 3532	6.6	14 34.028	20	4.82	1.6486	—0.0013	. . .	58 11 29.02	20	4.82	15.047	152	. . .	57 2309
1590	A Cygni	5.5	14 43.433	19	4.57	2.2343	+0.0055	—0.0008	43 31 30.12	19	4.57	15.056	209	—0.014	43 3877
1591	Grb 3429	6.5	21 15 3.396	20	4.81	+2.3168	+0.0055	—0.0015	+40 37 8.09	20	4.81	+15.075	+0.216	—0.003	40 4485
1592	α Cephei	2.5	16 11.685	42	5.24	1.4137	—0.0069	+0.0212	62 9 43.11	33	5.19	15.141	133	+0.049	61 2111
1593	Br 2783ᵃ (3261)	5.8	16 29.587	18	4.65	1.6618	—0.0010	+0.0010	58 12 1.44	18	4.65	15.158	152	—0.011	58 2249
1594	Rü H 14 706	6.9	16 36.909	17	4.52	1.6791	—0.0007	. . . .	57 54 8.93	17	4.52	15.165	154	. . .	57 2312
1595	d'Ag 5770—1	6.6	17 7.007	17	4.41	2.3427	+0.0056	—0.001.	39 55 33.91	17	4.41	15.194	216	—0.21.	39 4529
1596	1 Pegasi	4.2	21 17 27.764	19	6.63	+2.7662	+0.0019	+0.0074	+19 22 36.17	19	6.63	+15.213	+0.258	+0.061	19 4691
1597	AOe 22 127	6.3	17 59.313	24	4.93	1.5486	—0.0036	. . . .	60 19 53.37	24	4.93	15.243	140	. . .	60 2227
1598	Ll 41 671	7.2	19 36.748	23	4.68	2.2385	+0.0059	—0.0015	44 5 22.90	23	4.68	15.335	204	—0.049	43 3901
1599	ζ Capricorni	3.8	20 57.550	32	6.18	3.4324	—0.0166	—0.0001	—22 50 39.97	32	6.18	15.411	313	+0.023	—23 442
1600	Pi 21ʰ 146	8.4	21 30.738	34	4.55	1.6353	—0.0015	. . . .	+59 19 45.80	21	4.15	15.442	146	. . .	59 2371
1601	Hels 12 172	9.8	21 21 44.601	18	5.47	+1.6368	—0.0014	. . . .	+59 19 49.66	14	5.08	+15.454	+0.145	. . .	59 2372
1602	Grb 3465	8.2	23 14.619	16	4.98	2.2439	+0.0064	—0.0016	44 26 58.72	16	4.98	15.538	200	—0.036	44 3814
1603	Br 2798ᵃ (3262)	7.3	24 14.152	2	6.92	2.1987	+0.0063	+0.0009	46 7 31.82	2	6.92	15.592	195	+0.024	45 3549
1604	Br₄₅ 3563	6.4	24 39.575	17	4.57	1.6600	—0.0007	—0.0009	59 18 52.86	17	4.57	15.616	145	—0.022	59 2383
1605	Ll 41 874	6.7	25 20.764	16	4.52	2.2523	+0.0065	+0.0015	44 29 8.34	16	4.50	15.652	199	—0.013	44 3832
1606	g Cygni	5.4	21 25 45.544	47	5.19	+2.2067	+0.0064	+0.0049	+46 5 59.26	32	4.77	+15.676	+0.195	+0.103	45 3558
1607	WB 21ʰ 602	6.9	26 16.507	17	4.72	2.2401	+0.0066	. . . .	+45 3 19.39	17	4.72	15.704	196	—0.013	44 3840
1608	β Aquarii	2.9	26 17.733	12	6.01	3.1598	—0.0071	+0.0011	— 6 40.12	11	5.94	15.705	280	—0.005	— 6 5770
1609	Ll 41 922	6.8	26 39.455	16	4.58	2.2596	+0.0066	+0.0025	+44 26 7.36	16	4.58	15.725	198	—0.011	44 3843
1610	β Cephei, pr	8.5	27 19.770	16	6.45	0.7885	—0.0351	. . . .	+70 7 14.17	11	6.33	15.761	064	. . .	⎫
															69 1173
1611	β Cephei	3.1	21 27 22.330	23	5.93	+0.7887	—0.0350	+0.0020	+70 7 18.80	16	5.79	+15.763	+0.065	+0.007	⎭
1612	Pi 21ʰ 194	6.8	28 9.039	20	4.82	1.7054	—0.0005	+0.019.	58 58 33.38	20	4.82	15.805	146	+0.035	58 2279
1613	Br₄₅ 3575	5.8	28 14.527	21	4.87	1.6481	—0.0008	—0.0002	60 1 6.06	22	4.83	15.810	141	+0.006	59 2395
1614	Ll 42 019—20	7.0	28 45.747	22	4.83	2.3384	+0.0069	. . . .	41 51 15.40	22	4.83	15.838	202	—0.037	41 4184
1615	Ll 42 114—5	6.8	31 16.996	30	5.15	2.3124	+0.0072	—0.0019	43 15 24.48	30	5.15	15.972	197	0.000	43 3975
1616	W Cygni	(6.4)	21 32 14.410	25	5.02	+2.2712	+0.0072	+0.0048	+44 55 36.68	25	5.02	+16.023	+0.192	—0.003	44 3877
1617	74 Cygni	5.1	32 56.407	55	4.78	2.4020	072	—0.0003	39 57 51.66	48	4.71	16.059	203	+0.012	39 4612
1618	d'Ag 5852	6.4	33 37.864	20	4.73	2.2963	075	+0.0001	44 14 50.99	20	4.72	16.096	193	—0.038	44 3889
1619	d'Ag 5853	7.7	34 33.140	20	4.73	2.3376	076	. . . .	42 50 22.62	17	4.94	16.144	195	. . .	42 4164
1620	Ll 42 262—3	9.2	35 33.512	15	5.32	2.3424	078	. . . .	42 49 32.34	13	5.09	16.196	194	. . .	42 4172

Nr.	Stern	Gr.	α 1900.0	n	Ep.	Präz.	V. S.	μα	δ 1900.0	n	Ep.	Präz.	V. S.	μδ	BD
						1900+						1900+			
1621	Ll 42 281	8ᵐ5	21ʰ 35ᵐ 46ˢ706	15	5.89	+ 2ˢ3131	+ 0ˢ0078	+ 0ˢ0059	+ 43°59′20″64	8	6.41	+ 16″207	+ 0″192	— 0″002	43°3999
1622	Σ 2816 (C)	8.5	35 50.553	36	4.75	1.8599	040	. . . .	57 2 30.70	13	4.96	16.210	153	. . .	56 2617
1623	13 H. Cephei	6.1	35 51.455	43	4.89	1.8600	041	+ 0.0007	57 2 12.27	16	4.74	16.211	153	+ 0.002	56 2617
1624	Σ 2816 (B)	8 5	35 52.690	35	4.72	1.8601	040	. . . .	57 2 5.99	12	5.09	16.212	153	. . .	
1625	d'Ag 5865—6	6.7	36 2.015	20	5.19	2.3145	078	+ 0.0030	43 58 44.46	14	4.43	16.220	191	— 0.014	43 4002
1626	75 Cygni	5.3	21 36 15.623	13	4.32	+ 2.3456	+ 0.0078	+ 0.0047	+ 42 49 11.55	13	4.32	+ 16.232	+ 0.195	+ 0.013	42 4177
1627	Q 9646	8.9	37 12 200	14	5.62	2.4041	078	. . . .	40 35 36.81	12	5.42	16.280	198	. . .	40 4607
1628	WB 21ʰ 886	9.7	37 28.571	10	6.60	2.4111	077	. . . .	40 20 24.18	7	6.51	16.294	198	. . .	40 4610
1629	76 Cygni	6.3	37 32.877	21	5.27	2.4112	077	— 0.0009	40 21 4.01	14	4.64	16.298	198	— 0.051	40 4611
1630	Fed 3878—9	7.0	37 35.391	13	4.77	1.7621	022	+ 0.0094	59 17 50.46	13	4.77	16.300	143	+ 0.030	59 2409
1631	d'Ag 5884—5	6.3	21 38 19.006	15	4 68	+ 2.2893	+ 0.0081	— 0.0006	+ 45 18 35.47	15	4.68	+ 16.337	+ 0.187	— 0.005	45 3637
1632	77 Cygni	5.8	38 21.520	22	5.48	2.4081	079	+ 0.0014	40 37 13.83	14	5.07	16.339	197	+ 0.004	40 4615
1633	Ll 42 377	7.8	38 31.823	16	6.21	2.4095	079	+ 0.0026	40 35 26.06	9	6.16	16.347	196	— 0.010	40 4617
1634	Ll 42 360, 83	7.4	38 36.056	14	4.65	2.3765	080	— 0.0015	41 59 2.93	14	4.65	16.351	194	— 0.011	41 4243
1635	Br 2841	5.3	39 5.282	17	4.73	2.4093	079	— 0.0019	40 41 51.82	17	4.73	16.376	196	— 0.014	40 4623
1636	Fed 3890	6.5	21 39 44.851	19	4.89	+ 1.8040	+ 0.0033	— 0.0007	+ 58 48 46.76	19	4.89	+ 16.409	+ 0.144	0.000	58 2314
1637	μ Cephei	4.5	40 26.832	34	5.46	1.8336	040	— 0.0001	58 19 16.64	34	5.46	16.444	146	— 0.002	58 2316
1638	d'Ag 5908—9	6.6	42 18.259	24	4.91	2.3776	086	+ 0.0007	42 35 54.81	24	4.86	16.536	189	+ 0.005	42 4204
1639	π² Cygni	4.3	43 5.899	70	4.94	2.2123	086	+ 0.0008	48 50 48.34	57	4.96	16.575	174	— 0.004	48 3504
1640	12 Cephei	6.0	44 28.240	22	4.89	1.7699	030	— 0.0008	60 13 42.71	23	4.81	16.643	137	+ 0.002	60 2294
1641	AOe 22 896	7.5	21 44 37.372	24	4.92	+ 1.8220	+ 0.0041	. . . .	+ 59 14 9.44	24	4.92	+ 16.650	+ 0.141	. . .	59 2420
1642	d'Ag 5926—7	6.4	45 36.014	24	4.77	2.4366	087	— 0.004	40 40 57.19	24	4.77	16.697	190	+ 0.003	40 4648
1643	Ll 42 632, 35	7.0	46 13.305	28	4.85	2.3752	091	+ 0.0005	43 25 19.94	28	4.85	16.728	184	— 0.065	43 4061
1644	Ll 42 661	7.4	47 14.823	25	5.28	2.3666	092	. . . .	43 58 20.62	27	5.10	16.777	182	. . .	43 4067
1645	16 Pegasi	5.2	48 30.716	24	5.71	2.7271	053	+ 0.0004	25 27 16.36	24	5.71	16.837	209	+ 0.001	25 4635
1646	Br 2868	7.1	21 49 44.814	28	5.04	+ 2.0161	+ 0.0080	+ 0.0032	+ 55 44 27.87	28	5.04	+ 16.895	+ 0.151	+ 0.007	55 2641
1647	Bo VI	7.5	51 15.250	28	4.89	2.3862	098		43 56 43.35	28	4.89	16.966	178	— 0.017	43 4087
1648	13 Cephei	6.2	51 31.436	28	5.01	2.0134	082	— 0.0009	56 8 15.54	28	5.01	16.979	149	— 0.004	55 2644
1649	Fed 3960	8.0	52 47.749	21	4.61	1.8835	062	. . . .	59 21 28.59	18	5.02	17.037	137	. . .	59 2435
1650	Fed 3963	7.0	53 17.728	21	4.68	1.8895	063	. . . .	59 19 9.50	21	4.68	17.061	137	— 0.030	59 2436
1651	Ll 42 871—2	7.7	21 53 35.981	26	4.92	+ 2.4252	+ 0.0100	— 0.0024	+ 42 44 29.84	20	5.12	+ 17.075	+ 0.178	— 0.031	42 4256
1652	Ll 42 892—3	7.3	54 7.896	24	4.73	2.4272	100	+ 0.0014	42 45 41.64	24	4.73	17.099	178	— 0.004	42 4260
1653	Br 2884	6.8	56 1.920	24	4.73	2.0054	086	+ 0.0009	57 10 45.94	24	4.72	17.185	143	0.000	56 2670
1654	20 Pegasi	5.8	56 13.076	28	6.01	2.9182	014	+ 0.0036	12 38 26.62	28	6.01	17.193	212	— 0.054	12 4737
1655	Bo 16 278	9.2	58 15.237	10	6.83	2.4547	106	. . . .	42 22 20.62	9	6.83	17.284	174	. . .	42 4277
1656	Ll 43 035—6	6.9	21 58 37.959	17	4.65	+ 2.4573	+ 0.0106	+ 0.0017	+ 42 19 53.80	17	4.65	+ 17.301	+ 0.174	+ 0.005	42 4280
1657	14 Cephei	6.3	58 42.854	28	4.91	2.0126	092	— 0.0008	57 31 4.23	16	4.57	17.305	141	— 0.004	57 2441
1658	Pi 21ʰ 386	7.9	58 43.674	22	5.24	2.0106	092	+ 0.0012	57 34 0.09	16	4.88	17.305	141	— 0.001	57 2442
1659	d'Ag 5991—2	6.0	58 54.487	16	4 57	2.4179	108	— 0.0010	44 10 3.07	16	4.57	17.313	170	— 0.037	43 4119
1660	15 Cephei	6.6	22 0 38.335	51	5.30	1.9509	088	+ 0.0011	59 19 46.94	16	4.54	17.389	136	+ 0.010	59 2456
1661	Hels 12 785	9.7	22 0 45.748	22	6.57	+ 1.9505	+ 0.0084	+ 0.0049	+ 59 20 56.34	10	6.45	+ 17.394	+ 0.134	+ 0.001	59 2457
1662	Fed 4013	6.8	0 57.152	25	5.40	1.9514	086	— 0.0002	59 22 54.33	16	4.97	17.403	134	+ 0.005	59 2459
1663	Rob 4831	8.0	1 1.199	25	5.67	1.9535	087	. . . .	59 20 41.91	16	5.43	17.405	134	. . .	59 2461
1664	Ll 43 140	6.8	1 47.573	14	4.65	2.4218	113	+ 0.0036	44 37 33.33	14	4.65	17.439	167	— 0.028	44 4041
1665	20 Cephei	5.7	1 58.118	17	4.42	1.8187	058	+ 0.0022	62 17 52.12	11	5.25	17.446	124	+ 0.060	62 2029

Nr.	Stern	Gr.	α 1900.0	n	Ep.	Präz.	V.S.	μ_α	δ 1900.0	n	Ep.	Präz.	V.S.	μ_δ	BD
						1900+						1900+			
1666	d'Ag 6009	4ᵐ9	22ʰ 1ᵐ58ˢ960	14	4.66	+2ˢ4249	+0ˢ0113	—0ˢ0001	+44°31'40″49	14	4.66	+17″447	+0″167	—0″017	44°4043
1667	Ll 43 159	6.3	2 9.407	14	4.65	2.4205	115	+0.0053	44 45 42.50	14	4.65	17.455	166	—0.019	44 4044
1668	Br₄₅ 3733	6.8	2 42.098	14	4.58	2.1072	110	. . . .	55 51 20.96	14	4.58	17.478	143	. . .	55 2679
1669	Hels 12 833	9.3	2 43.184	3	6.92	2.0119	098	. . . .	58 19 13.90	3	6.92	17.479	136	. . .	58 2389
1670	Rob 4843	8.4	3 23.444	7	6.84	2.0170	100	. . . .	58 19 43.98	6	6.84	17.508	136	. . .	58 2392
1671	Pi 22ʰ 4	6.7	22 3 47.344	15	4.54	+2.0194	+0.0101	—0.0024	+58 21 9.43	14	4.36	+17.525	+0.136	—0.023	58 2393
1672	Ll 43 250	6.3	4 38.470	15	4.68	2.4220	119	—0.0038	45 15 3.73	15	4.68	17.561	163	+0.038	45 3813
1673	27 Pegasi	5.8	4 47.712	8	6.89	2.6592	088	—0.0042	32 41 0.75	8	6.89	17.567	179	—0.065	32 4349
1674	Ll 43 262	6.9	5 0.109	25	4.76	2.4436	118	. . . .	44 21 51.41	14	4.94	17.576	164	. . .	44 4058
1675	Ll 43 266	6.9	5 9.976	24	4.71	2.4446	118	. . . .	44 21 20.98	14	4.89	17.582	164	. . .	44 4059
1676	Fed 4030	7.7	22 5 12.121	24	4.73	+2.0125	+0.0102	+0.0010	+58 48 12.18	15	4.98	+17.584	+0.133	+0.006	58 2395
1677	Fed 4031	7.6	5 14.086	24	4.73	2.0130	103	+0.0010	58 47 56.88	14	4.70	17.585	133	+0.006	
1678	π Pegasi	4.3	5 32.720	8	6.89	2.6617	089	—0.0009	32 41 14.14	8	6.89	17.599	178	—0.019	32 4352
1679	d'Ag 6030	6.7	6 54.181	14	4.43	2.4915	117	—0.0031	42 32 18.55	14	4.43	17.655	165	—0.017	42 4315
1680	Ll 43 332—3	7.1	7 0.820	18	4.86	2.4818	118	. . . .	43 2 8.90	18	4.86	17.660	164	. . .	42 4318
1681	ζ Cephei	3.4	22· 7 23.050	26	4.73	+2.0745	+0.0115	+0.0014	+57 42 29.66	12	4.95	+17.675	+0.135	+0.006	57 2475
1682	24 Cephei	4.8	7 53.205	15	6.10	1.1568	—0.0223	+0.0054	71 50 55.43	13	6.07	17.696	073	+0.008	71 1111
1683	λ Cephei	5.7	8 6.845	15	4.87	2.0323	+0 0113	+0.0029	58 55 16.07	15	4.87	17.705	132	—0.006	58 2402
1684	Br 2926	6.0	8 12.230	15	4.68	2.1316	+0.0127	+0.0287	56 20 31.66	15	4.68	17.709	142	+0.127	56 2727
1685	Br₄₅ 3757	6.2	8 29.767	17	4.69	2.0491	+0.0114	+0.0158	58 35 18.06	17	4.69	17.720	132	+0.080	58 2403
1686	Ll 43 457—8	6.0	22 10 32.306	17	4.51	+2.5103	+0.0121	+0.0049	+42 27 28.00	17	4.51	+17.803	+0.161	—0.022	42 4333
1687	Ll 43 468, 70—1	7.0	10 53.519	17	4.69	2.4956	+0.0123	. . .	+43 16 39.15	17	4 69	17.818	159	. . .	43 4162
1688	ε Cephei	5.2	11 21.369	17	4.77	2.1490	—0.0144	+0.0533	56 32 42.04	17	4.77	17.836	143	+0.036	56 2741
1689	ϑ Aquarii	4.2	11 33.508	13	6.03	3.1610	—0 0075	+0.0076	— 8 16 52.62	12	5.96	17.844	203	—0.019	— 8 5845
1690	Pi 22ʰ 55	7.4	11 52.783	17	4.63	2.4736	+0.0129	+0.0012	+44 35 27.35	17	4.63	17.857	156	+0.014	44 4083
1691	Br₄₅ 3777	6.4	22 12 49.855	21	4.73	+2.1545	+0.0133	+0.0055	+56 43 16.28	21	4.73	+17.895	+0.134	—0.003	56 2746
1692	AOe 23 894	6.9	15 57.897	17	4.57	2.0716	+0.0130	. . . .	+59 38 43 93	17	4.57	18.017	125	. . .	59 2506
1693	Br₄₅ 3791	6.8	16 25.973	16	4.50	2.1934	+0.0143	+0.0030	+56 24 54.33	16	4.50	18.035	132	+0.024	56 2755
1694	γ Aquarii	3.7	16 29.552	10	5.69	3.0916	—0.0042	+0.0083	— 1 53 29.14	10	5.69	18.037	190	+0.007	— 2 5741
1695	31 Pegasi	4.9	16 35.743	11	6 09	2.9516	+0.0019	—0.0001	+11 42 5.15	10	6.11	18.041	180	+0.009	11 4784
1696	d'Ag 6065—6	6.5	22·17 33.664	15	4.60	+2.5848	+0.0126	. . . .	+40 9 44.07	15	4.60	+18.078	+0.155	. . .	39 4814
1697	Ll 43 683—4	6.5	17 34.102	16	4.49	2.5600	129	+0.0040	41 34 26.52	16	4.49	18.078 ·	154	—0.012	41 4469
1698	Ll 43 745—6	8.1	19 8.463	14	4.77	2.5677	131	—0 0021	41 33 12.32	14	4.77	18.137	152	—0.004	41 4477
1699	Br₄₅ 3805	6.7	19 18.742	14	4.52	2.2043	152	+0.0017	56 46 43.31	14	4.52	18.143	129	—0 018	56 2765
1700	Br₄₅ 3802	7.0	19 21.550	15	4.73	2.2470	154	+0.0019	55 27 27.00	15	4.73	18.145	132	+0 009	55 2737
1701	3 Lacertae	4.5	22 19 37.575	18	4.41	+2.3539	+0.0157	—0.0015	+51 43 40.24	15	4.78	+18.155	+0.138	—0.191	51 3358
1702	Ll 43 817	8.1	20 47.615	21	4.88	2.5063	144	—0.0013	45 16 36.00	21	4.88	18.198	145	—0.025	45 3919
1703	BD 57° 2530	9.5	22 10.625	9	6.55	2.1889	180	. . . .	57 56 31.44	8	6.63	18.248	123	. . .	57 2530
1704	Ll 43 885	7.5	22 49.006	16	4.44	2.5170	148	. . . .	45 16 49.63	16	4.44	18.271	143	. . .	45 3941
1705	AOe 24 097	6.7	23 11.870	18	4 61	2.2623	164	. . . .	55 55 25.65	18	4.61	18.285	127 ·	. . .	55 2750
1706	Br₄₅ 3818	6.9	22 23 47.380	15	4.81	+2.5535	+0.0144	. . . .	+43 36 35.32	15	4.81	+18.306	+0.144	. . .	43 4208
1707	BD 57° 2537	9.5	24 10.474	10	6.48	2.2071	164	. . . .	57 54 17.57	5	6.47	18.320	123	. . .	57 2537
1708	Hels 13 176	9.5	24 37.450	12	6.37	-2.2102	165	. . . .	57 55 41.00	4	6.34	18.336	123	. . .	57 2540
1709	Arg 519 Ann.	9.1	24 43.710	17	5.70	2.2116	166	. . . .	57 54 39.80	7	5.33	18.340	122	. . .	57 2542
1710	Anonyma	9.7	24 44.233	8	6.50	2.2114	166	. . . .	57 55 4.26	4	6.45	18.340	122	. . .	— —

Nr.	Stern	Gr.	a 1900.0	n	Ep.	Präz.	V. S.	μa	δ 1900.0	n	Ep.	Präz.	V. S.	μδ	BD
1711	WB 22ʰ 514	9ᵐ3	22ʰ25ᵐ20.412	6	1900+ 6.88	+2.6157	+0.0137	....	+40°24'36.62	5	1900+ 6.86	+18.361	+0.145	...	40°4831
1712	Br 2972	7.0	25 26.319	32	4.06	2.2182	169	+0.0033	57 53 31.82	10	4.71	18.365	122	+0.010	57 2547
1713	δ Cephei	(4.1)	25 27.406	39	4.11	2.2181	169	+0.0017	57 54 11.82	17	4.45	18.365	122	+0.002	57 2548
1714	Anonyma	9.9	25 40.904	5	6.87	2.6165	137	....	40 26 50.41	3	6.89	18.373	145	...	— —
1715	Ll 43999	7.2	25 50.697	17	4.94	2.6172	137	....	40 27 14.42	14	4.52	18.379	145	...	40 4835
1716	6 Lacertae	5.0	22 26 10.247	13	4.43	+2.5828	+0.0145	−0.0012	+42 36 38.45	13	4.43	+18.390	+0.142	−0.002	42 4420
1717	7 Lacertae	3.8	27 10.290	55	4.57	2.4498	170	+0.0147	49 46 6.11	47	4.82	18.425	135	+0.016	49 3875
1718	Q 10104, 06	9.0	28 22.269	1	6.95	2.6309	140	....	40 19 ...	..	...	18.466	142	...	40 4845
1719	d'Ag 6113—5	6.7	29 10.314	21	5.08	2.6348	143	−0.0034	40 18 12.01	21	5.08	18.493	140	−0.003	40 4850
1720	Br₄₅ 3846	6.3	29 47.876	20	4.81	2.3094	183	+0.0089	56 6 27.94	20	4.81	18.514	121	+0.045	55 2769
1721	Ll 44159	7.5	22 30 19.038	18	4.94	+2.5716	+0.0158	....	+44 29 18.48	18	4.94	+18.532	+0.135	...	44 4169
1722	Ll 44177	7.1	30 57.646	20	5.14	2.5725	+0.0159	....	44 38 11.23	20	5.14	18.553	134	...	44 4172
1723	Br₄₅ 3856	6.7	31 56.648	20	4.88	2.3420	+0.0189	....	55 33 9.56	20	4.88	18.585	120	...	55 2779
1724	Ll 44236—7	7.0	32 36.480	18	4.78	2.6072	+0.0156	....	43 4 52.95	18	4.78	18.607	134	...	42 4456
1725	31 Cephei	5.2	33 18.153	10	6.89	1.4452	−0.0052	+0.0380	73 7 27.17	10	6.89	18.629	074	+0.023	72 1049
1726	Ll 44316	7.1	22 34 12.838	15	4.82	+2.5980	+0.0163	....	+44 8 56.98	15	4.82	+18.659	+0.131	+0.050	43 4258
1727	Ll 44318	6.8	34 24.011	13	4.73	2.6048	162	+0.0214	43 47 31.76	13	4.73	18.665	131	+0.066	43 4260
1728	Br₄₅ 3870	6.0	34 41.867	14	4.63	2.3442	196	+0.0061	56 16 34.35	14	4.63	18.674	116	−0.022	56 2821
1729	10 Lacertae	4.9	34 46.392	12	5.49	2.6856	142	+0.0004	38 31 47.27	11	5.63	18.677	134	−0.006	38 4826
1730	30 Cephei	5.3	35 6.128	10	5.93	2.1201	188	+0.0001	63 3 52.56	10	5.93	18.687	104	−0.022	62 2102
1731	Fed 4224	7.1	22 35 14.702	16	5.01	+2.2868	+0.0200	....	+58 24 23.91	16	5.01	+18.691	+0.113	+0.002	58 2465
1732	11 Lacertae	4.9	36 7.726	21	4.82	2.6145	165	+0.0090	43 45 15.76	21	4.82	18.719	129	+0.009	43 4266
1733	Br₄₅ Q 3883	6.2	37 7.971	24	4.98	2.6610	156	+0.0131	41 1 30.03	24	4.98	18.750	129	+0.058	40 4885
1734	Pu₉ Slo 230	8.8	38 39.634	7	6.91	2.6647	158	....	41 15 49.47	7	6.91	18.798	127	+0.040	41 4588
1735	Fed 4243	7.1	39 14.155	20	4.88	2.3914	210	+0.0104	55 52 59.33	20	4.88	18.815	112	+0.040	55 2797
1736	13 Lacertae	5.4	22 39 37.826	41	4.91	+2.6691	+0.0160	−0.0006	+41 17 40.38	41	4.82	+18.827	+0.126	+0.005	41 4594
1737	Fed 4253, 54	6.7	41 7.138	19	4.72	2.3610	218	−0.0086	57 37 29.90	19	4.72	18.871	108	−0.132	57 2595
1738	λ Pegasi	3.9	41 42.848	20	5.67	2.8819	084	+0.0041	23 2 21.28	20	5.67	18.889	133	−0.010	22 4709
1739	d'Ag 6168	6.1	41 44.071	18	4.57	2.6398	175	+0.0131	44 1 8.26	18	4.57	18.889	121	0.000	43 4300
1740	Br 3014	6.5	43 24.767	28	4.72	2.3720	227	+0.0015	57 57 19.14	28	4.72	18.938	105	+0.005	57 2612
1741	Anonyma	10.0	22 43 49.042	4	6.90	+2.6871	+0.0167	....	+41 27 16.25	4	6.90	+18.949	+0.120	...	— —
1742	WB 22ʰ 997	9.0	44 49.693	8	6.85	2.6923	168	....	41 26 14.10	7	6.85	18.978	118	...	41 4615
1743	Ll 44684—5	7.2	45 9.142	17	4.60	2.6849	172	....	42 6 7.29	17	4.60	18.987	117	...	41 4619
1744	Ll 44698	8.1	45 43.886	23	4.69	2.6972	170	....	41 23 42.52	13	4.77	19.003	117	...	41 4622
1745	14 Lacertae	6.1	45 51.094	27	4.77	2.6974	170	+0.0009	41 25 26.29	15	4.64	19.007	117	−0.001	41 4623
1746	ι Cephei	3.5	22 46 7.082	10	5.36	+2.1357	+0.0226	−0.0114	+65 40 27.56	9	5.19	+19.014	+0.090	−0.123	65 1814
1747	WB 22ʰ 1031	9.1	47 6.822	19	5.93	2.7118	169	....	40 46 42.11	6	6.61	19.042	116	...	40 4924
1748	Ll 44753	8.6	47 14.437	20	5.93	2.7122	169	....	40 48 12.74	7	5.91	19.045	115	...	40 4925
1749	WB 22ʰ 1057	7.2	47 17.149	27	5.54	2.7126	169	....	40 46 56.79	14	4.70	19.046	115	...	40 4926
1750	15 Lacertae	5.2	47 31.420	14	4.57	2.6877	179	+0.0095	42 46 51.75	14	4.57	19.054	115	+0.016	42 4521
1751	Fed 4291	7.2	22 47 33.116	13	4.83	+2.3949	+0.0242	....	+58 28 40.86	13	4.83	+19.054	+0.101	...	58 2492
1752	Ll 44788—9	6.6	48 23.584	12	4.97	2.6466	194	−0.0005	46 1 2.30	12	4.97	19.076	111	−0.006	45 4078
1753	Grb 3916	8.1	48 50.316	9	6.37	2.7320	166	+0.0073	39 48 11.31	8	6.43	19.088	114	−0.007	39 4958
1754	AOe 24834, 36	6.3	49 4.364	13	4.97	2.3794	250	+0.0074	59 34 9.11	13	4.97	19.095	098	−0.009	59 2595
1755	Ll 44821	6.1	49 11.559	13	4.91	2.6769	189	−0.0015	44 13 2.92	13	4.91	19.098	111	0.000	43 4331

Nr.	Stern	Gr.	α 1900.0	n	Ep.	Präz.	V.S.	μ_a	δ 1900.0	n	Ep.	Präz.	V.S.	μ_δ	BD
						1900+						1900+			
1756	d'Ag 6188	5ᵐ9	22ʰ49ᵐ31ˢ816	13	4.92	+2ˢ7348	+0ˢ0168	+0ˢ0091	+39°50′37″91	13	4.92	+19″107	+0″113	+0″032	39°4964
1757	Rü H 16424	6.9	50 7.852	12	4.65	2.4820	242	....	55 48 2.37	12	4.65	19.123	101	...	55 2837
1758	Grb 3924	8.9	50 58.083	6	6.90	2.4456	251	+0.0045	57 40 37.77	6	6.90	19.144	098	+0.005	57 2640
1759	Ll 44873	6.8	51 16.695	13	4.67	2.6941	190	+0.0007	43 46 30.11	12	4.81	19.152	108	—0.012	43 4341
1760	16 Lacertae	6.3	51 49.648	17	4.76	2.7310	177	—0.0005	41 4 12.77	17	4.76	19.166	109	—0.006	40 4949
1761	Fed 4313	7.1	22 51 56.398	12	5.07	+2.4546	+0.0255	+0.0041	+57 39 42.90	13	4.90	+19.169	+0.097	—0.002	57 2644
1762	AOe 24899	7.2	51 59.858	14	4.77	2.4948	248	+0.002.	55 54 59.54	14	4.77	19.171	098	—0.02.	55 2850
1763	Ll 44915—6	6.8	52 52.600	17	4.72	2.7190	186	+0.0043	42 28 40.99	17	4.72	19.193	107	+0.010	42 4548
1764	Ll 44961—3	7.1	54 13.174	20	4.84	2.7157	191	....	43 18 12.21	20	4.84	19.227	104	...	43 4355
1765	Fed 4331, 35	6.7	55 3.172	17	4.97	2.4435	271	—0.0004	59 16 43.74	17	4.97	19.247	092	—0.005	59 2615
1766	Rü H 16488	7.3	22 55 49.776	13	5.21	+2.4984	+0.0267	....	+57 14 13.98	14	5.04	+19.266	+0.093	...	57 2663
1767	Br45 3949	6.0	55 52.117	15	4.85	2.5165	263	+0.0004	56 24 32.30	15	4.85	19.267	093	+0.008	56 2923
1768	d'Ag 6208—10	6.6	56 2.675	13	4.90	2.7063	203	+0.0018	44 50 18.06	13	4.90	19.271	100	+0.001	44 4302
1769	Br 3044	6.2	57 16.855	13	4.90	2.5252	268	—0.0011	56 34 5.56	13	4.82	19.301	091	—0.007	56 2927
1770	**o Andromedae**	3.5	57 19.145	20	4.98	2.7497	190	+0.0025	41 47 19.08	11	4.96	19.302	100	—0.013	41 4664
1771	Ll 45092	6.4	22 57 37.709	14	4.84	+2.7250	+0.0203	—0.0003	+44 2 8.27	14	4.84	+19.309	+0.099	—0.024	43 4375
1772	2 Andromedae	6.2	58 0.061	12	4.83	2.7482	193	+0.0055	42 13 12.16	12	4.83	19.318	099	—0.007	41 4665
1773	Ll 45104	6.4	58 10.711	12	4.99	2.7341	200	—0.0008	43 31 15.36	12	4.99	19.322	098	—0.017	43 4378
1774	Fed 4346	7.2	58 16.348	11	5.09	2.4730	284	+0.0022	59 18 52.92	12	4.90	19.324	088	—0.006	59 2629
1775	β Pegasi	2.4	58 55.615	3	6.95	2.8888	120	+0.0145	27 32 26.17	3	6.95	19.339	104	+0.137	27 4480
1776	AOe 25058	6.6	22 59 8.284	15	4.84	+2.5104	+0.0281	....	+58 1 32.47	15	4.58	+19.344	+0.088	...	57 2676
1777	Fed 4351	6.9	59 15.307	16	4.85	2.4683	290	+0.0029	59 54 24.62	16	4.85	19.347	086	—0.006	59 2631
1778	AOe 25097	6.8	23 0 37.574	22	4.90	2.5618	276	....	56 9 4.79	22	4.90	19.378	088	...	55 2889
1779	1 Cassiopejae	5.5	2 23.027	23	5.03	2.5217	297	+0.0013	58 52 45.33	23	5.03	19.417	083	+0.006	58 2545
1780	Br45 3980	6.6	2 56.788	16	4.72	2.5203	302	+0.0017	59 11 11.86	16	4.72	19.429	082	—0.006	58 2546
1781	Br45 3979	6.6	23 3 35.302	16	4.48	+2.7576	+0.0212	+0.0035	+44 1 14.09	17	4.40	+19.443	+0.090	—0.014	43 4399
1782	c² Aquarii	3.7	4 6.974	8	6.89	3.2008	—0.0138	+0.0032	—21 42 54.26	8	6.89	19.454	105	+0.036	—21 6368
1783	π Cephei	4.5	4 42.905	24	4.99	1.8935	+0.0246	+0.0028	+74 50 49.11	17	4.60	19.466	058	—0.026	74 1006
1784	2 Cassiopejae	6.2	5 27.322	17	4.68	2.5523	+0.0308	—0.0005	58 47 25.33	17	4.68	19 482	080	+0.014	58 2552
1785	RC 5985	7.0	5 48.707	17	4.96	2.5920	+0.0297	....	56 54 23.98	18	4.85	19.489	080	...	56 2958
1786	6 Andromedae	6.0	23 5 49.801	17	4.63	+2.7804	—0.0207	—0.0177	+43 0 24.57	17	4.63	+19.489	+0.085	—0.195	42 4592
1787	Ll 45459, 60, 62	7.0	8 19.811	17	4.27	2.8078	205	—0.0005	41 31 7.87	17	4.27	19.540	083	—0.027	41 4714
1788	Rbg 5382	9.6	8 24.151	9	6.68	2.6200	304	....	56 35 26.74	9	6.68	19.541	077	...	— —
1789	**Br 3077**	5.8	8 29.142	45	4.87	2.6201	375	+0.2522	56 36 59.79	42	4.77	19.542	090	+0.295	56 2966
1790	γ Piscium	3.7	11 59.145	22	5.17	3.0591	007	+0.0503	2 44 9.34	22	5.17	19.608	088	+0.017	2 4648
1791	Grb 4025	6.4	23 12 34.435	19	4.64	+2.8013	+0.0232	+0.0097	+44 37 11.63	19	4 64	+19 619	+0.076	—0.074	44 4368
1792	9 Andromedae	6.3	13 38.619	19	4.82	2 8370	212	—0.0008	41 13 39.24	19	4.82	19.638	077	—0.006	40 5043
1793	Anonyma	9.9	15 0.237	12	6.08	2.8415	215	....	41 31 24 06	7	6.20	19.662	072	...	— —
1794	10 Andromedae	5.9	15 6.705	21	5.15	2.8419	215	—0.0038	41 31 50.67	14	4.62	19.664	072	+0.008	41 4752
1795	Ll 45726	6.6	15 20.203	14	4.43	2.6784	328	....	56 41 47.34	14	4.43	19.667	067	...	56 2985
1796	Grb 4043	6.8	23 15 55.552	14	4.85	+2.6347	+0.0355	—0.0015	+59 43 38.48	13	4.69	+19.677	+0.065	—0.025	59 2701
1797	Ll 45743	6.4	16 0.047	13	4.76	2.8297	229	....	43 34 10.64	13	4.76	19.679	070	...	43 4440
1798	Ll 45755	7.4	16 46.285	17	4.61	2.8341	240	+0.0581	43 32 39.40	17	4.61	19.691	072	+0.225	43 4445
1799	Br 3110	6.0	18 4.753	18	4.79	2.6582	362	—0.0001	59 35 6.26	17	4.66	19.712	062	—0.003	59 2710
1800	WB 23ʰ 337	8.5	18 42.849	22	4.86	2.8308	249	+0.0173	45 14 41.50	12	4.64	19.722	067	—0.013	44 4399

Nr.	Stern	Gr.	α 1900.0	n	Ep.	Präz.	V. S.	μα	δ 1900.0	n	Ep.	Präz.	V. S.	μδ	BD
					1900+						1900+				
1801	Bo VI	9ᵐ4	23ʰ18ᵐ44.681	22	4.86	+2.8310	+0.0246	+0.0194	+45°14'24".11	12	4.99	+19.723	+0.067	−0.010	44°4400
1802	d'Ag 6304—5	6.3	19 21.147	12	4.71	2.8669	219	−0.0001	41 3 50.39	12	4.71	19.732	065	−0.001	40 5065
1803	Br 3112	7.1	19 34.952	13	4.69	2.7115	344	+0.0035	56 59 11.36	13	4.69	19.736	061	+0.001	56 2999
1804	Br₄₅ 4035	7.0	19 46.519	12	4.65	2.8725	216	0.0000	40 33 49.91	12	4.65	19.739	065	−0.016	40 5068
1805	**4 Cassiopejae**	5.5	20 23.597	19	4.45	2.6449	394	+0.0017	61 44 1.55	17	4.28	19.748	058	−0.010	61 2444
1806	WB 23ʰ 386	8.0	23 20 59.241	22	5.47	+2.8475	+0.0247	. . . .	+44 47 56.34	15	5.17	+19.757	+0.062	. . .	44 4414
1807	WB 23ʰ 391	8.5	21 11.213	12	6.11	2.8483	248	. . . .	44 50 10.94	6	6.12	19.760	062	. . .	44 4417
1808	Bo 17769	8.0	21 13.929	1	4.96	2.8512	248	. . . .	44 30 7.68	1	4.96	19.760	062	. . .	44 4418
1809	WB 23ʰ 405	7.1	21 49.937	15	4.87	2.8524	248	+0.0426	44 47 7.28	14	4.87	19.770	061	+0.110	44 4419
1810	13 Andromedae	6.3	22 18.150	13	4.47	2.8727	233	+0.0080	42 21 41.11	13	4.47	19.776	061	+0.014	42 4672
1811	Ll 45 940	7.4	23 22 33.862	16	4.90	+2.8563	+0.0251	. . . .	+44 49 5.76	16	4.90	+19.780	+0.059	. . .	44 4421
1812	WB 23ʰ 438	7.2	22 54.111	16	4.92	2.8626	248	. . . .	44 14 7.70	17	4.80	19.785	059	. . .	43 4465
1813	Ll 45 994—6	7.6	24 27.046	19	5.03	2.8877	232	. . . .	41 48 33.32	20	4.87	19.806	057	. . .	41 4796
1814	Pi 23ʰ 100	7.8	25 15.170	30	4.72	2.7493	374	+0.0004	57 59 49.95	17	4.81	19.817	052	0.000	57 2747
1815	Br₄₅ 4060	5.6	25 24.714	34	4.76	2.7508	374	+0.0031	57 59 51.42	19	4.67	19.819	052	+0.013	57 2748
1816	d'Ag 6336	6.8	23 27 0.145	26	4.88	+2.8902	+0.0249	−0.0030	+43 31 14.23	27	4.77	+19.839	+0.052	+0.007	43 4481
1817	Ll 46154—5	7.1	28 30.133	15	4.79	2.9058	245	+0.0220	42 17 23.18	15	4.79	19.858	050	+0.169	42 4700
1818	Br₄₅ 4071	6.5	28 52.223	14	4.80	2.8944	259	−0.002.	44 30 19.86	14	4.80	19.862	049	0.00.	44 4441
1819	Fed 4509	7.6	28 57.512	14	4.77	2.7660	405	. . . .	59 29 55.80	14	4.77	19.863	046	. . .	59 2745
1820	d'Ag 6344	7.0	29 6.329	15	4.99	2.9028	250	+0.0037	43 21 5.79	15	4.99	19.865	049	+0.008	43 4489
1821	Ll 46 288	7.1	23 32 26.154	17	4.68	+2.8405	+0.0367	−0.0004	+55 19 25.29	17	4.68	+19.902	+0.041	−0.025	55 2990
1822	Br₄₅ 4087	6.3	32 38.646	16	4.79	2.9193	261	+0.0007	43 52 33.81	16	4.79	19.904	042	−0.012	43 4508
1823	**λ Andromedae**	3.8	32 40.128	24	4.99	2.9082	282	+0.0155	45 54 57.62	16	4.83	19.904	043	−0.423	45 4283
1824	**ι Andromedae**	4.1	33 13.806	18	4.47	2.9285	253	+0.0027	42 42 52.18	17	4.57	19.910	041	−0.005	42 4720
1825	WB 23ʰ 680	7.1	33 31.733	17	4.75	2.9339	246	. . . .	41 57 28.38	17	4.75	19.913	041	. . .	41 4826
1826	**γ Cephei**	3.3	23 35 14.244	22	5.37	+2.4445	+0.0752	−0.0181	+77 4 28.46	15	5.03	+19.930	+0.029	+0.157	76 928
1827	Ll 46373	7.6	35 17.543	17	4.75	2.9309	270	. . . .	44 31 11.65	17	4.75	19.930	038	. . .	44 4467
1828	ϰ Andromedae	4.5	35 28.883	23	4.40	2.9355	265	+0.0073	43 46 49.27	15	4.26	19.932	037	−0.024	43 4522
1829	Ll 46417, 18, 21	6.9	36 7.772	15	4.86	2.9502	245	+0.0060	41 17 46.23	15	4.86	19.938	036	+0.015	41 4842
1830	Ll 46456	6.7	37 5.514	17	4.77	2.8693	399	0.000.	56 42 19.99	17	4.77	19.947	033	0 00.	56 3067
1831	Ll 46459	7.1	23 37 18.008	14	4.63	+2.9437	+0.0272	+0 0061	+44 12 5.43	14	4.63	+19.948	+0 034	−0.024	43 4530
1832	Ll 46462	6.5	37 19.168	14	4.57	2.9428	+0.0274	−0.0013	+44 26 15.59	14	4.57	19.949	034	−0.019	44 4473
1833	**ω² Aquarii**	4.5	37 32.284	3	6.90	3.1076	−0.0076	+0.0065	−15 5 52.53	3	6.90	19.951	036	−0.063	−15 6476
1834	Fed 4551	7.3	38 32.596	19	4.57	2.8761	+0.0427	+0.0468	+57 30 45.81	19	4.57	19.959	032	+0.479	57 2787
1835	d'Ag 6380	6.8	39 47.425	17	4.40	2.9618	+0.0267	+0.0060	+43 11 27.37	17	4.40	19.969	030	−0.001	42 4747
1836	Σ 3037 trpl (C)	9.5	23 41 16.629	17	5.81	+2.8841	+0.0459	. . . .	+59 54 35.39	8	5.91	+19.980	+0.026	. . .	59 2768
1837	Σ 3037 trpl (B)	9.6	41 16.850	23	5.18	2.8841	460	. . . .	59 55 2.00	8	4.93	19.980	026	. . .	
1838	Σ 3037 trpl (A)	7.3	41 17.106	32	5.14	2.8841	460	. . . .	59 55 4.17	13	4.54	19.980	026	. . .	59 2769
1839	Hels 14 357	9.7	41 30.205	12	6.42	2.8862	461	. . . .	59 55 53.79	7	6.62	19.982	025	. . .	— —
1840	Br₄₅ 4120	6.0	42 8.501	12	4.19	2.9128	419	+0.0017	56 53 45.75	12	4.19	19.986	025	−0.015	56 3085
1841	τ Cassiopejae	5.5	23 42 9.943	13	4.57	+2.9054	+0.0437	+0.0084	+58 5 41.89	13	4.57	+19.986	+0.025	+0.056	57 2804
1842	**41 H. Cephei**	5.2	43 7.565	17	5.15	2.8379	613	+0.0023	67 15 4.54	16	5.10	19.993	022	+0 001	67 1562
1843	Br 3168	6 6	43 59.538	15	4.46	2.9144	463	+0.008.	59 25 22.07	15	4.46	19.998	021	+0.004	59 2777
1844	Br 3170	6.8	44 16.883	17	4.52	2.9234	448	+0 0069	58 24 27.22	17	4.52	20.000	021	−0.019	58 2653
1845	Grb 4153	6.8	46 31.424	16	4.37	3.0027	263	+0.0010	41 31 36.61	16	4.37	20.012	017	−0.014	41 4881

11*

Nr.	Stern	Gr.	α 1900.0	n	Ep.	Präz.	V. S.	μ_a	δ 1900.0	n	Ep.	Präz.	V. S.	μ_δ	BD
					1900+						1900+				
1846	Bo VI	7ᵐ0	23ʰ46ᵐ49ˢ334	16	4.56	+3ˢ0023	+0.0271	....	+42°21'13."91	16	4.56	+20."014	+0."017	...	42°4780
1847	φ Pegasi	5.4	47 23.981	15	5.24	3.0477	110	−0ˢ0008	18 33 53.75	15	5.24	20.017	016	−0."039	18 5231
1848	Fed 4585	6.8	48 7.067	17	4.51	2.9516	491	−0.0016	60 8 53.78	17	4.51	20.020	014	−0.021	59 2784
1849	ϱ Cassiopejae	4.8	49 23.084	44	4.76	2.9773	443	−0.0007	56 56 35.17	40	4.81	20.025	012	+0.004	56 3111
1850	Br 3184	6.7	50 32.809	18	4.45	2.9879	445	−0.0016	56 51 20.44	18	4.45	20.030	009	−0.006	56 3115
1851	Ll 46942	6.8	23 51 53.072	4	6.21	+3.0040	+0.0426	+0.0034	+55 17 1.87	2	6.96	+20.034	+0.007	−0.006	55 3055
1852	Ll 46943—4	6.2	51 59.150	17	4.70	3.0301	277	−0.0003	42 6 6.32	18	4.61	20.035	007	−0.012	41 4902
1853	Br45 4159	6.8	52 30.991	18	4.45	2.9983	496	....	59 28 1.38	18	4.45	20.036	006	...	59 2795
1854	Hels 14541	9.5	52 34.038	3	6.94	3.0097	428	....	55 18 5.36	1	6.97	20.036	006	...	55 3057
1855	Oert₁ 1426	9.1	53 2.494	2	6.92	3.0138	430	....	55 15 41.16	1	6.89	20.038	005	...	55 3060
1856	Oert₁ 1428	9.5	23 53 7.834	2	6.92	+3.0144	+0.0430	¹)	+55 17 0.14	1	6.95	+20.038	+0.005	¹) ...	55 3061
1857	Fed 4611	6.7	53 41.240	15	4.65	3.0344	315	+0.0018	45 51 23.74	15	4.65	20.039	+0.004	−0.004	45 4381
1858	ω Piscium	3.9	54 10.609	17	4.74	3.0686	048	+0.0100	6 18 34.38	17	4.74	20.040	+0.003	+0.109	6 5227
1859	Br45 4171	6.4	55 26.534	18	4.72	3.0281	499	−0.0021	59 0 12.88	19	4.63	20.043	0.000		58 2685
1860	Ll 47104	6.7	56 26.938	19	4.77	3.0522	304	−0.0021	44 7 9.02	19	4.77	20.045	−0.002	−0.026	43 4605
1861	d'Ag 6453—4	6.6	23 56 36.911	17	4.60	+3.0546	+0.0280	−0.0005	+41 48 37.76	18	4.50	+20.045	−0.002	−0.012	41 4920
1862	Ll 17 165—6	6.9	58 0.398	19	4.52	3.0618	286	+0.0037	42 11 28.82	19	4.52	20.046	−0.005	−0.008	41 4925
1863	BD 57° 2850	9.7	58 41.968	5	6.89	3.0602	492	....	57 58 22.19	3	6.88	20.047	−0.006	...	57 2850
1864	Bo VI	9.2	59 25.591	7	6.37	3.0669	494	....	57 59 11.27	3	6.32	20.047	−0.007	...	57 2853
1865	d'Ag 6465—6	6.2	59 28.293	15	4.49	3.0696	282	+0.0006	41 32 10.19	15	4.49	20.047	−0.007	−0.023	41 4933
1866	Hels 14650	9.9	23 59 44.916	5	6.71	+3.0700	+0.0496	....	+57 58 33.79	3	6.58	+20.047	−0.008	...	} 57 2855
1867	Br 3207	6.8	59 45.326	20	5.09	3.0700	496	+0.0022	57 58 31.65	15	4.55	20.047	−0.008	−0.025	

¹) Vgl. AN 5437.